新手训练营

学 Office 2007
办公应用

卓越文化　编著

电子工业出版社

Publishing House of Electronics Industry

北京·BEIJING

内 容 简 介

本书从Office 2007基础知识和基本操作出发，详细讲解了Office 2007中常用组件的相关操作。全书共分13章，主要内容包括走进Office 2007、Word 2007基础操作、Word文档的排版设计、Word 2007高级应用、页面布局与打印、Excel 2007基础操作、数据输入与格式设置、计算与分析数据、制作演示文稿、幻灯片动画设计、放映与打印幻灯片、Access 2007的应用和Outlook 2007的应用。

本书内容新颖、操作性强，并以"基础知识+上机练习"的方式讲解每章知识，其中"基础知识"又以"知识讲解+互动练习"二合一的模式进行讲解，使读者学起来更加轻松。

全书知识编排由浅入深，适合对Office 2007感兴趣的用户使用，还可作为大中专院校和各种电脑培训班的参考书。

图书在版编目（CIP）数据

学Office 2007办公应用 / 卓越文化编著.—北京：电子工业出版社，2010.3
（新手训练营）
ISBN 978-7-121-10120-5

Ⅰ. 学… Ⅱ.卓… Ⅲ.办公室－自动化－应用软件，Office 2007 Ⅳ.TP317.1

中国版本图书馆CIP数据核字（2009）第236181号

责任编辑：牛　勇
文字编辑：周淑娟
印　　刷：北京东光印刷厂
装　　订：三河市皇庄路通装订厂
出版发行：电子工业出版社
　　　　　北京市海淀区万寿路173信箱　　邮编：100036
开　　本：787×1092　　1/16　　　印张：20.5　　　字数：525千字
印　　次：2010年3月第1次印刷
定　　价：35.00元

凡所购买电子工业出版社图书有缺损问题，请向购买书店调换。若书店售缺，请与本社发行部联系，联系及邮购电话：（010）88254888。

质量投诉请发邮件至zlts@phei.com.cn，盗版侵权举报请发邮件至dbqq@phei.com.cn。

服务热线：（010）88258888。

前　言

您还在为想学电脑而不知从何处着手烦恼吗？您还在怀疑自己能不能学好电脑吗？您还在书海里徘徊不知该如何选择一本电脑书吗？如果您的回答是肯定的，那么请赶快走进《新手训练营》吧！这里的"博士"将从一个电脑初学者的角度出发，循序渐进地讲解每一个知识点，手把手地教您一步一步操作，并融入大量的学习技巧，使您在最短的时间内以最快捷的方式学到最实用的知识，迅速成为高手。

 大家好，欢迎来到《新手训练营》！我从事电脑教学工作多年，喜欢钻研电脑知识，大家都叫我"博士"。我上课时非常负责，不但耐心地解答大家提出的各种问题，还经常讲一些学习的方法和技巧，一定会让大家轻松地学到丰富的电脑知识。

 我是聪聪，性格活泼开朗，动手能力强，正在跟"博士"一起学电脑。在课堂上，我喜欢积极地提出问题，并能运用到实际中，但偶尔也会犯点儿小错误。

 我是活泼可爱的小机灵。在课堂上我喜欢发言，有时会惹得聪聪不高兴，不过我说的话可都是经验之谈，总结了学习中的点点滴滴。

本书主要特点　　　　　　　　　　　　　　　　　　　　　　<<

本书融合了市场上同类书籍的特点及优势，在讲解思路和讲解方式上进行了创新。

- ■ **"知识讲解＋互动练习＋上机练习"的学习模式**：读者在学习完知识点后就可以通过"互动练习"上机实践，进而掌握其应用方法。每一章最后的"上机练习"只给出最终效果或结果、制作思路以及步骤提示，引导读者独立完成操作。

- ■ **任务驱动，情景式教学**：在"互动练习"中会列举一个目标明确的小实例，以任务驱动的方式帮助读者巩固知识。还将可能会遇到的问题、相关技巧和注意事项等以对话的形式体现出来，帮助读者在轻松愉快的情景中进一步提高。

- ■ **一步一图，可操作性强**：本书采用图解的方式讲解操作步骤，并以小标题的形式列出该步骤的操作目的或要点，使读者知其然且知其所以然，然后用 **1**，**2** 和 **3** 等序号列出具体操作步骤，并与插图对应，可操作性非常强。

- ■ **技巧丰富，知识含量高**：为了便于读者学习更丰富的知识和掌握任务练习中的要点及技巧，图书在各页页脚位置列出了一些技巧和说明性文字，介绍与该页内容相关的概念或操作技巧，大大提高了图书的知识含量。

本书内容结构　　　　　　　　　　　　　　　　　　　　　　<<

本书从学习Office 2007办公应用前需要掌握的一些基础知识开始介绍，循序渐进，引领读者一步步掌握Word、Excel、PowerPoint、Access和Outlook的使用方法。全书共13章，从内容上可分为以下6个部分。

- **第1部分 学习Office 2007的准备工作（第1章）**：主要讲解Office 2007中常用组件的功能、安装与卸载、操作界面和基本操作等知识。
- **第2部分 掌握Word 2007的操作方法（第2章～第5章）**：主要讲解创建Word文档，设置文档格式，插入表格、图片等对象，以及页面设置和打印等知识。
- **第3部分 掌握Excel 2007的操作方法（第6章～第8章）**：主要讲解Excel 2007的基础操作、数据输入与格式设置、计算与分析数据的方法等知识。
- **第4部分 掌握PowerPoint 2007的操作方法（第9章～第11章）**：主要讲解制作演示文稿、幻灯片动画设计、放映和打印演示文稿的方法等知识。
- **第5部分 掌握Access 2007的操作方法（第12章）**：主要讲解创建与打开数据库、表的创建与保存，以及报表的使用等知识。
- **第6部分 掌握Outlook 2007的操作方法（第13章）**：主要讲解管理邮件账户、创建联系人、收发与管理电子邮件，以及管理个人事务等知识。

本书使用建议 —————————————————————————— <<

为了更加高效地利用本书学好Office 2007，下面为读者提供几点使用本书的建议。

- 在阅读本书之前，建议读者准备一些文档素材。读者既可以使用自己现有的文档作为素材，也可以访问"华信卓越"公司网站（www.hxex.cn）的"资源下载"栏目查找并下载本书所用的素材及案例。
- 在阅读本书时，建议读者先了解全书目录，以掌握本书的大体知识脉络。
- 初学者可以采取逐章阅读的方式，循序渐进地学习本书所介绍的相关知识。
- 对于包含"知识讲解"与"互动练习"两个部分的章节，首先通读"知识讲解"内容以掌握知识点内容和操作思路，然后阅读"互动练习"部分以了解具体操作步骤，最后在电脑上跟随"互动练习"进行操作以掌握操作方法，并查看最终效果。
- 鉴于读者对Office 2007的了解程度深浅不一，本书在写作上力求知识点全面，并且降低"门槛"，从最基础的知识点讲起。对于部分已经具备一定基础的读者，阅读时可跳过相关内容。
- 每一章的"上机练习"可以帮助读者巩固前面所学的知识点，从而达到举一反三的效果，因此建议读者在学习完每一章之后，一定要完成该章提供的"上机练习"，并总结自己对本章内容的掌握情况，进行查漏补缺。

本书作者及联系方式 ————————————————————— <<

本书的作者均已从事电脑教学及相关工作多年，拥有丰富的教学经验和实践经验，并已编写、出版过多本相关书籍。参与本书编写的人员有：万先桥、毛磊、胡子平、刘万江、尹川、喻玲、陈亚妮、邓小林、闫龙、吴晓玲、吴倩、刘静、唐波、秦峰、吴英燕等。

在阅读本书的过程中如有什么问题或建议，请通过邮箱faq@phei.com.cn与我们联系。

目　　录

第1章　走进Office 2007

- Office 2007的主要组件
- 安装与卸载Office 2007
- Office 2007的操作界面
- Office 2007的基本操作

小机灵，我最近买了台新电脑，你看我天天打游戏，都成为游戏高手了，什么时候我们来比试比试？

如果是这样的话，你可真浪费资源。为什么不用它做些有意义的事情呢？比如说办公。我听说现在有一款专门用于办公的软件叫Office 2007，不过我还不知道它"长"什么样呢，嘻嘻。

Office 2007是Microsoft Office的最新版本，无论外观还是性能都相当出色。聪聪，有没有兴趣和我们一起去见识一下Office 2007？

1.1 Office 2007的主要组件 ————————————— <<

Office 2007是Microsoft Office的最新版本，并针对Windows Vista操作系统同时发布了7个不同的版本，分别是：基础版、标准版、家庭教育版、企业版、专业版、专业增强版和小型商业版。

各版本包含的组件不尽相同，本书将以企业版为例讲解Office 2007中最常用的5大组件，分别是：Word 2007、Excel 2007、PowerPoint 2007、Access 2007和Outlook 2007。

1. Word 2007

Word 2007是目前办公领域使用最广泛的文字处理与编辑软件，常用于制作和编辑办公文档。除此之外，Word还广泛应用于长篇文章的写作、图书排版等领域。

2. Excel 2007

Excel 2007是一个集电子表格制作和信息管理于一身的信息分析程序，通过它可创建各类电子表格，并分析和共享信息以做出更加明智的决策。

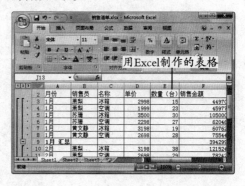

3. PowerPoint 2007

PowerPoint 2007是编辑和放映演示文稿的工具软件，通过它可快速创建极具感染力的动态演示文稿，用于会议、网页的同时集成工作流和方法，轻松共享信息。

4. Access 2007

Access 2007是数据库管理程序，用于处理表、查询、窗体和报表等数据库对象。通过Access可制作的数据库包括办公数据库、网站后台数据库、公司产品销售数据库和人力资源管理数据库等。

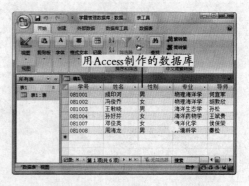

5. Outlook 2007

Outlook 2007是集个人信息管理器和通信程序为一体的应用程序。通过Outlook

说明 使用Word 2007还可以制作书法字帖，方便用户练习毛笔字。

2007，不仅可以管理电子邮件、联系人资料，还可管理个人工作任务等信息，相当于一个办公小秘书。

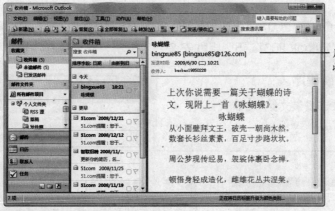

用Outlook接收到的邮件

1.2　安装与卸载Office 2007 ————————————— <<

　　使用Office 2007办公前，需要先将其安装到电脑中。全新的Office 2007套装中包含了Word 2007、Excel 2007和PowerPoint 2007等常用办公组件，用户可以安装所有组件，也可以只安装部分常用的组件。

>> 1.2.1　安装Office 2007的系统配置要求

　　为了使电脑更好地运行Office 2007，建议用户在安装该程序前参考以下配置要求。

- **操作系统**：Microsoft Windows XP Service Pack（SP）2以上。
- **硬盘空间**：要求系统盘至少有2GB空间用于程序安装。
- **CPU**：1GHz以上。
- **内存**：512MB以上。
- **光驱**：需配置CD−ROM或DVD光驱。
- **显卡及显示器**：分辨率能达到1024×768或更高。
- **网络**：最低要求128Kb/s的宽带连接，用于下载产品或激活下载的产品。
- **浏览器**：IE 6.0以上。

>> 1.2.2　首次安装Office 2007

知识讲解

　　不同版本的Office 2007，其安装方法大体相同。通常情况下，将Office 2007的安装盘放入光驱后，会自动弹出安装向导，然后根据提示进行安装即可。如果已经在电脑上存储了安装文件，找到该文件并双击"setup.exe"文件图标，在接下来弹出的安装向导对话框中根据提示进行安装即可。

互动练习

下面练习将Office 2007企业版中的Word 2007、Excel 2007、PowerPoint 2007、Access 2007和Outlook 2007这5个组件安装到电脑中，具体操作步骤如下。

第1步　启动安装程序

1 进入Office 2007安装文件所在的文件夹。

2 双击"setup.exe"文件。

第2步　启动安装向导

程序自动启动安装向导，并准备必要的文件。

第3步　输入产品密钥

1 弹出"输入您的产品密钥"界面，在文本框内输入软件的产品密钥。

2 单击"继续"按钮。

第4步　接受协议条款

1 弹出"阅读Microsoft软件许可证条款"界面，选中"我接受此协议的条款"复选框。

2 单击"继续"按钮。

说明 在"输入您的产品密钥"界面中，输入正确的软件序列号后，文本框右侧会出现绿色的钩 ✔ 。

第5步 选择安装方式

在弹出的"选择所需的安装"界面中选择安装方式，本例中选择"自定义"方式。

若单击"立即安装"按钮，系统会按照默认设置将Office 2007的所有组件安装在"C:\Program Files\Microsoft Office"路径下。

第6步 取消Groove的安装

1 在弹出的界面中的"安装选项"选项卡中，单击"Microsoft Office Groove"选项左侧的下拉按钮。

2 在弹出的下拉菜单中选择"不可用"命令，表示不安装该组件。

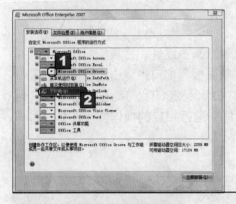

聪聪，切换到"文件位置"选项卡，可以设置Office 2007的安装路径；切换到"用户信息"选项卡，可以设置用户的相关信息。

第7步 取消安装其他组件

1 按照相同的方法取消安装Microsoft Office InfoPath和Microsoft Office OneNote组件。

2 取消安装Microsoft Office Publisher和Microsoft Office Visio Viewer组件。

3 设置完成后，单击"立即安装"按钮。

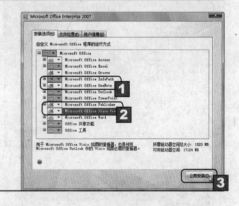

第8步 显示安装进度

系统开始安装Office 2007程序，并显示安装进度提示条。

安装过程根据用户电脑配置的不同，花费的时间也有所不同。Office 2007程序比较大，一般需要20分钟左右。

Office 2007将占用较多的磁盘空间，建议不要安装在可用空间少于10GB的磁盘中。　说明

学Office 2007办公应用

第9步　完成安装

程序安装完毕后，会弹出对话框告知用户安装完毕，此时单击"关闭"按钮关闭该对话框即可。

若单击该对话框中的"转到Office Online"按钮，可打开相关网页以了解更多的Office软件信息。

单击

>> 1.2.3　更改Office 2007的安装

知识讲解

　　安装了Office 2007应用程序后，当需要添加或删除某些组件、修复应用程序时，可更改Office 2007的安装，具体操作方法为：在"控制面板"窗口中双击"程序和功能"图标，打开"程序和功能"窗口，在程序列表中选中Office 2007程序选项，然后单击程序列表上方的"更改"按钮，在接下来弹出的对话框中进行相应的操作即可，如添加或删除组件、修复安装Office 2007应用程序。

在该对话框中，选中"添加或删除功能"单选项，可对组件进行添加或删除操作；选中"修复"单选项，可对Office 2007程序进行修复安装。

互动练习

　　下面通过更改Office 2007的安装，练习添加"Microsoft Office Groove"组件，具体操作步骤如下。

第1步　选择"控制面板"命令

1 单击桌面左下角的"开始"按钮 。

2 在弹出的"开始"菜单中选择"控制面板"命令。

说明　安装了Office 2007后，系统会自动安装"微软拼音输入法2007"。

第2步　双击"程序和功能"图标

打开"控制面板"窗口，在"经典视图"模式下双击"程序和功能"图标。

第3步　单击"更改"按钮

1 打开"程序和功能"窗口，在程序列表中选择Office 2007程序选项，本例中应选择"Microsoft Office Enterprise 2007"选项。

2 单击程序列表上方的"更改"按钮。

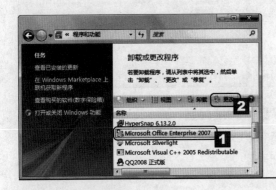

第4步　选中单选项

1 弹出向导对话框，本例中需要添加组件，因此选中"添加或删除功能"单选项。

2 单击"继续"按钮。

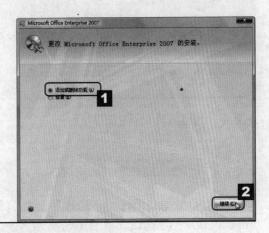

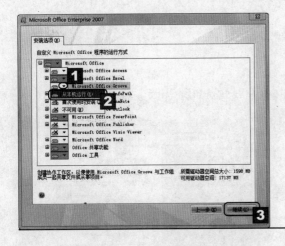

第5步　添加组件

1 在接下来弹出的界面中，单击"Microsoft Office Groove"选项左侧的下拉按钮。

2 在弹出的下拉菜单中选择"从本机运行"命令。

3 单击"继续"按钮。

第6步 显示配置进度

此时，系统会根据用户的选择重新配置Office程序，并在接下来弹出的界面中显示配置进度。

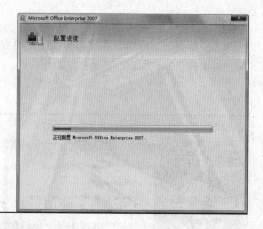

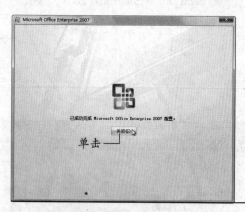

第7步 完成配置

配置完成后，在接下来弹出的界面中单击"关闭"按钮即可。

>> 1.2.4 卸载Office 2007

当需要卸载Office 2007程序时，打开"程序和功能"窗口，在程序列表中选中Office 2007程序选项，然后单击程序列表上方的"卸载"按钮，在接下来弹出的向导对话框中根据提示进行操作即可。

下面练习对Office 2007程序进行卸载操作，具体操作步骤如下。

第1步 单击"卸载"按钮

1️⃣ 打开"程序和功能"窗口。

2️⃣ 在程序列表中选择Office 2007程序选项，本例中选择"Microsoft Office Enterprise 2007"选项。

3️⃣ 单击程序列表上方的"卸载"按钮。

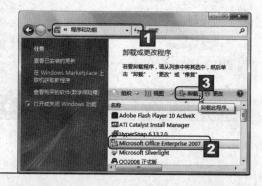

说明 右键单击Office 2007程序选项，在弹出的快捷菜单中选择"卸载"命令，也可执行卸载操作。

第2步　单击"是"按钮

弹出向导对话框，提示安装程序在准备必要的文件，在紧接着弹出的"安装"提示对话框中单击"是"按钮。

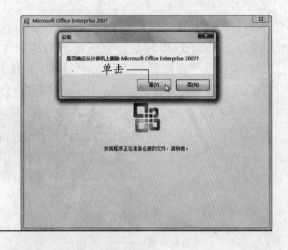

第3步　显示卸载进度

系统开始卸载Office 2007的所有程序组件，并在弹出的界面中显示卸载进度。

第4步　完成卸载

卸载完成后，在接下来弹出的界面中单击"关闭"按钮即可。

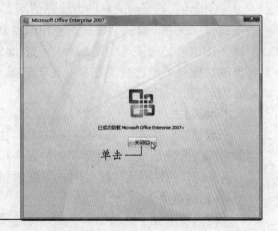

1.3　Office 2007的操作界面 ————————————— <<

　　Microsoft Office 2007的各个组件具有风格相似、面向结果的操作界面。下面将分别介绍Word 2007、Excel 2007、PowerPoint 2007、Access 2007和Outlook 2007的操作界面。

新手训练营 学Office 2007办公应用

>> 1.3.1 Word 2007的操作界面

启动Word 2007后，首先显示的是软件启动画面，接下来打开的窗口便是操作界面。该操作界面主要由"Office"按钮、快速访问工具栏、标题栏、功能选项卡、文档编辑区和状态栏等部分组成，下面分别进行介绍。

"Office"按钮 ——
快速访问工具栏 ——
文档编辑区 ——
—— 标题栏
—— 功能选项卡
—— 状态栏

1. "Office"按钮

"Office"按钮 位于窗口左上角，对其单击可弹出一个下拉菜单，该菜单中包含了"新建"、"保存"等常用操作命令，菜单右侧显示的是"最近使用的文档"列表，主要用于查看和打开最近使用过的文档。

 在"最近使用的文档"列表中，当鼠标指针停留在某个文档名称上一两秒后，会显示该文档的存放路径。

2. 快速访问工具栏

"Office"按钮 的右侧为快速访问工具栏，用于显示常用的工具按钮。默认显示的按钮有"保存" 、"撤销" 和"恢复" 3个按钮。用户可根据操作需要将常用的操作按钮添加到快速访问工具栏中。此外，使用鼠标右键单击快速访问工具栏，在弹出的快捷菜单中选择"在功能区下方显示快速访问工具栏"命令，可将其显示在功能区的下方。

3. 标题栏

标题栏位于快速访问工具栏的右侧，由标题和窗口控制按钮 组成。标题栏的中间部分便是标题，显示了当前程序和文档的名称。标题栏的最右端是窗口控制按钮，用于窗口的最小化、最大化/向下还原和关闭操作。

4. 功能选项卡

功能选项卡位于标题栏的下方，由选项卡和功能区组成，这两者是对应的关系。单击某个选项卡，可切换到相应的功能区。

默认情况下，Word 2007窗口中只显示了"开始"、"插入"、"页面布局"、"引用"、"邮件"、"审阅"和"视图"7个选项卡。除此之外，Word 2007隐藏了针对特殊对象的动态选项卡，这类选项卡只有在选中了相应的编辑对象后才会显示出来。例如，在文档中选中图片后，功能选项卡中将显示"图片工具/格式"选项卡；选中自选图形后，功能选项卡中将显示"绘图工具/格式"选项卡。

说明 当窗口处于最大化状态时，"最大化"按钮变为"向下还原"按钮 ，对其单击可还原窗口。

功能区由多个选项组组成，例如，"开始"选项卡的功能区由"剪贴板"、"字体"、"段落"、"样式"和"编辑"5个选项组组成。

某些选项组的右下角有一个对话框启动器 。将鼠标指针指向它时，可预览对应的对话框或窗格；对其单击，会弹出对应的对话框或窗格。

5. 文档编辑区

文档编辑区以白色显示，位于窗口中央，是进行文字输入、文本编辑和图片处理的工作区域。当文档内容超出窗口的显示范围时，编辑区右侧和底端会分别显示垂直和水平滚动条。拖动滚动条中的滑块，或单击滚动条两端的小三角按钮，编辑区中显示的内容会随之滚动，从而可查看其他内容。

聪聪，告诉你一个小秘密，在垂直滚动条的底端，单击"前一页"按钮 或"下一页"按钮 ，可使文档向前或向下翻一页。

6. 状态栏

状态栏位于窗口底端，用于显示当前文档的页数/总页数、字数、输入语言以及输入状态等信息。状态栏的右端为视图切换按钮 和显示比例调节工具 。单击视图切换按钮 中的某个按钮，可切换到对应的视图方式；拖动显示比例调节工具 中的滑块 ，可调节文档的显示比例。

>> 1.3.2　Excel 2007的操作界面

启动Excel 2007后，看到的窗口便是它的操作界面。与Word 2007的界面相比，Excel 2007界面的编辑区发生了变化，且增加了编辑栏、单元格和行号等组成部分。

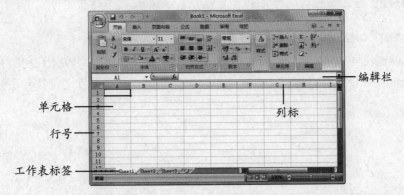

1. 编辑栏

编辑栏位于功能选项卡的下方，主要用于显示和编辑当前单元格中的数据或公式。编辑栏又由名称框、按钮组和编辑框3部分组成，其功能介绍如下。

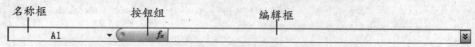

- ■ **名称框：** 用于显示当前单元格的名称，该名称由单元格的列号和行号组成。例如，当选中第A列第1行的单元格时，名称框中会显示"A1"。
- ■ **按钮组：** 默认情况下，按钮组显示为 。单击"插入函数"按钮 ，在弹出的"插入函数"对话框中可选择要输入的函数。当对某个单元格进行编辑时，按钮组会显示为 。单击其中的"取消"按钮 ，可取消编辑；单击"输入"按钮 ，可确认编辑。
- ■ **编辑框：** 用于显示单元格中输入的内容。将鼠标指针定位在编辑框内，还可对当前单元格中的数据进行插入、修改及删除等操作。

2. 单元格

工作表编辑区中的小方格便是单元格 ，它是组成Excel表格的基本单位，用于显示用户输入的所有内容。

3. 行号和列标

行号就是工作表编辑区左侧显示的阿拉伯数字，列标就是编辑区上方的大写英文字母，通过它们可以确定单元格的位置。例如，单元格"C4"表示它处于工作表中第C列的第4行。

4. 工作表标签

工作表标签位于编辑区的左下方，单击某个标签可切换到对应的工作表。在工作表标签的右侧有一个"插入工作表"按钮 ，左侧有一排工作表切换按钮 ，其功能介绍如下。

- ■ **"插入工作表"按钮** ：单击该按钮，可在当前工作簿中添加新的空白工作表。
- ■ **按钮：** 单击该按钮，可切换到第一张工作表。
- ■ **按钮：** 单击该按钮，可切换到上一张工作表。
- ■ **按钮：** 单击该按钮，可切换到下一张工作表。
- ■ **按钮：** 单击该按钮，可切换到最后一张工作表。

>> 1.3.3 PowerPoint 2007的操作界面

启动PowerPoint 2007后，看到的窗口便是它的操作界面。与Word 2007的界面相比，PowerPoint 2007界面的编辑区也发生了较大的变化，并多了视图窗格和备注窗格。

说明 在工作表编辑区中选中部分单元格时，对应的行号和列标会以桔黄色显示。

视图窗格　　幻灯片编辑区

备注窗格

1. 幻灯片编辑区

PowerPoint窗口中间的白色区域为幻灯片编辑区，该部分是演示文稿的核心部分，主要用于显示和编辑当前显示的幻灯片。

2. 视图窗格

视图窗格位于演示文稿编辑区的左侧，包含"大纲"和"幻灯片"两个选项卡，以及"关闭"按钮。若切换到"幻灯片"选项卡，会在该窗格中以缩略图的形式显示当前演示文稿中的所有幻灯片；若切换到"大纲"选项卡，会在该窗格中以大纲的形式列出当前演示文稿中的所有幻灯片；若要关闭视图窗格，单击"关闭"按钮 即可。

在"幻灯片"选项卡中的状态

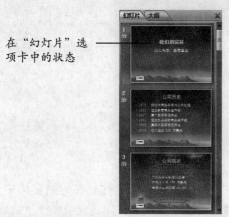

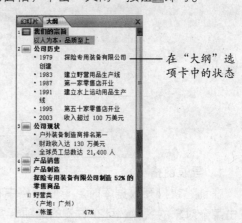

在"大纲"选项卡中的状态

3. 备注窗格

备注窗格位于幻灯片编辑区的下方，通常用于为幻灯片添加注释说明，比如添加幻灯片的内容摘要等。

>> 1.3.4　Access 2007的操作界面

与前面几个组件不同，启动Access 2007后，首先显示的是"开始使用Microsoft Office Access"界面。在该界面的左侧提供了多种类型的模板，选中某模板后，界面中间将以缩略图的形式显示该模板的多种样式。在右侧的"打开最近的数据库"栏中显示了最近打开过的一些数据库，单击某个数据库即可将其打开。

将鼠标指针停放在视图窗格或备注窗格与幻灯片编辑区之间的窗格线上，拖动鼠标可调整大小。　说明

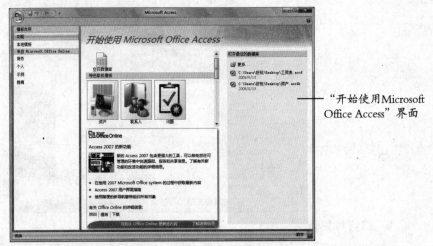

"开始使用Microsoft Office Access"界面

在创建或打开Access 2007数据库后，其工作界面如下图所示。除了与Word 2007、Excel 2007等组件相同的组成部分外，它独有的组成部分主要包括导航窗格和选项卡式文档两大部分。

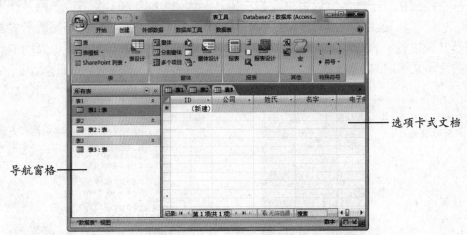

导航窗格

选项卡式文档

1. 导航窗格

在创建或打开数据库时，导航窗格中将显示数据库中各对象的名称。在导航窗格中双击某个对象的名称，可在右侧的选项卡式文档中打开该对象。

 单击导航窗格右上角的"百叶窗开/关"按钮《，可折叠该窗格。单击"百叶窗开/关"按钮左侧的·按钮，在弹出的下拉列表中可选择Access对象的浏览方式。

2. 选项卡式文档

每打开数据库文件中的一个对象时，选项卡式文档中就会出现该对象窗口的选项卡，单击不同的选项卡可在不同的对象窗口间切换。此外，使用鼠标右键单击某个选项卡，在弹出的快捷菜单中可对该对象进行保存、关闭等操作。

>> 1.3.5 Outlook 2007的操作界面

Outlook 2007的操作界面延续了以前版本传统操作界面的风格，主要由标题栏、菜单栏、工具栏、导航窗格、操作窗口和状态栏等部分组成。

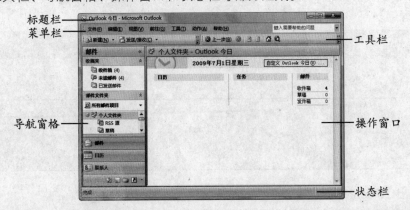

- **标题栏**：位于窗口的顶端，用于显示程序名称，以及当前所在的位置。标题栏的最右端是窗口控制按钮 ☐☐✕ ，用于窗口的最小化、最大化/向下还原和关闭操作。
- **菜单栏**：位于标题栏的下方，包括"文件"、"编辑"、"视图"、"前往"、"工具"、"动作"和"帮助"7个菜单项。单击某个菜单项，在弹出的下拉菜单中可选择要执行的命令。
- **工具栏**：显示了常用的按钮和下拉列表框。
- **导航窗格**：在其中单击某个按钮，可展开相应的功能界面，进而可在右侧的操作窗口中进行所需的操作。
- **操作窗口**：该窗口中显示的内容和各种参数选项由左侧所单击的按钮决定，在其中可进行与相关功能对应的操作。
- **状态栏**：显示电子邮件收发工作的完成状态。

1.4 Office 2007的基本操作 <<

Office 2007包含众多组件，各个组件的基本操作方法大体上一致，如启动与退出、设置工作环境等。

>> 1.4.1 Office 2007组件的启动与退出

安装完Office 2007后，就可以启动其中的组件了。各组件的启动和退出操作基本相同，接下来进行简单的介绍。

1. 启动Office 2007

Office 2007各个组件的启动方法基本相同，主要有以下两种。

- 单击"开始"按钮，在弹出的"开始"菜单中依次选择"所有程序"→"Microsoft Office"命令，在接下来展开的列表中选择某个命令，即可启动相应的程序。

■ 如果系统桌面上创建有程序的快捷方式图标，双击该图标即可快速启动相应的程序。

 博士，如果我要打开用Office 2007组件制作的文档，是不是要先启动这些组件才能打开文档?

 那倒不必。Windows操作系统已将应用程序与相关文档关联了起来。安装Office 2007后，双击任何一个文档图标，不仅能启动相应的程序，还会打开相应的文档内容。

2. 退出Office 2007

Office 2007各个组件的退出方法也基本相同，主要有以下几种。

■ 在操作窗口中，单击右上角的"关闭"按钮■■x■关闭当前文档，重复这样的操作，直至关闭所有打开的同类型文档，即可退出相应的程序。

■ 在操作窗口中，按"Alt+F4"组合键关闭当前文档，重复这样的操作，直至关闭所有打开的同类型文档，便可退出相应的程序。

■ 在操作窗口中，单击"Office"按钮，在弹出的下拉菜单中单击"退出XX"按钮，可快速关闭所有打开的同类型文档，从而退出程序。

 最后一种方法适用于Word 2007、Excel 2007和PowerPoint 2007这3个组件。在Access 2007的操作窗口中，单击"Office"按钮，在弹出的下拉菜单中单击"退出Access"按钮，只能关闭当前窗口。

 互动练习

下面练习使用"开始"菜单启动Word 2007程序，具体操作步骤如下。

第1步 选择"所有程序"命令

1 单击"开始"按钮。

2 在弹出的"开始"菜单中选择"所有程序"命令。

第2步 启动Word 2007程序

1 在展开的程序列表中选择"Microsoft Office"命令。

2 在接下来展开的列表中选择"Microsoft Office Word 2007"命令，即可启动Word 2007程序。

技巧 双击"Office"按钮，可以快速关闭当前文档。

>> 1.4.2 设置Office 2007的工作环境

使用Office 2007工作前，还可以根据需要对其设置工作环境，比如将常用操作按钮添加到快速访问工具栏中，最小化功能区及设置文档显示比例等。

1. 将常用操作按钮添加到快速访问工具栏中

为了提高文档编辑速度，可将常用的一些操作按钮添加到快速访问工具栏中。在某个程序的操作界面中，使用鼠标右键单击快速访问工具栏，在弹出的快捷菜单中选择"自定义快速访问工具栏"命令，在接下来弹出的对话框中根据提示添加常用按钮，然后单击"确定"按钮保存设置即可。

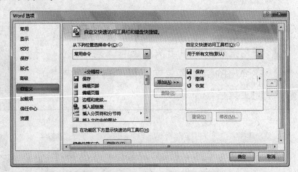

此外，还可通过以下两种方式将常用按钮添加到快速访问工具栏中。

- 在功能区中，使用鼠标右键单击某个命令按钮，在弹出的快捷菜单中选择"添加到快速访问工具栏"命令，可将其添加到快速访问工具栏中。
- 单击快速访问工具栏右侧的下拉按钮 ，在弹出的下拉列表中可选择需要在快速访问工具栏中显示的按钮，如"电子邮件"按钮、"绘制表格"按钮等。

2. 最小化功能区

为了扩大文档编辑区的显示范围，可最小化功能区，其方法主要有以下几种。

- 使用鼠标右键单击功能区的任意位置，在弹出的快捷菜单中选择"功能区最小化"命令。
- 单击快速访问工具栏右侧的下拉按钮 ，在弹出的下拉列表中选择"功能区最小化"选项。
- 双击任意选项卡。

最小化功能区后，可通过以下几种方式将其还原。

- 使用鼠标右键单击功能区的任意位置，在弹出的快捷菜单中取消"功能区最小化"命令的选中状态。
- 单击快速访问工具栏右侧的下拉按钮 ，在弹出的下拉列表中取消"功能区最小化"选项的选中状态。
- 双击任意选项卡。

3. 设置文档显示比例

默认情况下，文档编辑区的显示比例为100%，用户可以根据个人操作习惯，对其进行调整。例如，要调整Word文档的显示比例，在Word窗口中切换到"视图"选项卡，

在"Word选项"对话框中，切换到某个选项卡可进行相应的设置，以使工作环境符合自己的操作习惯。 说明

Chapter 1

新手训练营 学Office 2007办公应用

然后单击"显示比例"选项组中的"显示比例"按钮,在接下来弹出的"显示比例"对话框中进行设置即可。

互动练习

下面练习在Word 2007中将"打印预览"按钮添加到快速访问工具栏中,具体操作步骤如下。

第1步 选择命令

1 使用鼠标右键单击快速访问工具栏。
2 在弹出的快捷菜单中选择"自定义快速访问工具栏"命令。

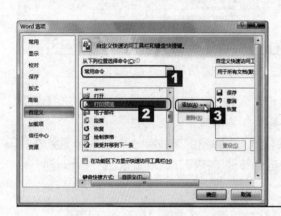

第2步 添加"打印预览"按钮

1 弹出"Word 选项"对话框,并自动定位到"自定义"选项卡,在"从下列位置选择命令"下拉列表框中选择命令类型,本例中选择"常用命令"选项。
2 在下面的列表框中选择需要添加的按钮,本例中选择"打印预览"按钮。
3 单击"添加"按钮。

第3步 单击"确定"按钮

所选操作按钮即可添加到右侧的列表框中,单击"确定"按钮保存设置。

 在右侧的列表框中,选中某个操作按钮后,单击"删除"按钮,可将其从快速访问工具栏中删除。

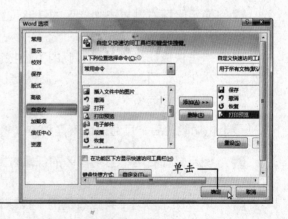

第4步 查看效果

返回Word窗口,可看到"打印预览"按钮已添加到了快速访问工具栏中。

18 **技巧** 按"Ctrl+F1"组合键,可快速最小化或还原功能区。

1.5　上机练习 ————————————————————— <<

　　本章为读者安排了两个上机练习。第一个是安装Office 2007后启动PowerPoint 2007，并熟悉其操作界面。第二个是设置Word 2007的工作环境。

练习一　认识PowerPoint 2007

1 安装Office 2007。

2 启动PowerPoint 2007。

3 熟悉PowerPoint 2007的操作界面。

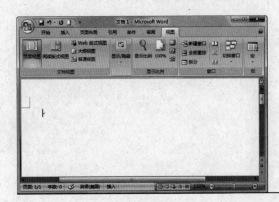

练习二　设置Word 2007的工作环境

1 将"新建"按钮添加到快速访问工具栏中。

2 将文档显示比例设置为120%。

第2章　Word 2007基础操作

- 文档的基本操作
- 输入文档内容
- 文本对象的编辑

博士，我已经做好学习准备了。Office 2007这么多组件，哪个最简单啊？我想从最简单的入手。

其实Office 2007中的各个组件都很简单，只要肯认真学习，很快就能运用自如。今天先教你最常用的组件Word 2007吧，用它可以制作样式丰富的办公文档，如广告、海报等。

Word 2007可以做这么多事情啊，真是太好了，那我们现在就开始学习吧！

2.1　文档的基本操作 <<

　　要想灵活运用Word制作文档，首先需要掌握文档的基本操作，如新建、保存、打开和关闭等，接下来将进行详细的讲解。

>> 2.1.1　新建文档

　　首次启动Word 2007后，系统会自动创建一个名为"文档1"的空白文档。再次启动Word时，系统会以"文档2"、"文档3"……这样的顺序对新文档进行命名。

　　除了创建一般的空白文档外，还可以根据模板创建带有格式和内容的文档，甚至创建一些具有特殊功能的文档，如博客文档、书法字帖等。

　　在Word窗口中，单击"Office"按钮，在弹出的下拉菜单中选择"新建"命令，将会弹出"新建文档"对话框，此时用户可以通过选择某个选项来创建需要的文档，具体介绍如下。

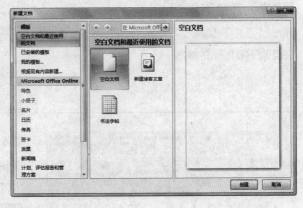

- 在"模板"列表框中选择"空白文档和最近使用的文档"选项，在中间的列表框中选择某个选项，然后单击"创建"按钮，可以创建对应的新文档。
- 在"模板"列表框中选择"已安装的模板"选项，在中间的列表框中选择具体模板样式，然后单击"创建"按钮，即可以该模板样式为基础创建一个新文档。
- 在"模板"列表框中选择"我的模板"选项，则可基于自定义模板创建新文档。
- 在"模板"列表框中选择"根据现有内容新建"选项，则可基于已经编辑好的文档创建新文档。
- 在"模板"列表框的"Microsoft Office Online"栏中选择某个模板类型，在中间的列表框中选择模板样式，然后单击"下载"按钮，Word会自动从网上下载所选模板，并根据它创建新文档。

互动练习

　　下面练习基于"传真"类型中的"传真封面页"模板，创建一篇新文档，具体操作步骤如下。

第1步 选择"新建"命令

1 在Word窗口中，单击"Office"按钮。

2 在弹出的下拉菜单中选择"新建"命令。

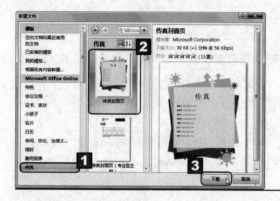

第2步 选择模板样式

1 弹出"新建文档"对话框，在"模板"列表框的"Microsoft Office Online"栏中，选择模板类型，本例中选择"传真"选项。

2 在中间的列表框中选择具体的模板样式，本例中选择"传真封面页"选项。

3 选择好后，单击"下载"按钮。

第3步 开始下载

弹出"正在下载模板"对话框，表示Word正在自动下载所选的模板。

第4步 创建新文档

下载完成后，Word会打开一个新窗口，并基于"传真封面页"模板创建新文档。

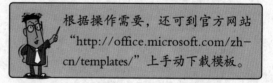

根据操作需要，还可到官方网站"http://office.microsoft.com/zh-cn/templates/"上手动下载模板。

>> 2.1.2 保存文档

知识讲解

无论是新建的文档，还是原有文档，对其编辑后都应进行保存，以便日后查看和使用。

技巧 在Word窗口中，按"Ctrl+N"组合键，可快速创建新的空白文档。

1. 新建文档的保存

对于新建的文档，可以通过以下几种方式进行保存。

- 在快速访问工具栏中，单击"保存"按钮■。
- 单击"Office"按钮，在弹出的下拉菜单中选择"保存"命令。
- 按"Ctrl+S"组合键。

无论采用哪种方式保存新建的文档，都会弹出"另存为"对话框，此时需要设置文档的保存路径和文件名，然后单击"保存"按钮即可。

2. 原有文档的保存

对于已经存在的文档，在进行更改或编辑后，同样需要进行保存，其方法主要有以下几种。

- 在快速访问工具栏中，单击"保存"按钮■。
- 单击"Office"按钮，在弹出的下拉菜单中选择"保存"命令。
- 按"Ctrl+S"组合键。

对已存在的文档进行保存时，仅是将对文档所做的更改保存到原文档中，因而不会弹出"另存为"对话框，但会在状态栏中显示"Word正在保存……"的提示，保存完成后提示立即消失。

页面: 6/7 | 字数: 494 | 中文(中国) | 插入 | Word 正在保存 "自尊信.docx": | 100%

3. 将文档另存

对原文档进行修改后，如果希望不改变原文档的内容，可将修改后的文档以不同名称进行另存，或另保存一份副本到电脑的其他位置，其方法主要有以下几种。

- 单击"Office"按钮，在弹出的下拉菜单中选择"另存为"命令。
- 按"F12"键。

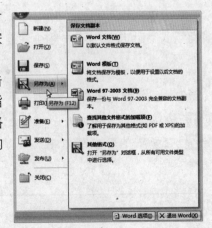

执行上面的任一操作后，在弹出的"另存为"对话框中设置存储路径和文件名，然后单击"保存"按钮即可。

另存文档时，还可以选择其他文档格式。单击"Office"按钮，在弹出的下拉菜单中将鼠标指针指向"另存为"命令，在弹出的子菜单中选择需要的格式，在接下来弹出的"另存为"对话框中进行相应的设置即可。

聪聪，无论是保存新建的文档，还是将文档另存，只要弹出"另存为"对话框，你都可在"保存类型"下拉列表框中选择需要的文档格式，因此在学习过程中要融会贯通。

4. 加密保存文档

在办公过程中，办公人员应该将重要的文档进行加密保存，以防止其他用户查看。加密保存文档的操作方法主要有以下两种。

- ■ 打开需要加密的文档，单击"Office"按钮，在弹出的下拉菜单中依次选择"准备"→"加密文档"命令，在接下来弹出的"加密文档"对话框中设置密码即可。
- ■ 打开需要加密的文档，单击"Office"按钮，在弹出的下拉菜单中选择"另存为"命令，在弹出的"另存为"对话框中单击"工具"按钮，在弹出的菜单中选择"常规选项"命令，弹出"常规选项"对话框，然后在"打开文件时的密码"文本框内输入密码即可。

下面练习使用"Office"菜单中的"保存"命令，将前面新建的文档以"传真封面"为文件名保存到电脑中，且文档格式为"Word 97-2003文档"，具体操作步骤如下。

第1步 选择"保存"命令

1 在新建的文档中，单击"Office"按钮。

2 在弹出的下拉菜单中选择"保存"命令。

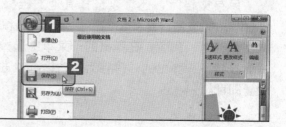

说明 在"常规选项"对话框的"修改文件时的密码"文本框中输入密码，可对文档设置修改密码。

第2步　设置保存参数

1 弹出"另存为"对话框，将存储路径设置为需要的位置。

2 在"文件名"文本框中输入文件名，本例中输入"传真封面"。

3 在"保存类型"下拉列表框中选择"Word 97-2003文档（*.doc）"选项。

4 设置完成后，单击"保存"按钮即可。

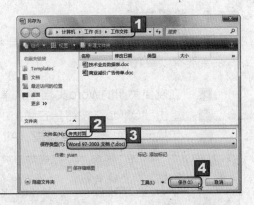

>> 2.1.3　打开文档

如果要查看或编辑电脑中保存的文档，首先需要将其打开，其方法主要有以下两种。

■　先进入文档的存放目录，然后双击文档图标。

■　在Word窗口中，单击"Office"按钮，在弹出的下拉菜单中选择"打开"命令，在弹出的"打开"对话框中找到需要查看或编辑的Word文档，然后单击"打开"按钮。

下面练习使用"Office"菜单中的"打开"命令，打开前面保存的"传真封面.doc"文档，具体操作步骤如下。

第1步　选择"打开"命令

1 在Word窗口中，单击"Office"按钮。

2 在弹出的下拉菜单中选择"打开"命令。

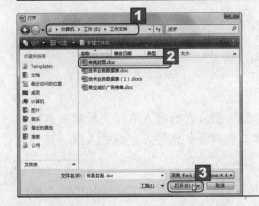

第2步　打开文档

1 弹出"打开"对话框，进入"传真封面.doc"文档所在的路径。

2 选择"传真封面.doc"文档。

3 单击"打开"按钮。

>> 2.1.4　关闭文档

　　将文档编辑完成并保存后，就需要将其关闭，以减少占用的内存空间。关闭文档的方法主要有以下几种。

- ■　在需要关闭的Word文档中，单击右上角的"关闭"按钮 x 。
- ■　单击"Office"按钮，在弹出的下拉菜单中选择"关闭"命令。
- ■　切换到要关闭的文档，按"Alt+F4"组合键。

　博士，我发现文档与Word程序的关闭方法基本上相同，它们之间有没有什么区别呢？

　聪聪，你观察得挺仔细的嘛！继续努力哦！

　如果当前打开了多个Word文档，关闭文档只是关闭当前文档，Word程序仍然在运行，而退出Word程序则会关闭所有打开的Word文档。

　　如果未对已修改的文档进行保存，关闭时会弹出提示对话框，询问用户是否保存对文档所做的修改，此时可进行如下操作。

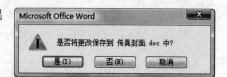

- ■　单击"是"按钮，可保存当前文档，同时关闭该文档。
- ■　单击"否"按钮，将直接关闭文档，且不会对当前文档进行保存，即对文档所做的更改都会被放弃。
- ■　单击"取消"按钮，将撤销本次关闭文档的操作，并返回窗口。

2.2　输入文档内容

　　文本是构成文档的最基本的元素，因此输入文档内容是编辑文档时最基本的操作，如输入文字、数字和符号等。

>> 2.2.1　输入文本内容

　　启动Word后，在编辑区中不停闪烁的光标"I"便为光标插入点，光标插入点所在的位置便是输入文本的位置。在文档中输入文本前，需要先定位好光标插入点，其方法主要有以下几种。

- ■　将鼠标指针移动到文档编辑区中，当其呈I形状时，在需要编辑的位置单击鼠

说明　在"打开"对话框中选择多个Word文档，然后单击"打开"按钮，可一次性打开多个文档。

标左键即可。

- ■ 按方向键，光标插入点向左或向右移动一个字符，或者向上或向下移动一行。
- ■ 按"End"键，光标插入点向右移动至当前行行末；按"Home"键，光标插入点向左移动至当前行行首。
- ■ 按"Ctrl+Home"组合键，光标插入点将移至文档开头；按"Ctrl+End"组合键，光标插入点将移至文档末尾。
- ■ 按"Page Up"键，光标插入点向上移动一页；按"Page Down"键，光标插入点向下移动一页。

定位好光标插入点后，切换到自己熟悉的输入法，然后输入相应的文本内容即可。在输入文本的过程中，光标插入点会自动向右移动。当一行文本输入完毕后，光标插入点会自动转到下一行。在没有输完一行文字的情况下，若需要开始新的段落，可按"Enter"键进行换行。

 博士，如果我想在文档的任意位置输入文本，该怎么做呢？

 可以通过"即点即输"功能来实现，具体操作方法为：将鼠标指针移动到需要输入文本的位置，然后双击鼠标左键即可在当前位置定位光标插入点，此时便可输入相应的文本内容了。

 嗯，说的非常对！另外，还需要注意的是，在多栏方式，大纲视图，以及项目符号和编号的后面，无法使用"即点即输"功能。

 互动练习

下面练习在Word文档中输入一首古诗，具体操作步骤如下。

第1步　输入前的准备工作

1 启动Word 2007，定位好光标插入点。

2 切换到惯用的输入法。

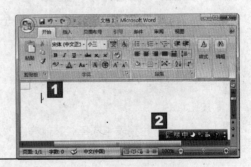

第2步 输入文本

1 输入古诗标题，然后按"Enter"键换行。

2 按照这样的方法输入古诗内容。

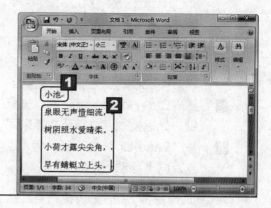

通过键盘可输入文字、数字、字母和一些符号，但是有的符号需要使用某些输入法的特定功能才能输入，如"¢"、"※"和"⊙"等。此外，这些符号还可通过插入符号的方法来输入，具体操作步骤如下。

（1）将光标插入点定位到需要插入符号的位置，切换到"插入"选项卡，然后单击"符号"选项组中的"符号"按钮，在弹出的下拉列表中选择需要的符号。

（2）若下拉列表中没有需要的符号，可选择"其他符号"选项，在弹出的"符号"对话框中进行选择，然后单击"插入"按钮即可。

互动练习

下面练习在"插入符号"文档中插入符号，具体操作步骤如下。

第1步 选择"其他符号"选项

1 打开需要编辑的文档后，将光标插入点定位到需要插入符号的位置。

2 切换到"插入"选项卡。

3 单击"符号"选项组中的"符号"按钮。

4 在弹出的下拉列表中选择"其他符号"选项。

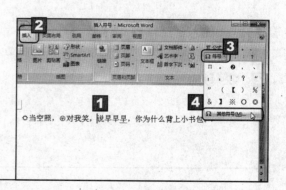

技巧 在英文状态下输入"：)"或"：-)"，可快速输入符号"☺"。

第2步　选择需要插入的符号

1 弹出"符号"对话框，在"字体"下拉列表框中选择符号类型，本例中选择"Webdings"选项。

2 在列表框中选择需要的符号，本例中选择"☝"选项。

3 选择完成后，单击"插入"按钮。

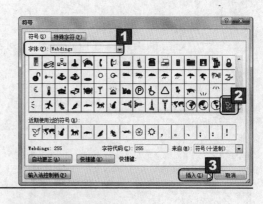

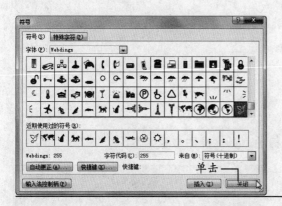

第3步　关闭对话框

此时，"插入"按钮右边的"取消"按钮变为"关闭"按钮，对其单击关闭"符号"对话框。

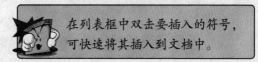

> 在列表框中双击要插入的符号，可快速将其插入到文档中。

第4步　查看效果

返回Word文档，即可看到所插入的符号。

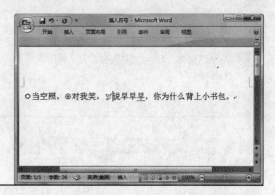

>> 2.2.3　输入日期和时间

　　Word提供了输入系统当前日期和时间的功能，以减少用户的手动输入量。例如，要输入当前日期时，在输入当前年份（如"2009年"）后按"Enter"键即可，但使用这种方法只能输入诸如"2009年7月7日星期二"这种格式的日期。如果要输入其他格式的日期和时间，可使用"日期和时间"对话框，具体操作步骤如下。

　　（1）将光标插入点定位到需要插入日期或时间的位置，切换到"插入"选项卡，单击"文本"选项组中的"日期和时间"按钮。

如果当前输入法为中文输入法，"日期和时间"对话框中会自动显示中文日期格式。　说明

（2）弹出"日期和时间"对话框，在"语言（国家/地区）"下拉列表框中选择语言种类，在"可用格式"列表框中选择需要的日期或时间格式，然后单击"确定"按钮即可。

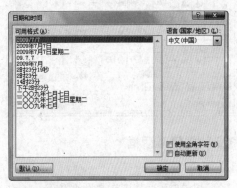

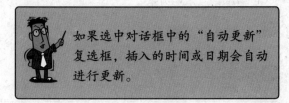

如果选中对话框中的"自动更新"复选框，插入的时间或日期会自动进行更新。

下面练习在"邀请函"文档中插入当前日期，具体操作步骤如下。

第1步　单击"日期和时间"按钮

1 打开"邀请函"文档，将光标插入点定位到需要输入日期的位置。

2 切换到"插入"选项卡。

3 单击"文本"选项组中的"日期和时间"按钮。

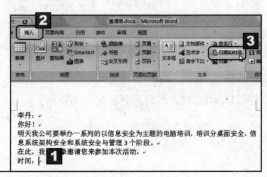

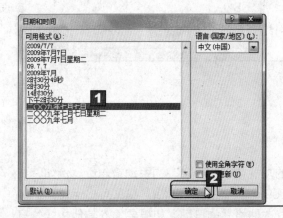

第2步　选择日期格式

1 弹出"日期和时间"对话框，在"可用格式"列表框中选择需要的日期格式，本例中选择"二〇〇九年七月七日"选项。

2 选择好后，单击"确定"按钮即可。

2.3　文本对象的编辑　<<

文档的文本编辑主要包括选择文本、复制文本、移动文本、删除文本，以及插入与改写文本等，接下来将对这些知识点进行讲解。

说明　在Word中还可通过插入"文档部件"中的域插入创建、上次打印或上次保存文档的日期和时间。

>> 2.3.1　选择文本

知识讲解

　　对文本进行复制、移动等操作前，需要先将其选中，选中后的文本将呈高亮状态显示。通常情况下，拖动鼠标可选择任意文本，具体操作方法为：将鼠标指针移动到要选择的文本开始处，然后按住鼠标左键不放并拖动，直至需要选择的文本结尾处释放鼠标键即可。

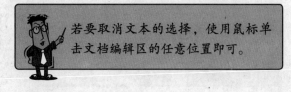

若要取消文本的选择，使用鼠标单击文档编辑区的任意位置即可。

　　此外，还可通过以下几种方法选择文本。

- **选择词组**：双击要选择的词组。
- **选择一行**：将鼠标指针移动到某行左边的空白处，当指针呈形状时，单击鼠标左键即可选中该行。
- **选择一句话**：按住"Ctrl"键不放，同时使用鼠标单击需要选定的句子中的任意位置，即可选中该句。
- **选择分散的文本**：先拖动鼠标选定第一个文本区域，再按住"Ctrl"键不放，然后拖动鼠标选定其他不连续的文本，选择完成后释放鼠标键和"Ctrl"键即可。
- **选择垂直文本**：按住"Alt"键不放，然后按住鼠标左键拖动出一块矩形区域，选择完成后释放鼠标键和"Alt"键即可。
- **选择一个段落**：将鼠标指针移动到某段落左边的空白处，当指针呈形状时，双击鼠标左键即可选中当前段落；将光标插入点定位到某段落的任意位置，然后快速地连续单击鼠标左键3次，也可以选中该段落。
- **选择整篇文档**：将鼠标指针移动到编辑区左边的空白处，当指针呈形状时，快速地连续单击鼠标左键3次即可选中整篇文档。在"开始"选项卡中，单击"编辑"选项组中的"选择"按钮，在弹出的下拉列表中选择"全选"选项，也可选中整篇文档。

互动练习

　　下面打开"水调歌头"文档，然后练习文本的选择操作。通过练习可以掌握选择文本的方法。

第1步　选择整句话

例如要选择文档中的最后一句话，按住"Ctrl"键不放，同时使用鼠标单击该句的任意位置即可。

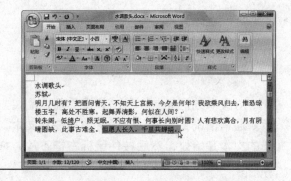

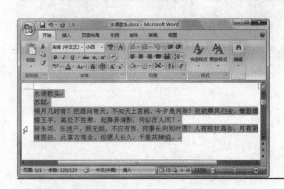

第2步　选择整篇文档

在当前文档中，将鼠标指针移动到编辑区左边的空白处，当指针呈╗形状时，连续单击鼠标左键3次即可。

聪聪，按"Ctrl+A"（或"Ctrl+小键盘数字键5"）组合键，也可快速选中整篇文档！

>> 2.3.2　复制文本

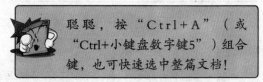

对于文档中重复内容的输入，可通过复制粘贴操作来完成，从而提高文档编辑效率。选中需要复制的文本，然后执行以下任意一种操作，可将其复制到剪贴板中。

- 　在"开始"选项卡中，单击"剪贴板"选项组中的"复制"按钮。
- 　单击鼠标右键，在弹出的快捷菜单中选择"复制"命令。
- 　按"Ctrl+C"组合键。

将文本对象复制到剪贴板中后，执行以下任意一种操作，可将其粘贴到目标位置。

- 　在"开始"选项卡中，单击"剪贴板"选项组中的"粘贴"按钮。
- 　单击鼠标右键，在弹出的快捷菜单中选择"粘贴"命令。
- 　按"Ctrl+V"组合键。

在陶渊明的《归去来兮辞》中有两个"归去来兮，"文本，下面练习使用复制的方法输入第2个"归去来兮，"文本，具体操作步骤如下。

  技巧 按"Shift+→（或←）"组合键可选择光标插入点右（或左）侧的一个字符。

第1步　复制文本

1 打开"归去来兮辞"文档，选中第1个"归去来兮，"文本。

2 单击"剪贴板"选项组中的"复制"按钮，将其复制到剪贴板中。

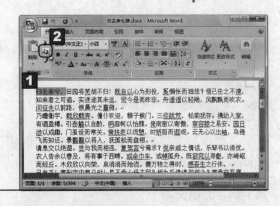

第2步　粘贴文本

1 将光标插入点定位到目标位置，本例中定位在"请息交以绝遊"文本之前。

2 单击"剪贴板"选项组中的"粘贴"按钮。

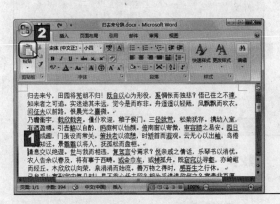

单击"粘贴"按钮下方的下拉按钮，在弹出的下拉列表中选择"选择性粘贴"选项，在弹出的"选择性粘贴"对话框中可选择粘贴方式。

第3步　查看效果

"归去来兮，"文本将被粘贴到目标位置，从而提高了文档内容的录入速度。

将文本粘贴完成后，被粘贴内容的右下角会出现一个"粘贴选项"按钮，对其单击，在弹出的下拉列表中可选择粘贴方式。

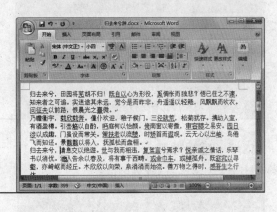

>> 2.3.3　移动文本

　　在编辑文档的过程中，如果需要将某个词语或段落移动到其他位置，可通过剪切粘贴操作来完成。选中需要移动的文本，然后执行以下任意一种操作，可将其剪切到剪贴板中。

- 在"开始"选项卡中，单击"剪贴板"选项组中的"剪切"按钮。
- 单击鼠标右键，在弹出的快捷菜单中选择"剪切"命令。

按"Shift+Insert"组合键，也可将剪贴板中的内容粘贴到目标位置。　技巧

■ 按"Ctrl+X"组合键。

接下来将光标插入点定位到目标位置，然后执行粘贴操作即可。

互动练习

下面练习使用右键快捷菜单中的"剪切"与"粘贴"命令，对文档中的文本进行移动操作，具体操作步骤如下。

第1步 剪切文本

1 打开要编辑的文档，选中需要移动的文本。

2 单击鼠标右键。

3 在弹出的快捷菜单中选择"剪切"命令，将其剪切到剪贴板中。

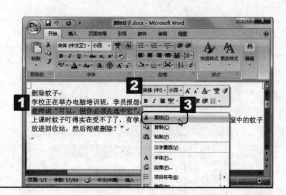

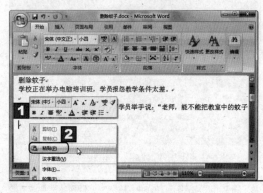

第2步 粘贴文本

1 将光标插入点定位到目标位置，然后单击鼠标右键。

2 在弹出的快捷菜单中选择"粘贴"命令。

第3步 查看效果

选中的文本被移动到了新的位置。

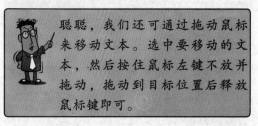

聪聪，我们还可通过拖动鼠标来移动文本。选中要移动的文本，然后按住鼠标左键不放并拖动，拖动到目标位置后释放鼠标键即可。

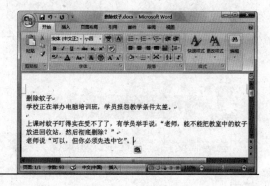

>> 2.3.4 删除文本

当输入了错误或多余的内容时，可通过以下几种方法将其删除。

技巧 按"Shift+Delete"组合键，也可快速将选中的内容剪切到剪贴板中。

- 按 "Back Space" 键，可删除光标插入点前一个字符。
- 按 "Delete" 键，可删除光标插入点后一个字符。
- 按 "Ctrl+Back Space" 组合键，可删除光标插入点前一个单词或短语。
- 按 "Ctrl+Delete" 组合键，可删除光标插入点后一个单词或短语。

删除短语前

> 明月几时有？把酒问青天。不
> 知天上宫阙，今夕是何年。我
> 欲乘风归去，又恐琼楼玉宇，
> 高处不胜寒。起舞弄清影，何
> 似在人间？↵

删除短语后

> 几时有？把酒问青天。不知天
> 上宫阙，今夕是何年。我欲乘
> 风归去，又恐琼楼玉宇，高处
> 不胜寒。起舞弄清影，何似在
> 人间？↵

 聪聪，选中要删除的内容（可以是词、句子、行和段落等），然后按 "Delete" 或 "Back Space" 键，可快速将其删除哦！

>> 2.3.5　插入与改写文本

 知识讲解

输入文本时，状态栏会显示当前输入状态。当状态栏中有 "插入" 按钮 [插入] 时，表示当前文档处于 "插入" 状态；当状态栏中的 "插入" 按钮变成 "改写" 按钮 [改写] 时，表示当前文档处于 "改写" 状态。

"插入" 状态　　　　　　　　　　　　　　　　　　"改写" 状态

如果要在两种状态间切换，可在状态栏中单击 "插入" 按钮或 "改写" 按钮，或者按 "Insert" 键。

- **"插入" 状态**：该状态为默认状态，处于该状态时，输入的文本会插入到光标插入点所在的位置，光标插入点后面的文本会按顺序后移。
- **"改写" 状态**：处于该状态时，输入的文本会替换掉光标插入点所在位置后面的文本，其余文本位置不变。

 通常情况下，"插入" 状态用于添加输漏的文本，"改写" 状态用于修改输入错误的文本。在 "改写" 状态下输入文本时，注意输入的文本字要与错误词组的字数一致，且修改完成后，要及时切换到 "插入" 状态。

互动练习

下面打开"赋得古原草送别"文档，练习在"一岁一枯荣。"文本前插入"离离原上草，"文本，然后将"谁言寸草心"文本改写为"野火烧不尽"。通过练习掌握插入与改写文本的操作方法。

第1步　插入文本

1 将光标插入点定位在需要插入文本的位置，本例中定位在"一岁一枯荣。"文本之前。

2 输入要插入的文本，本例中输入"离离原上草，"。

3 单击状态栏中的"插入"按钮，切换到"改写"状态。

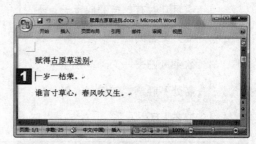

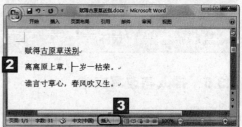

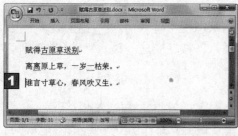

第2步　改写文本

1 将光标插入点定位在需要改写文本的位置，本例中定位在"谁言寸草心"文本之前。

2 输入文本"野火烧不尽"，原来的文本"谁言寸草心"自动消失，并由输入的文本替代。

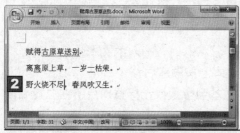

>> 2.3.6　撤销与恢复操作

在编辑文档的过程中，Word会自动记录用户执行过的操作。当执行了错误操作时，可通过"撤销"功能来撤销前一操作，从而恢复到误操作之前的状态。当误撤销了某些操作时，可通过"恢复"功能取消之前的撤销操作，使文档恢复到撤销操作前的状态。

1. 撤销操作

撤销操作主要有以下几种方法。

说明 在进行撤销操作时，可一次性撤销多步操作，而恢复操作只能一步步实现。

- 单击快速访问工具栏中的"撤销"按钮，可撤销上一步操作，继续单击该按钮，可撤销多步操作，直到"无路可退"。
- 单击"撤销"按钮右侧的下拉按钮，在弹出的下拉列表中可选择撤销到某一指定的操作。
- 按"Ctrl+Z"（或"Alt+ Back Space"）组合键，可撤销上一步操作，继续按该组合键，可撤销多步操作。

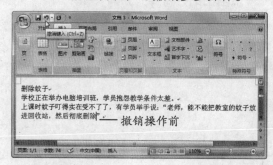

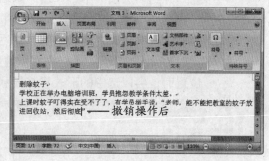

2. 恢复操作

恢复操作主要有以下几种方法。

- 单击快速访问工具栏中的"恢复"按钮，可恢复被撤销的上一步操作，继续单击该按钮，可恢复被撤销的多步操作。
- 按"Ctrl+Y"组合键，可恢复被撤销的上一步操作，继续按该组合键，可恢复被撤销的多步操作。

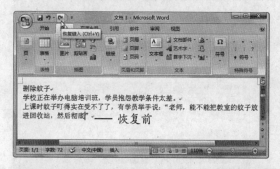

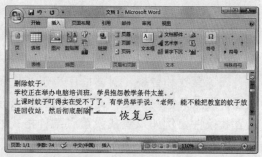

恢复操作与撤销操作是相辅相成的，只有执行了撤销操作，才能激活"恢复"按钮。在没有进行任何撤销操作的情况下，"恢复"按钮显示为"重复"按钮，此时对其单击，可重复上一步操作。

>> 2.3.7　查找与替换文本

　　若想知道某个字、词或一句话是否出现在文档中及出现的位置，可通过Word提供的"查找"功能进行查找。此外，当发现某个字或词全部输错了，若逐一修改，会花大量

的时间和精力。针对这样的情况，可通过"查找"与"替换"功能来解决问题。

1. 查找文本

当要查找某文本在文档中出现的位置，或要对某个特定的对象进行替换操作，可通过"查找"功能将其找到，具体操作步骤如下。

（1）将光标插入点定位在需要开始进行查找的位置（通常定位在文档开始处），在"开始"选项卡中，单击"编辑"选项组中的"查找"按钮。

（2）弹出"查找和替换"对话框，并自动定位到"查找"选项卡，在"查找内容"文本框中输入查找内容，然后单击"查找下一处"按钮。

（3）此时Word会自动从光标插入点位置开始查找，当找到查找内容出现的第一个位置时，会以选中的形式将其显示。

查找到的内容

> 由于计算机内部的编码都是采用英文，因此计算机不能直接识别中文，也不能直接录入中文，要录入汉字就须借助于汉字输入法软件。

（4）若继续单击"查找下一处"按钮，Word会继续查找。当查找完成后，会弹出提示对话框，单击"确定"按钮将其关闭。

（5）返回"查找和替换"对话框，单击"关闭"按钮 或"取消"按钮 关闭该对话框。

> 若单击"阅读突出显示"按钮，在弹出的菜单中选择"全部突出显示"命令，则会突出显示查找到的内容。

在"查找和替换"对话框中单击"更多"按钮，可展开该对话框，此时可为查找对象设置查找条件，例如只查找设置了某种格式的文本内容，或使用通配符进行查找等。

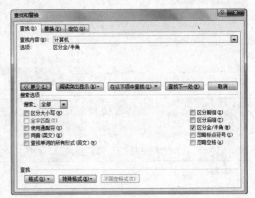

■ 若要查找设置了某种格式的文本内容，单击左下角的"格式"按钮，在弹出的菜单中选择"字体"命令，在接下来弹出的对话框中进行设置即可。

■ 查找英文文本时，在"查找内容"
文本框中输入查找内容后，在"搜索选项"栏中可设置查找条件。例如，选中"区分全/半角"复选框后，Word在进行搜索时将严格区分输入的全角或半角字符。

■ 若要使用通配符进行查找，在"查找内容"文本框中输入含有通配符的查找内容后，需要选中"使用通配符"复选框。

说明 借助"定位"功能可快速定位到某个特定页面，在"定位"选项卡中根据提示进行操作即可。

博士，什么是通配符啊？输入通配符的时候，有没有什么具体的要求呢？

通配符主要有"?"与"*"两个，并且要在英文输入状态下输入。其中，"?"代表一个字符，例如，要查找诸如"第1章"的章序号，输入"第?章"即可；"*"代表多个字符，例如，要查找诸如"第1.1.2节"的节序号，输入"第*节"即可。

2. 替换文本

若要将文档中的某个字或词替换为另一个字或词，可通过"替换"功能来实现，具体操作步骤如下。

（1）将光标插入点定位在需要开始进行替换的位置（通常定位在文档开始处），在"开始"选项卡中，单击"编辑"选项组中的"替换"按钮。

（2）弹出"查找和替换"对话框，并自动定位到"替换"选项卡，在"查找内容"文本框中输入查找内容，在"替换为"文本框中输入替换内容，然后单击"查找下一处"按钮。

（3）当找到查找内容出现的第一个位置时，单击"替换"按钮可以替换当前内容，同时Word自动查找指定内容的下一个位置。

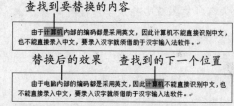

查找到要替换的内容

替换后的效果　查找到的下一个位置

博士，查找到需要替换的内容后，如果我不想替换它，该怎么办呢？

直接单击"查找下一处"按钮，Word会忽略当前位置，并继续查找指定内容的下一个位置。

（4）单击"替换"按钮继续替换。当替换完成后，在弹出的提示对话框中单击"确定"按钮。

（5）返回"查找和替换"对话框，单击"关闭"按钮关闭该对话框即可。

在"查找和替换"对话框的"替换"选项卡中，分别在"查找内容"和"替换为"文本框中输入相应内容后，单击"全部替换"按钮，可将文档中所有需要替换的文本全部替换掉。

完成替换操作后，"查找和替换"对话框中的"取消"按钮会变成"关闭"按钮。　说明　39

Chapter 2

互动练习

下面练习将"邀请函"文档中的"安全"一词全部替换为"技术"，具体操作步骤如下。

第1步　定位光标插入点

将光标插入点定位在文档的起始处。

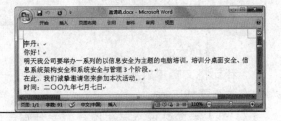

第2步　单击"替换"按钮

在"开始"选项卡中，单击"编辑"选项组中的"替换"按钮。

第3步　设置查找与替换内容

1 弹出"查找和替换"对话框，在"查找内容"文本框中输入要查找的内容，本例中输入"安全"。

2 在"替换为"文本框中输入要替换为的内容，本例中输入"技术"。

3 设置完成后，单击"全部替换"按钮。

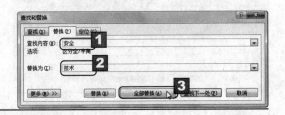

第4步　完成替换

Word将对文档中所有的"安全"一词进行替换操作。替换完成后，在弹出的提示对话框中单击"确定"按钮。

第5步　关闭对话框

返回"查找和替换"对话框，单击"关闭"按钮将其关闭。

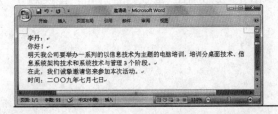

第6步　查看效果

返回文档，即可查看替换后的效果。

技巧　按"Ctrl+H"组合键，可快速打开"查找和替换"对话框，并定位在"替换"选项卡中。

2.4　上机练习 ——————————————— <<

　　本章安排了两个上机练习。练习一是在新建的空白文档中输入内容，然后将文档以"通知"为文件名保存到电脑中。练习二是新建一篇空白文档，并输入相应的内容，然后通过"替换"功能将文档中的"电脑"一词全部替换为"计算机"。

练习一　输入文档内容

1 新建一篇空白文档，再输入相应的内容。

2 使用插入日期的方法，在"董事会"文本的下面输入当前日期。

3 将文档以"通知"为文件名保存到电脑中。

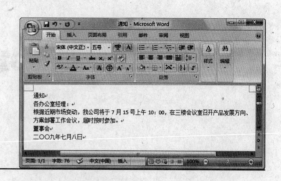

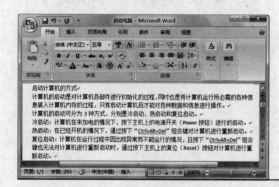

练习二　替换文本

1 新建一篇空白文档，再输入相应的内容。

2 将文档中所有的"电脑"一词替换为"计算机"。

3 将文档以"启动电脑"为文件名保存到电脑中。

第3章　Word文档的排版设计

- 设置文本格式
- 设置段落格式
- 使用项目符号和编号
- 使用样式美化文档
- 复制与清除格式

博士，我现在会用Word 2007制作办公文档了，可是制作出的文档千篇一律的，一点都不漂亮！

聪聪，你别着急嘛，学任何知识都要循序渐进，只要你脚踏实地地学习，一定能做出漂亮的文档。

要想使Word文档更加美观，还需要学会对文本、段落等进行格式设置。今天我就对这些知识点进行讲解，聪聪，你可要认真听哦！

3.1 设置文本格式 ————————————————— <<

在Word文档中输入文本后，为了能突出重点、美化文档，可对文本设置字体、字号和字体颜色等格式。这些格式可通过浮动工具栏、"字体"选项组和"字体"对话框3种方式进行设置。

>> 3.1.1 使用浮动工具栏

 知识讲解

在Word 2007中，选中文本后，程序会自动显示半透明的浮动工具栏。将鼠标指针指向它时，它便会清晰地显示出来，否则就会自动消失。在浮动工具栏中，通过单击相应的按钮，可对选中的文本设置相应的格式。

设置文本格式

- ■ **"字体"下拉列表框** 宋体(中3)：单击右侧的下拉按钮▼，在弹出的下拉列表中选择某个字体选项，可为文本设置相应的字体效果。
- ■ **"字号"下拉列表框** 五号：单击右侧的下拉按钮▼，在弹出的下拉列表中可为文本设置字号。
- ■ **"增大字体"按钮** A'：单击该按钮，可增大所选文本的字号。
- ■ **"缩小字体"按钮** A'：单击该按钮，可缩小所选文本的字号。
- ■ **"加粗"按钮** B：单击该按钮，可对所选文本设置加粗效果。
- ■ **"倾斜"按钮** I：单击该按钮，可对所选文本设置倾斜效果。
- ■ **"字体颜色"按钮** A▼：将鼠标指针指向该按钮时，该按钮会显示为左右相连的两个按钮A▼。其中，左边的颜色按钮A显示了最近使用过的一种颜色（默认显示为红色），对其单击，可将显示的颜色应用到所选文本中；单击右边的下拉按钮▼，在弹出的下拉列表中可选择其他颜色。

 互动练习

下面练习将"邀请函"文档中的"邀请函"文本的字体设置为"黑体"，字号设置为"小二"，具体操作步骤如下。

第1步 显示浮动工具栏

1 打开"邀请函"文档后，选中"邀请函"文本。

2 将鼠标指针指向半透明的浮动工具栏，将其显示出来。

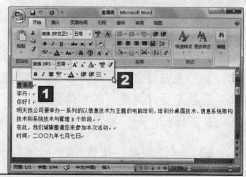

第2步 设置字体

在"字体"下拉列表框中选择"黑体"选项。

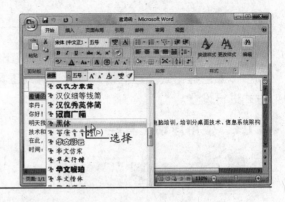

第3步 设置字号

在"字号"下拉列表框中选择"小二"选项。

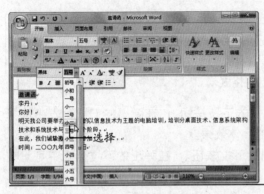

第4步 设置后的效果

设置完成后,可通过右图查看最终效果。

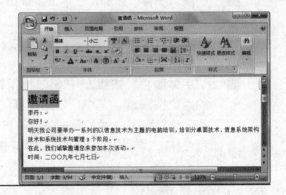

>> 3.1.2 使用"字体"选项组

 知识讲解

在"开始"选项卡中,通过"字体"选项组也可对文本设置相应的格式,其使用方法与浮动工具栏大体相同,都是在选择文本后进行设置。不同的是,通过"字体"选项组可设置更多的字体格式,因为其中包含了更多的格式按钮,如"删除线"、"下画线"等,这些按钮的作用介绍如下。

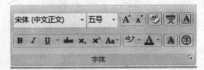

■ **"下画线"按钮** ⊔ ：将鼠标指针指向该按钮时,该按钮会显示为左右相连的

说明 在"字体"选项组的"字号"下拉列表框中可手动输入字号,如"125",以对文本设置特大字号。

两个按钮 $\boxed{\text{U}\cdot}$ 。单击左按钮 $\boxed{\text{U}}$ ，可直接对选中的文本设置下画线；单击右边的下拉按钮 $\boxed{\cdot}$ ，在弹出的下拉列表中可选择下画线样式和颜色。

- ■ **"删除线"按钮** $\boxed{\text{abc}}$ ：单击该按钮，可对选中的文本设置删除线效果。
- ■ **"下标"按钮** $\boxed{\text{x}_2}$ ：单击该按钮，可将选中的文本设置为下标。
- ■ **"上标"按钮** $\boxed{\text{x}^2}$ ：单击该按钮，可将选中的文本设置为上标。
- ■ **"更改大小写"按钮** $\boxed{\text{Aa}\cdot}$ ：该按钮主要用于设置英文字母的格式。对其单击，在弹出的下拉列表中可对英文字母设置需要的格式。

 互动练习

　　下面练习对"邀请函"文档中的"李丹："文本设置"加粗"效果，为"以信息技术为主题"文本添加"双下画线"样式的下画线，具体操作步骤如下。

第1步　设置"加粗"效果

1 打开"邀请函"文档后，选中"李丹："文本。

2 在"字体"选项组中，单击"加粗"按钮 $\boxed{\text{B}}$ 。

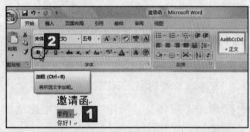

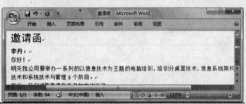

第2步　添加下画线

1 选中"以信息技术为主题"文本。

2 单击"下画线"按钮右侧的下拉按钮 $\boxed{\cdot}$ 。

3 在弹出的下拉列表中选择"双下画线"选项。

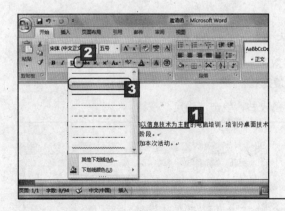

 将鼠标指针指向"双下画线"选项时，可在文档中预览应用后的效果。

>> 3.1.3 使用"字体"对话框

 知识讲解

若要设置更具体的格式，如分别对中文和西文设置字体，以及设置空心、阴文等效果，可通过"字体"对话框来实现。在"开始"选项卡的"字体"选项组中，单击右下角的对话框启动器，在弹出的"字体"对话框中进行相应的设置即可。

互动练习

下面练习将"收条"文档中的"收款人：Anly"文本的中文字体设置为"楷体_GB2312"，西文字体设置为"Times New Roman"，字符效果设置为"阴影"，具体操作步骤如下。

第1步 选择文本

1 打开"收条"文档后，选中要设置格式的文本，本例中选中"收款人：Anly"文本。

2 单击"字体"选项组中的对话框启动器。

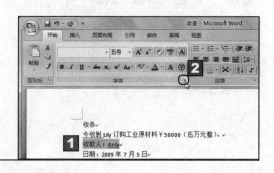

第2步 设置字体格式

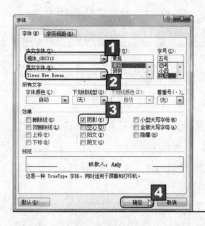

1 弹出"字体"对话框，在"中文字体"下拉列表框中选择需要的中文字体，本例中选择"楷体_GB2312"选项。

2 在"西文字体"下拉列表框中选择需要的西文字体，本例中选择"Times New Roman"选项。

3 在"效果"栏中选择需要的效果，本例中选中"阴影"复选框。

4 设置完成后，单击"确定"按钮。

第3步 查看效果

返回文档，即可查看设置后的效果。

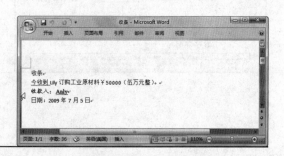

说明 在"字体"对话框的"着重号"下拉列表框中选择"·"选项，可为选中的文本添加着重号。

>> 3.1.4　设置字符间距

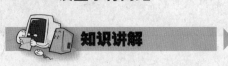 知识讲解

为了让办公文档的版面更加协调，有时还需要设置字符间距。字符间距是指各字符间的距离，通过调整字符间距可使文字排列得更紧凑或者更疏散。在"字体"对话框中，切换到"字符间距"选项卡，在"间距"下拉列表框中可以选择间距类型，在右侧的微调框中可设置加宽或紧缩的值。

 互动练习

下面练习将"邀请函"文档中的第4段文本的字符间距设置为"加宽"，加宽的值设置为"2磅"，具体操作步骤如下。

第1步　选择文本

1 打开"邀请函"文档后，选中第4段文本。

2 单击"字体"选项组中的对话框启动器。

第2步　设置字符间距

1 弹出"字体"对话框，切换到"字符间距"选项卡。

2 在"间距"下拉列表框中选择"加宽"选项。

3 在右侧的"磅值"微调框中，将值设置为"2磅"。

4 设置完成后，单击"确定"按钮。

第3步　查看效果

返回文档，即可查看设置后的效果。

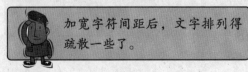

加宽字符间距后，文字排列得疏散一些了。

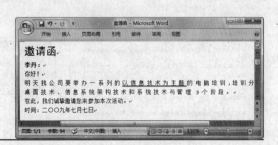

聪聪，在"字体"对话框中，对选中的文本设置某种格式后，可通过"预览"框预览设置后的效果。

3.2 设置段落格式

在录入文本时，按"Enter"键换行后会产生段落标记↵。凡是以段落标记↵结束的一段内容便为一个段落。对文档进行排版设计时，通常以段落为基本单位进行操作，如设置对齐方式、边框与底纹等。合理设置段落格式，可使文档结构清晰、层次分明。

>> 3.2.1 设置段落对齐方式

对齐方式是指段落在文档中的相对位置。段落的对齐方式有左对齐、居中、右对齐、两端对齐和分散对齐5种。

- **左对齐**：将文字左对齐。
- **居中**：将文字居中对齐。
- **右对齐**：将文字右对齐。
- **两端对齐**：将文字左右两端同时对齐，并根据需要增大字符间距。
- **分散对齐**：使段落两端同时对齐，并根据实际情况增大字符间距。

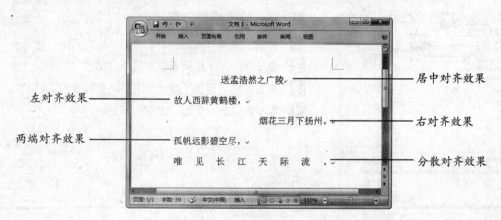

左对齐效果 —— 故人西辞黄鹤楼，

两端对齐效果 —— 孤帆远影碧空尽，

居中对齐效果 —— 送孟浩然之广陵。

右对齐效果 —— 烟花三月下扬州。

分散对齐效果 —— 唯 见 长 江 天 际 流 。

Hiding from the rain and snow, trying to forget but I won't let go, looking at a crowded street, listening to my own heart beat.（左对齐）

Hiding from the rain and snow, trying to forget but I won't let go, looking at a crowded street, listening to my own heart beat.（两端对齐）

博士，怎么"左对齐"与"两端对齐"的效果没有什么区别啊？

技巧 选中段落后，按"Ctrl+R"组合键可快速设置右对齐，按"Ctrl+E"组合键可快速设置居中对齐。

从表面上看，两者没有多大的区别。但当在行尾输入较长的英文单词而被迫换行时，若使用"左对齐"方式，文字会按照不满页宽的方式进行排列；若使用"两端对齐"方式，文字间的距离将被拉大，从而自动填满页面。

默认情况下，段落的对齐方式为两端对齐，根据文档的排版需要，可通过以下两种方法进行更改。

- 在"开始"选项卡的"段落"选项组中提供了5种对齐方式对应的按钮，从左到右依次为"文本左对齐"按钮、"居中"按钮、"文本右对齐"按钮、"两端对齐"按钮和"分散对齐"按钮。选中段落后，单击某个按钮，可实现相应的对齐效果。
- 选中段落后，单击"段落"选项组中的对话框启动器，弹出"段落"对话框，在"缩进和间距"选项卡的"常规"栏中，可在"对齐方式"下拉列表框中选择需要的对齐方式。

互动练习

下面练习通过"段落"选项组将"邀请函"文档中的第1段文本设置为居中对齐，将第6段文本设置为右对齐，具体操作步骤如下。

第1步　设置第1段文本的对齐方式

1. 打开"邀请函"文档后，选中第1段文本。
2. 单击"段落"选项组中的"居中"按钮。

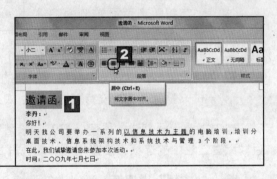

第2步　设置第6段文本的对齐方式

1. 选中第6段文本。
2. 单击"段落"选项组中的"文本右对齐"按钮。

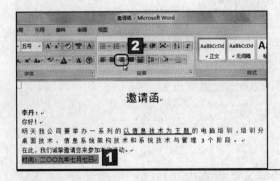

第3步 查看设置后的效果

设置完成后，可通过右图查看最终效果。

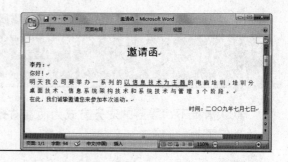

>> 3.2.2 设置段落缩进

 知识讲解

为了让文档具有层次感，可对段落设置合适的缩进，从而提高文档的可阅读性。段落的缩进方式有左缩进、右缩进、首行缩进和悬挂缩进4种。

- **左缩进**：指整个段落左边界距离页面左侧的缩进量。
- **右缩进**：指整个段落右边界距离页面右侧的缩进量。
- **首行缩进**：指段落首行第1个字符距离页面左侧的缩进量。大多数文档都是采用首行缩进方式的，缩进量一般为两个字符。

> **左缩进**：为了让文档具有层次感，可以对段落设置适宜的缩进，从而提高文档的可阅读性。段落的缩进方式有左缩进、右缩进、首行缩进和悬挂缩进 4 种。
>
> **右缩进**：为了让文档具有层次感，可以对段落设置适宜的缩进，从而提高文档的可阅读性。段落的缩进方式有左缩进、右缩进、首行缩进和悬挂缩进 4 种。
>
> **首行缩进**：为了让文档具有层次感，可以对段落设置适宜的缩进，从而提高文档的可阅读性。段落的缩进方式有左缩进、右缩进、首行缩进和悬挂缩进 4 种。
>
> **悬挂缩进**：为了让文档具有层次感，可以对段落设置适宜的缩进，从而提高文档的可阅读性。段落的缩进方式有左缩进、右缩进、首行缩进和悬挂缩进 4 种。

- **悬挂缩进**：指段落中除首行以外的其他行距离页面左侧的缩进量。悬挂缩进方式一般用于一些较特殊的场合，如杂志、报刊等。

选中需要设置缩进的段落，打开"段落"对话框，在"缩进和间距"选项卡中，通过"缩进"栏中的选项可设置相应的缩进方式。

- **"左侧"微调框**：通过该微调框，可设置左缩进的缩进量。
- **"右侧"微调框**：通过该微调框，可设置右缩进的缩进量。
- **"特殊格式"下拉列表框**：在该下拉列表框中可选择"首行缩进"或"悬挂缩进"方式，然后通过右侧的"磅值"微调框设置缩进量。

 互动练习

下面练习将"邀请函"文档中的第4、5段文本设置为首行缩进，缩进量为"2字符"，具体操作步骤如下。

说明 选中段落后单击鼠标右键，在弹出的快捷菜单中选择"段落"命令，也可打开"段落"对话框。

第1步　选择第4、5段文本

1 打开"邀请函"文档后，选中第4、5段文本。

2 单击"段落"选项组中的对话框启动器。

第2步　设置段落缩进

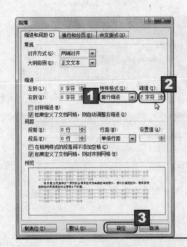

1 弹出"段落"对话框，在"特殊格式"下拉列表框中选择"首行缩进"选项。

2 在右侧的"磅值"微调框中设置缩进量，本例中设置为"2字符"。

3 设置完成后，单击"确定"按钮。

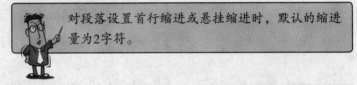

对段落设置首行缩进或悬挂缩进时，默认的缩进量为2字符。

第3步　查看设置后的效果

返回文档，即可查看设置后的效果。

设置段落格式后，邀请函看起来更加正式了呢！

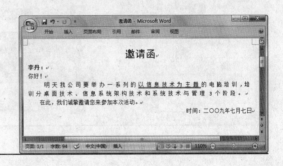

>> 3.2.3　设置段落间距与行距

　　为了使整个文档看起来疏密有致，可对段落设置合适的间距与行距。间距是指相邻两个段落之间的距离，行距是指段落中行与行之间的距离。选中需要设置间距或行距的段落，打开"段落"对话框，在"缩进和间距"选项卡中，通过"间距"栏中的选项可进行相应的设置。

■　**"段前"微调框：**通过该微调框，可设置当前段落与上一段落之间的距离。

■　**"段后"微调框**：通过该微调框，可设置当前段落与下一段落之间的距离。

■　**"行距"下拉列表框**：在该下拉列表框中可选择行间距离的大小。当选择某些选项时（例如"多倍行距"），还可调整右侧"设置值"微调框中的值。

互动练习

下面练习将"邀请函"文档中的第4段文本的段前间距设置为"0.5行"，段后间距设置为"0.5行"，行距设置为"1.5倍行距"，具体操作步骤如下。

第1步　选择第4段文本

1　打开"邀请函"文档后，选中第4段文本。

2　单击"段落"选项组中的对话框启动器。

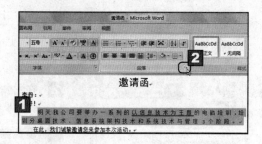

第2步　设置段落间距与行距

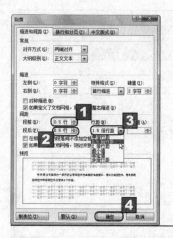

1　弹出"段落"对话框，将"段前"微调框中的值设置为"0.5行"。

2　将"段后"微调框中的值设置为"0.5行"。

3　在"行距"下拉列表框中选择"1.5倍行距"选项。

> 聪聪，虽然有的段落只有一行，但行距并不包括这种行哦！

4　设置完成后，单击"确定"按钮。

第3步　查看设置后的效果

返回文档，即可查看设置后的效果。

>> 3.2.4　设置边框与底纹

知识讲解

在制作邀请函、备忘录之类的文档时，对某些文本或段落设置边框和底纹效果，不仅能美化文档，还能突出显示重点内容。

说明　如果文本颜色较深，底纹颜色应设置为较浅的颜色，这样对比效果才明显。

1．为文字添加边框或底纹

选中需要添加边框或底纹效果的文本，在"开始"选项卡中，单击"字体"选项组中的"字符边框"按钮圆可添加黑色边框，单击"字符底纹"按钮圆可添加灰色底纹。

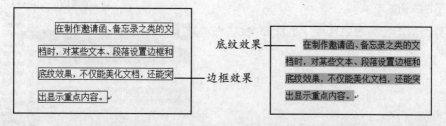

如果要取消添加的边框或底纹，先选中已添加边框或底纹的文本，然后单击"字符边框"按钮或"字符底纹"按钮即可。

此外，选中需要添加底纹效果的文本后，在"开始"选项卡的"段落"选项组中，单击"底纹"按钮图·右侧的下拉按钮·，在弹出的下拉列表中可选择其他底纹颜色。

2．为段落添加边框或底纹

段落的边框和底纹效果主要是通过"段落"选项组中的"边框"按钮田·来实现的，其具体操作方法为：选中需要设置边框或底纹效果的段落，单击"边框"按钮右侧的下拉按钮·，在弹出的下拉列表中可选择边框样式。如果在下拉列表中选择"边框和底纹"选项，会弹出"边框和底纹"对话框，此时可在"边框"选项卡中设置边框线的样式、颜色和宽度等属性，在"底纹"选项卡中设置底纹的颜色和样式等属性。

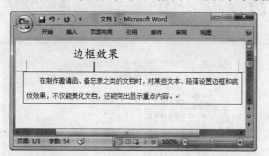
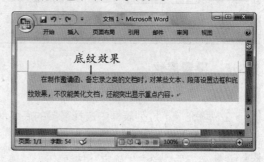

互动练习

下面练习为"邀请函"文档中的第4段文本添加自定义样式的边框，然后设置颜色为白色，背景1，深色15%的底纹效果，具体操作步骤如下。

第1步　选择第4段文本

1 打开"邀请函"文档后，选中第4段文本。

2 在"段落"选项组中单击"边框"按钮右侧的下拉按钮。

3 在弹出的下拉列表中选择"边框和底纹"选项。

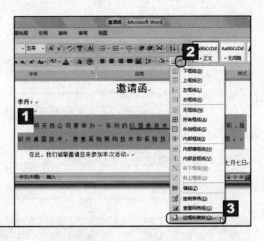

第2步　设置边框

1 弹出"边框和底纹"对话框，并自动定位到"边框"选项卡，在"设置"栏中选择边框类型，本例中选择"自定义"选项。

2 在"样式"列表框中选择边框线的样式，本例中选择"单横线"选项。

3 在"宽度"下拉列表框中选择边框线的宽度，本例中选择"2.25磅"选项。

4 在"预览"栏中单击"下框线"按钮，为段落添加下框线。

5 单击"右框线"按钮，为段落添加右框线。

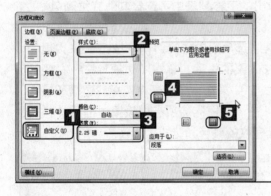

第3步　设置底纹

1 切换到"底纹"选项卡。

2 在"填充"下拉列表框中选择需要的底纹颜色，本例选择 白色,背景1,深色15% 。

3 设置完成后，单击"确定"按钮。

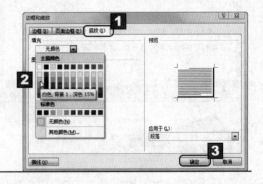

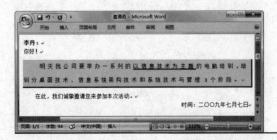

第4步　查看设置后的效果

返回文档，即可查看设置后的效果。

说明 在"边框和底纹"对话框的"应用于"下拉列表框中选择"段落"选项，可对段落设置相应效果。

3.3　使用项目符号和编号 ————————— <<

　　在制作规章制度、管理条例等方面的文档时，可通过项目符号或编号来组织内容，从而使文档层次分明、条理清晰。

>> 3.3.1　添加项目符号

 知识讲解

　　项目符号多用于表示并列关系的段落。选中需要添加项目符号的段落，在"开始"选项卡的"段落"选项组中，单击"项目符号"按钮 右侧的下拉按钮，在弹出的下拉列表中选择需要的样式即可。若在下拉列表中选择"定义新项目符号"选项，在弹出的"定义新项目符号"对话框中可进行自定义设置。

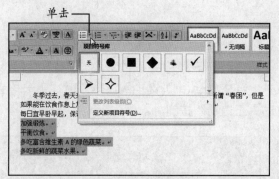

　　在"定义新项目符号"对话框中，单击"符号"按钮，在弹出的"符号"对话框中可选择其他符号作为项目符号；单击"图片"按钮，在弹出的"图片项目符号"对话框中可选择图片作为项目符号。

 互动练习

　　下面练习为"女性穿衣技巧"文档中的第2~7段段落添加项目符号，具体操作步骤如下。

第1步　选中第2~7段段落

1 打开"女性穿衣技巧"文档后，选中要添加项目符号的段落，本例中选中第2~7段段落。

2 在"段落"选项组中，单击"项目符号"按钮右侧的下拉按钮。

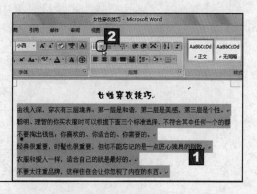

单击"定义新项目符号"对话框中的"字体"按钮，可对符号形式的项目符号设置字体格式。　说明　55

第2步 添加项目符号

弹出一个下拉列表，将鼠标指针指向需要的项目符号时，可在文档中预览应用后的效果；对其单击，可将其应用到所选段落中。

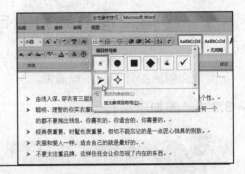

 在含有项目符号的段落中，当按"Enter"键换到下一段时，程序会自动为下一段添加相同样式的项目符号。换到下一段后，若不需要使用项目符号，在输入文本前按"Back Space"键或再次按"Enter"键即可。

>> 3.3.2 添加编号

知识讲解

编号不仅可以用于并列关系的段落，还可用于顺序关系的段落。在以"1."、"一、"或"a."等文本开始的段落中，当按"Enter"键换到下一段时，下一段会自动产生连续的编号，同时还会出现"自动更正选项"按钮。

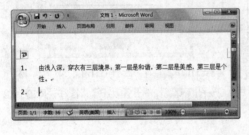

博士，换到下一段时，如果我不需要自动产生的编号，该怎么办呢？

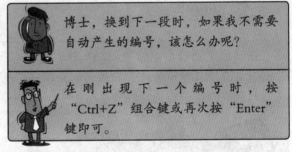

在刚出现下一个编号时，按"Ctrl+Z"组合键或再次按"Enter"键即可。

若要为已经输入好的段落添加编号，先将其选中，在"开始"选项卡的"段落"选项组中，单击"编号"按钮右侧的下拉按钮，在弹出的下拉列表中选择需要的样式即可。若选择下拉列表中的"定义新编号格式"选项，会弹出"定义新编号格式"对话框，此时可在"编号样式"下拉列表框中选择其他样式。

单击

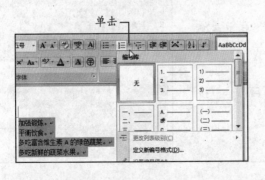

说明 使用图片作为项目符号时，不能对其设置字体格式。

在"定义新编号格式"对话框中，还可通过"编号格式"文本框自定义编号格式，操作方法为：在"编号样式"下拉列表框中选择一个编号样式，如"一,二,三（简）…"，"编号格式"文本框中将出现"一."字样（其中"一"以灰色显示，表示不可修改或删除），此时可根据操作需要进行编辑。

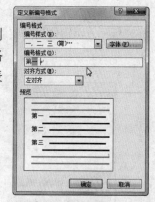

在"预览"栏中，可预览所设置的编号样式。

互动练习

下面练习为"男士衬衫搭配注意事项"文档中的第3~7段段落添加编号，具体操作步骤如下。

第1步　选中第3~7段段落

1 打开"男士衬衫搭配注意事项"文档后，选中要添加编号的段落，本例中选中第3~7段段落。

2 在"段落"选项组中，单击"编号"按钮右侧的下拉按钮。

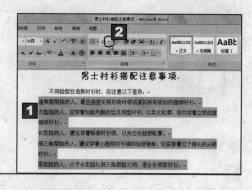

第2步　添加编号

弹出一个下拉列表，将鼠标指针指向需要的编号样式时，可在文档中预览应用后的效果；对其单击，可将其应用到所选段落中。

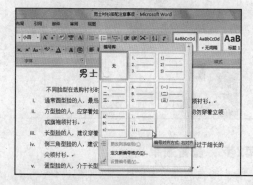

>> **3.3.3　添加多级列表**

**知识讲解**

对于含有多个层次的段落，为了能清晰地体现层次结构，可为其添加多级列表。选中需要添加多级列表的段落，在"开始"选项卡的"段落"选项组中，单击"多级列表"按钮，在弹出的下拉列表中选择需要的列表样式即可。

通常情况下，应用多级列表后，所有选中段落的编号级别都为1级，此时需要调整级别。将光标插入点定位到需要调整列表级别的段落中，然后单击"多级列表"按钮，在弹出的下拉列表中将鼠标指针指向"更改列表级别"选项，在弹出的级联列表中选择需要的级别即可。

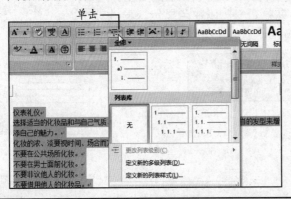

在需要调整列表级别的段落中，将光标插入点定位在编号与文本之间，按"Tab"键可降低一个列表级别，按"Shift+Tab"组合键可提升一个列表级别。

互动练习

下面练习为"社交礼仪常识"文档中的段落添加3级列表，具体操作步骤如下。

第1步　选择多级列表样式

1 打开"社交礼仪常识"文档后，选中需要应用多级列表的段落（第1段除外）。

2 单击"段落"选项组中的"多级列表"按钮。

3 在弹出的下拉列表中选择列表样式。

第2步　查看效果

此时，所有选中段落的编号级别都为1级。

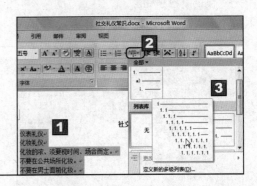

说明 在添加多级列表前，输入文本时要注意各小节内容的主次关系。

第3步　单击"多级列表"按钮

1 将光标插入点定位在本应是2级列表编号的段落中。

2 单击"多级列表"按钮。

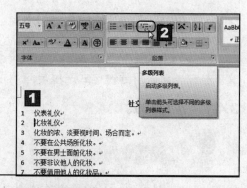

第4步　修改列表级别

1 在弹出的下拉列表中，将鼠标指针指向"更改列表级别"选项。

2 在弹出的级联列表中选择"2级"选项。

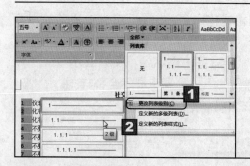

第5步　查看效果

此时，该段落的编号级别变为"2级"。

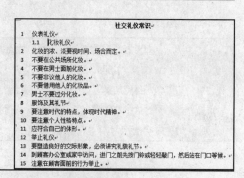

第6步　设置3级编号列表

按照第3和第4步的操作方法，对本应是3级列表编号的段落进行调整，调整后的效果如左图所示。

第7步　查看最终效果

按照上述操作步骤，将其他段落调整为正确的级别，调整后的最终效果如右图所示。

3.4 使用样式美化文档 ———————————— <<

在编辑大型的文档或要求具有统一风格的文档时，需要对多个段落重复设置相同的文本格式，这时可通过样式来重复应用格式，以减少工作量。

>> 3.4.1 应用样式

 知识讲解

样式是指存储在Word中的段落或字符的一组格式化命令，集合了字体、段落等相关格式。运用样式可快速为文本对象设置统一的格式，从而提高文档的排版效率。

在"开始"选项卡的"样式"选项组中有一个样式库，默认情况下只显示了几种样式，若单击列表框右侧的"其他"按钮，可在弹出的下拉列表中显示全部样式。

Word 2007提供了多套样式集，每套样式集都包含了成套的样式，分别用于设置文章标题、副标题等的格式。样式库中显示的是默认样式集中的样式，如果要应用其他样式集，可单击"样式"选项组中的"更改样式"按钮，在弹出的下拉列表中选择"样式集"选项，在弹出的级联列表中选择需要的样式集，此时，样式库中会显示该样式集中的样式。

通过样式库格式化文本的操作方法为：选中需要应用样式的文本，然后在样式库中选择需要的样式即可。除此之外，还可通过"样式"窗格来格式化文本，具体操作步骤如下。

（1）单击"样式"选项组中的对话框启动器，打开"样式"窗格。
（2）选中需要应用样式的文本，在"样式"窗格中单击某样式即可。

 互动练习

下面练习在"友情：这棵树上只有一个果子，叫做信任"文档中应用"正式"样式集，然后对第1段文本应用"标题1"样式，具体操作步骤如下。

说明 在"样式"选项组中，样式库中的选项会随着样式集的不同而发生变化。

第1步　选择样式集

1 打开"友情：这棵树上只有一个果子，叫做信任"文档后，单击"样式"选项组中的"更改样式"按钮。

2 在弹出的下拉列表中选择"样式集"选项。

3 在弹出的级联列表中选择需要的样式集，本例中选择"正式"选项。

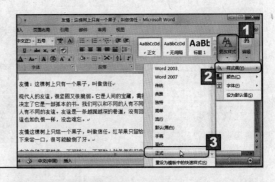

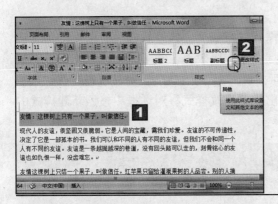

第2步　单击"其他"按钮

1 选中第1段文本。

2 在"样式"选项组中，单击样式库列表框右侧的"其他"按钮。

第3步　应用样式

在弹出的下拉列表中选择需要的样式，本例中选择"标题1"样式。

在下拉列表中，将鼠标指针指向需要的样式时，可在文档中预览应用后的效果。

>> 3.4.2　样式的新建与修改

知识讲解

要制作一篇有特色的Word文档，还需要自己创建和设计样式，具体操作步骤如下。

（1）打开"样式"窗格，单击"新建样式"按钮。

（2）弹出"根据格式设置创建新样式"对话框，在"属性"栏中设置样式名称、样式类型及样式基准等参数，在"格式"栏中为新建的样式设置字体、字号等格式。若需要更为详细的格式设置，单击左下角的"格式"按钮，在弹出的菜单中进行相应的设置即可。

博士，在"根据格式设置创建新样式"对话框的"后续段落样式"下拉列表框中选择的样式有何作用？

在当前新建样式所应用的段落末尾按"Enter"键换到下一段落后，下一段落所应用的样式便是在"后续段落样式"下拉列表框中选择的样式。

若样式的某些格式设置不合理，可根据需要进行修改。修改样式后，所有应用了该样式的文本都会发生相应的格式变化，从而提高了排版效率。在"样式"窗格中，将鼠标指针指向需要修改的样式，该样式右侧即可出现一个下拉按钮，对其单击，在弹出的下拉菜单中选择"修改"命令，在接下来弹出的"修改样式"对话框中按照新建样式的操作方法进行设置即可。

选择

单击下拉按钮后，在弹出的下拉菜单中选择"删除……"命令，可删除该样式。

互动练习

下面练习在"友情：这棵树上只有一个果子，叫做信任"文档中新建一个名为"段落1"的样式，字体为"方正准圆简体"，字号为"五号"，段落缩进为"悬挂缩进"，缩进量为"2字符"，其他设置保持默认值不变，然后将该样式应用到第2段文本中。通过练习可掌握样式的新建方法。

第1步 单击"新建样式"按钮

1 打开"友情：这棵树上只有一个果子，叫做信任"文档，将光标插入点定位在第2段中。

2 单击"样式"选项组中的对话框启动器。

3 在打开的"样式"窗格中单击"新建样式"按钮。

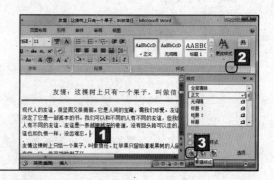

说明 选中"样式"窗格中的"显示预览"复选框，窗格中的样式名称会显示为对应样式的预览效果。

第2步　设置字体参数

1 弹出"根据格式设置创建新样式"对话框，在"名称"文本框中输入"段落1"。

2 在"字体"下拉列表框中选择"方正准圆简体"选项。

3 在"字号"下拉列表框中选择"五号"选项。

4 单击"格式"按钮。

5 在弹出的菜单中选择"段落"命令。

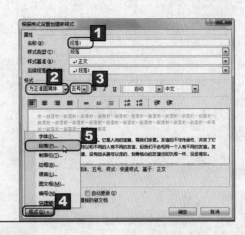

第3步　设置悬挂缩进

1 弹出"段落"对话框，在"特殊格式"下拉列表框中选择"悬挂缩进"选项。

2 在右侧的"磅值"微调框中，将值设置为"2字符"。

3 单击"确定"按钮。

第4步　单击"确定"按钮

返回"根据格式设置创建新样式"对话框，单击"确定"按钮。

预览框中显示了新样式的效果，且其下方列出了新样式的具体格式参数。

第5步　查看效果

返回"友情：这棵树上只有一个果子，叫做信任"文档，可看见第2段文本已应用了"段落1"样式。

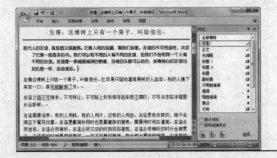

3.5 复制与清除格式 ———————————————————— <<

当需要将文档中的多处文本或段落设置为相同的格式时，除了应用样式外，还可通过格式刷来复制格式。如果需要取消某些文本的格式设置，可进行清除格式操作。

>> 3.5.1 使用格式刷复制格式

知识讲解 ▶

格式刷是一种快速应用格式的工具，能够将某文本对象的格式复制到另一个对象上，从而避免重复设置格式。

选中已经设置了格式的文本或段落，然后单击"剪贴板"选项组中的"格式刷"按钮 ✓格式刷，此时鼠标指针呈刷子形状 🔳，按住鼠标左键不放，并拖动鼠标选择需要设置为相同格式的文本或段落，即可实现格式的复制。

互动练习 ▶

下面练习将"友情：这棵树上只有一个果子，叫做信任"文档中第2段文本的格式复制到第3段文本中，具体操作步骤如下。

第1步 单击"格式刷"按钮

1 打开"友情：这棵树上只有一个果子，叫做信任"文档后，选中第2段文本。

2 单击"剪贴板"选项组中的"格式刷"按钮。

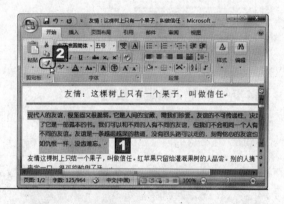

第2步 选择文本

此时鼠标指针呈刷子形状 🔳，用该形状的鼠标指针选择需要应用第2段文本格式的文本或段落，本例中选择第3段文本。

第3步 查看效果

选择完成后释放鼠标键，第3段文本即应用了第2段文本的格式。

技巧 双击"格式刷"按钮，可使鼠标指针一直呈刷子状态 🔳，按"Esc"键可退出该状态。

>> 3.5.2　清除文本格式

知识讲解

当需要清除某些文本的格式时，可通过"开始"选项卡的"字体"选项组中的"清除格式"按钮来实现，具体操作方法为：选中需要清除格式的文本或段落，然后单击"清除格式"按钮即可。

互动练习

下面练习将"友情：这棵树上只有一个果子，叫做信任"文档中第3段文本的格式清除，具体操作步骤如下。

第1步　清除格式

1 打开"友情：这棵树上只有一个果子，叫做信任"文档，选中要清除格式的文本或段落，本例中选中第3段文本。

2 单击"字体"选项组中的"清除格式"按钮。

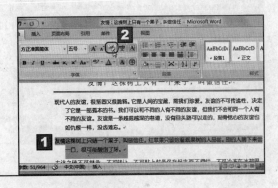

第2步　查看效果

第3段文本的格式即被清除掉了，效果如左图所示。

无论文本以前应用了什么样的格式，清除格式后，都会默认使用该文档中的"正文"样式。

3.6　上机练习 >>

本章安排了两个上机练习。练习一将结合设置文本和段落格式的相关知识，制作一篇"会议通知"文档。练习二将结合设置文本格式、段落格式及编号的相关知识，制作一篇"员工考勤管理规定"文档。

练习一 制作通知

1 新建一个名为"会议通知"的文档并将其打开，然后输入文本内容。

2 将第1段文本设置为"黑体"、"四号"、"加粗"，以及"居中"对齐方式。

3 将第2段文本设置为首行缩进2字符。

4 选中第3和第4段文本，将其设置为右对齐。

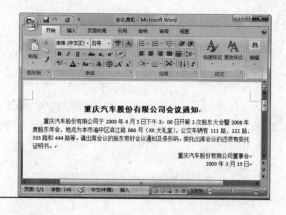

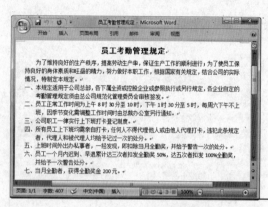

练习二 制作员工考勤管理规定

1 新建一个名为"员工考勤管理规定"的文档并将其打开，然后输入文本内容。

2 将第1段文本设置为"黑体"、"四号"、"加粗"，以及"居中"对齐方式。

3 将第2段文本设置为首行缩进2字符。

4 选中第3~9段文本，为其添加"一、二、三"样式的编号。

说明 在Word中，也可以先设置好字符格式，再输入文本内容。

第4章　Word 2007高级应用

- 在Word中编辑表格
- 编辑图形与艺术字
- 编辑剪贴画与图片
- SmartArt图形的应用
- 进行语法检查和修订

小机灵，你知道怎么制作含有图片和表格的宣传计划书吗？

这个我也不是很清楚呢，我们一起去问博士吧！

要制作这类文档，可在文档中插入表格、图形、艺术字和图片等对象。本章将讲解如何在文档中插入与编辑表格、图形和图片等对象，同时还会讲解完稿后的审阅工作。

4.1 在Word中编辑表格 ———————————— <<

当需要处理一些简单的数据信息时，如通讯录、考勤表、工资表和课程表等，可在Word中通过插入表格的方式来完成。

>> 4.1.1 插入表格

知识讲解

Word 2007提供了多种创建表格的方法，灵活运用这些方法，可快速在文档中创建出符合要求的表格。

1. 使用虚拟表格

对表格的要求不是太高时，可通过虚拟表格功能快速插入表格。在"插入"选项卡中，单击"表格"选项组中的"表格"按钮，在弹出的下拉列表中有一个10列8行的虚拟表格，此时可在虚拟表格中选择表格区域，然后单击鼠标左键即可。例如，要插入一个7列6行的表格时，将鼠标指针指向坐标为7列、6行的单元格，然后单击鼠标左键，即可在文档中插入一个7列6行的表格。

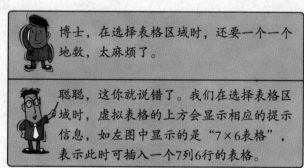

博士，在选择表格区域时，还要一个一个地数，太麻烦了。

聪聪，这你就说错了。我们在选择表格区域时，虚拟表格的上方会显示相应的提示信息，如左图中显示的是"7×6表格"，表示此时可插入一个7列6行的表格。

 聪聪，在虚拟表格中选择表格区域时，文档中还会模拟出表格的样子呢，只不过没有将其真正插入到文档中而已。

2. 使用"插入表格"对话框

当要插入的表格超过10列或超过8行时，无法通过虚拟表格功能插入该表格。此时可通过"插入表格"对话框来完成，具体操作步骤如下。

（1）将光标插入点定位在需要插入表格的位置，然后单击"表格"选项组中的"表格"按钮，在弹出的下拉列表中选择"插入表格"选项。

（2）在弹出的"插入表格"对话框中设置表格范围，然后单击"确定"按钮即可。

在"插入表格"对话框的"'自动调整'操作"栏中有3个单选项，其作用介绍如下。

■ **固定列宽**：选中该单选项后，表格的宽度将为固定状态，当单元格中的内容过多时，会自动进行换行。

■ **根据内容调整表格：** 选中该单选项后，插入的表格会缩小至最小状态，在单元格中输入内容时，表格会根据输入的内容自动调整列宽。

■ **根据窗口调整表格：** 选中该单选项后，插入的表格会根据文档窗口的大小自动进行调整。

3. 手动绘制表格

根据操作需要，还可通过"绘制表格"功能"画"出自己需要的表格，具体操作步骤如下。

（1）在"插入"选项卡中，单击"表格"选项组中的"表格"按钮，在弹出的下拉列表中选择"绘制表格"选项。

（2）鼠标指针呈笔状✐，将其定位在要插入表格的起始位置，然后按住鼠标左键并拖动，文档编辑区中将出现一个虚线框，待虚线框达到合适的大小后释放鼠标键，可绘制出表格的外框。

（3）按照同样的方法，在框内绘制出需要的横线、竖线或斜线即可。

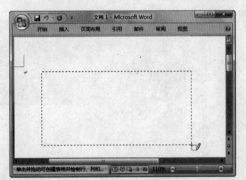 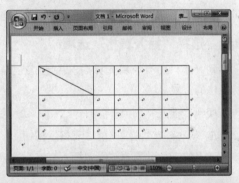

 当不再需要绘制表格时，再次选择"绘制表格"选项，或按"Esc"键，可使鼠标指针退出笔形状态，即退出绘制表格状态。

4. 调用Excel电子表格

当涉及到复杂的数据关系时，可通过Word 2007调用Excel电子表格。在"插入"选项卡中，单击"表格"选项组中的"表格"按钮，在弹出的下拉列表中选择"Excel电子表格"选项，程序会自动在文档中生成一个Excel表格，并呈编辑状态，同时Word窗口的操作界面也发生了变化。若要退出表格的编辑状态，单击Excel表格外的任意空白处即可。

5. 使用"快速表格"功能

很多用户为了设计出有样式的表格，可谓是绞尽脑汁，而通过Word 2007的"快速表格"功能可轻松创建出有样式的表格。

将光标插入点定位在需要插入表格的位置，在"插入"选项卡的"表格"选项组中，单击"表格"按钮，在弹出的下拉列表中选择"快速表格"选项，在弹出的级联列表中选择需要的样式，即可将其插入到Word文档中。

通过手动绘制可绘制出多种不规则的表格，但行高和列宽不均匀。　**说明**

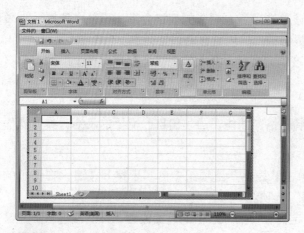

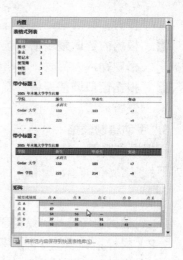

 互动练习

下面练习使用"插入表格"对话框，创建一个4列6行的表格，具体操作步骤如下。

第1步 选择"插入表格"选项

1 启动Word 2007，将光标插入点定位在要插入表格的位置。

2 切换到"插入"选项卡。

3 单击"表格"选项组中的"表格"按钮。

4 在弹出的下拉列表中选择"插入表格"选项。

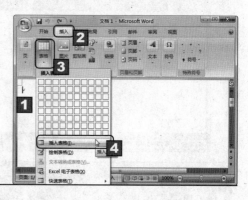

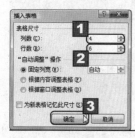

第2步 设置表格范围

1 弹出"插入表格"对话框，在"列数"微调框中将值设置为"4"。

2 在"行数"微调框中将值设置为"6"。

3 设置完成后，单击"确定"按钮。

第3步 查看效果

返回Word文档，可看到插入了一个4列6行的表格。

 插入表格后，就可在表格中输入内容了，其方法与在文档中输入文本的方法相同。单击需要输入内容的单元格，将光标插入点定位在该单元格内，然后输入所需文本即可。

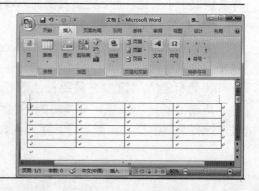

说明 在"插入表格"对话框中，最大行数可设置为32 767，最大列数可设置为63。

▶▶ 4.1.2　选择操作区域

对表格进行操作前，需要先选择要编辑的对象。这个对象可以是单元格，也可以是行或列。无论要选择什么操作对象，其方法都大同小异，具体操作介绍如下。

1. 使用鼠标直接选择

■ **选择单元格：**将鼠标指针移动到某个单元格的左侧，待指针呈黑色箭头 ➚ 形状时，单击鼠标左键可选中该单元格。

■ **选择行：**将鼠标指针移动到某行的左侧，待指针呈白色箭头 ➚ 形状时，单击鼠标左键可选中该行。

■ **选择列：**将鼠标指针移动到某列的上方，待指针呈黑色箭头 ↓ 形状时，单击鼠标左键可选中该列。

■ **选择整个表格：**将鼠标指针指向表格时，表格的左上角会出现 ⊞ 图标，右下角会出现 ▫ 图标，单击其中任意一个图标，都可选中整个表格。

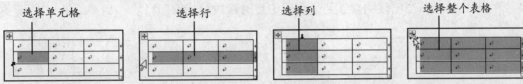

选择单元格　　　选择行　　　选择列　　　选择整个表格

若拖动鼠标，或者结合"Shift"键或"Ctrl"键的使用，可选择连续或分散的操作对象。下面以单元格为例，讲解如何进行连续或分散选择。

■ **选择连续的多个单元格：**连续单元格的选择方法有两种，第一种是将鼠标指针移动到某个单元格的左侧，当指针呈黑色箭头 ➚ 形状时，按住鼠标左键并拖动，拖动的起始位置到终止位置之间的单元格将被选中；第二种是先选中需要选择的起始单元格，然后按住"Shift"键不放，并单击终止位置的单元格。

■ **选择分散的多个单元格：**选中第一个单元格后，按住"Ctrl"键不放，然后分别选择其他分散的单元格即可。

选择连续的多个单元格 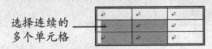 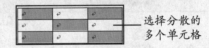 选择分散的多个单元格

2. 通过功能区选择

将光标插入点定位在某个单元格内，切换到"表格工具/布局"选项卡，然后单击"表"选项组中的"选择"按钮，在弹出的下拉列表中包含了4个选项，选择某个选项可实现相应的选择操作。

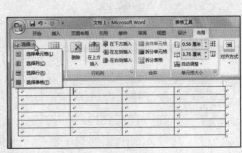

■ 选择"选择单元格"选项，可选中光标插入点所在的单元格。

■ 选择"选择列"选项，可选中当前单元格所在的整列。

■ 选择"选择行"选项，可选中当前单元格所在的整行。

■ 选择"选择表格"选项，可选中当前整个表格。

>> 4.1.3 调整表格结构

知识讲解

创建表格后，功能选项卡中将显示"表格工具/设计"和"表格工具/布局"选项卡。在"表格工具/布局"选项卡中，可对表格的结构进行调整，如调整行高与列宽、插入行或列等。

1. 调整行高与列宽

根据实际需要，可对表格设置合适的行高与列宽。

- **调整行高：** 将鼠标指针移动到行与行之间，待指针呈 ‡ 形状时，按住鼠标左键并拖动，表格中将出现虚线，待虚线到达合适位置时释放鼠标键即可。
- **调整列宽：** 将鼠标指针移动到列与列之间，待指针呈 ‖ 形状时，按住鼠标左键并拖动，当出现的虚线到达合适位置时释放鼠标键即可。

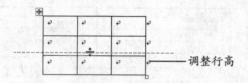
——调整行高

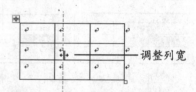
——调整列宽

此外，将光标插入点定位在某个单元格内，在"表格工具/布局"选项卡的"单元格大小"选项组中，通过"高度"微调框可调整单元格所在行的行高，通过"宽度"微调框可调整单元格所在列的列宽。

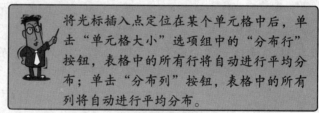
将光标插入点定位在某个单元格中后，单击"单元格大小"选项组中的"分布行"按钮，表格中的所有行将自动进行平均分布；单击"分布列"按钮，表格中的所有列将自动进行平均分布。

2. 插入行或列

当表格范围无法满足数据的录入要求时，可根据实际情况插入行或列。将光标插入点定位在某个单元格内，在"表格工具/布局"选项卡的"行和列"选项组中，单击某个按钮可实现相应的操作。

- 单击"在上方插入"按钮，可在当前单元格所在行的上方插入一行。
- 单击"在下方插入"按钮，可在当前单元格所在行的下方插入一行。
- 单击"在左侧插入"按钮，可在当前单元格所在列的左侧插入一列。
- 单击"在右侧插入"按钮，可在当

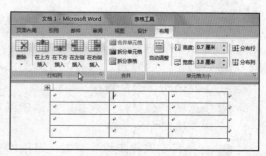

技巧 将光标插入点定位在某行最后一个单元格的外边，按"Enter"键可快速在该行的下方添加一行。

前单元格所在列的右侧插入一列。

 将光标插入点定位在表格的最后一个单元格内（若单元格内有内容，则将光标插入点定位在文字末尾），然后按"Tab"键，可在表格底端插入一行。

3. 删除行、列或表格

编辑表格时，对于多余的行或列，可将其删除，从而使表格更加整洁、美观。将光标插入点定位在某个单元格内，在"表格工具/布局"选项卡的"行和列"选项组中，单击"删除"按钮，在弹出的下拉列表中选择某个选项可执行相应的操作。

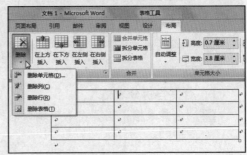

- 选择"删除单元格"选项，可在弹出的"删除单元格"对话框中进行选择性删除操作。
- 选择"删除列"选项，可删除当前单元格所在的整列。
- 选择"删除行"选项，可删除当前单元格所在的整行。
- 选择"删除表格"选项，可删除当前整个表格。

 博士，为什么我在选中整个表格后按"Delete"键，没有将表格删除呢？

 这是一种错误的操作。选中整个表格后，通过按"Delete"键进行删除操作，只能删除表格中的全部内容，而无法删除表格。

4. 合并与拆分单元格

- **合并单元格**：选中需要合并的多个单元格，在"表格工具/布局"选项卡中，单击"合并"选项组中的"合并单元格"按钮▦，可将其合并为一个单元格。

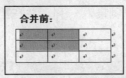

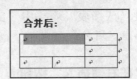

- **拆分单个单元格**：选中需要拆分的单元格，单击"合并"选项组中的"拆分单元格"按钮▦，在弹出的"拆分单元格"对话框中设置拆分的行列数，然后单击"确定"按钮即可将其拆分。

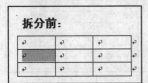

- **拆分多个单元格**：选中需要拆分的多个单元格，单击"拆分单元格"按钮，在弹出的"拆分单元格"对话框中设置拆分的行列数，然后单击"确定"按钮即

可将其拆分。

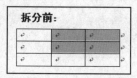  

 默认情况下，"拆分单元格"对话框中的"拆分前合并单元格"复选框为选中状态。若对其取消选中，程序会将选中的多个单元格视为各自独立的单元格，并将每个单元格按照所设置的列数和行数进行拆分。

5. 合并与拆分表格

- **合并表格**：若要将上下两个表格合并起来，删除两个表格之间的内容和段落标记即可。

- **拆分表格**：将光标插入点定位在需要拆分的位置，然后单击"合并"选项组中的"拆分表格"按钮，即可将其拆分为两个表格。

 互动练习

下面练习在"成绩表"表格中"文综"列的右侧插入一列，并在第一个单元格内输入"总成绩"，具体操作步骤如下。

第1步 单击"在右侧插入"按钮

1. 在"成绩表"表格中，将光标插入点定位在"文综"列的任意单元格内。

2. 切换到"表格工具/布局"选项卡。

3. 单击"行和列"选项组中的"在右侧插入"按钮。

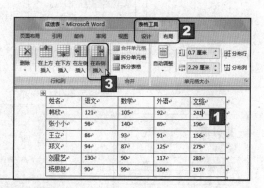

技巧 选中表格中连续的多行（或多列），然后执行插入行（或列）操作，可一次性插入多行（或多列）。

第2步 输入内容

"文综"列的右侧出现了一新列，在第一个单元格内输入相应的内容，本例中输入"总成绩"，其最终效果如右图所示。

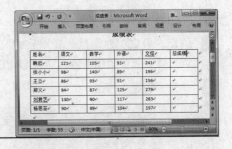

>> 4.1.4 对表格中的数据进行运算

 知识讲解

通常情况下，用户习惯使用Excel对数据进行运算，其实在Word中同样可以对表格中的数据进行运算。

在进行数据运算前，还应了解Word对单元格的命名规则。用过Excel的用户应该知道，列以"A、B、C……"命名，行以"1、2、3……"命名，Word也是以该规则命名单元格的，例如第3列第2行的单元格命名为C2，第1列第3行的单元格命名为A3，以此类推。

了解命名规则后，就可对单元格中的数据进行运算了，具体操作步骤如下。

（1）将光标插入点定位在需要显示运算结果的单元格中，切换到"表格工具/布局"选项卡，然后单击"数据"选项组中的"公式"按钮。

（2）弹出"公式"对话框，在"公式"文本框中输入运算公式（公式一般由等号"="、函数名称和参与运算的参数组成，例如"=AVERAGE(B2:E2)"），然后单击"确定"按钮即可。

 互动练习

下面练习使用求和函数（SUM），将"成绩表"表格中各学生的总成绩计算出来，具体操作步骤如下。

第1步 单击"公式"按钮

1 在"成绩表"表格中，将光标插入点定位在需要显示运算结果的单元格中。

2 切换到"表格工具/布局"选项卡。

3 单击"数据"选项组中的"公式"按钮。

第2步 输入公式

1 弹出"公式"对话框，在"公式"文本框中输入运算公式，本例中输入"=SUM(B2:E2)"。

2 单击"确定"按钮。

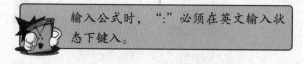

输入公式时，":"必须在英文输入状态下键入。

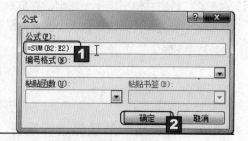

姓名	语文	数学	外语	文综	总成绩
韩欣	121	105	92	241	559
张小小	98	140	89	196	
王立	86	93	91	156	
郑义	94	87	125	279	
刘君艺	130	90	117	283	
杨思蕊	90	99	104	197	

第3步 计算出结果

此时，当前单元格中即可显示出运算结果，即韩欣的总成绩。

第4步 查看最终效果

按照上述操作方法，计算出其他学生的总成绩，效果如右图所示。

姓名	语文	数学	外语	文综	总成绩
韩欣	121	105	92	241	559
张小小	98	140	89	196	523
王立	86	93	91	156	426
郑义	94	87	125	279	585
刘君艺	130	90	117	283	620
杨思蕊	90	99	104	197	490

要使用函数计算数据时，若不知道函数名，可在"公式"对话框的"粘贴函数"下拉列表框中进行选择。选择好需要的函数后，该函数将自动显示在"公式"文本框中。

>> 4.1.5 表格与文本相互转换

 知识讲解

表格只是一种形式，是对文字或数据进行的一种规范化处理。因此，表格和文本之间可以相互转换。

1. 将文本转换成表格

每项内容之间以特定的符号（如逗号、段落标记或制表位等）间隔的文本便为规范化的文本，这类文本可转换成表格。将文本转换为表格的方法主要有以下两种。

■ 选中需要转换为表格的文本，切换到"插入"选项卡，然后单击"表格"选项组中的"表格"按钮，在弹出的下拉列表中选择"文本转换成表格"选项。

■ 选中需要转换为表格的文本，切换到"插入"选项卡，然后单击"表格"选项组中的"表格"按钮，在弹出的下拉列表中选择"插入表格"选项。

说明 在"表格工具/布局"选项卡中单击"属性"按钮，在弹出的对话框中可对表格设置对齐方式。

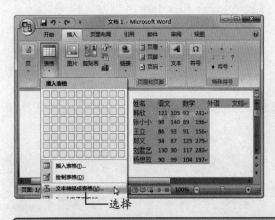
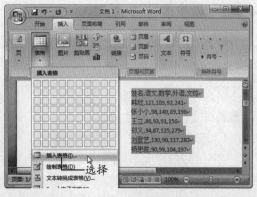

选择

选择

以逗号为特定符号对文本内容进行间隔时，逗号必须在英文状态下输入。

2. 将表格转换成文本

如果要将表格转换为文本，先将其选中，切换到"表格工具/布局"选项卡，然后单击"数据"选项组中的"转换为文本"按钮，在弹出的对话框中选择需要的分隔符即可。

互动练习

下面练习将"成绩表"表格转换为文本，具体操作步骤如下。

第1步　单击"转换为文本"按钮

1 选中要转换为文本的表格。

2 切换到"表格工具/布局"选项卡。

3 单击"数据"选项组中的"转换为文本"按钮。

姓名	语文	数学	外语	文综	总成绩
韩欣	121	105	92	241	559
张小小	98	140	89	196	523
王立	86	93	91	156	426
郑义	94	87	125	279	585
刘君艺	130	90	117	283	620
杨思蕊	90	99	104	197	490

第2步　选择文字分隔符

1 弹出"表格转换成文本"对话框，在"文字分隔符"栏中选择每项内容间的分隔符号，本例中选择"逗号"。

2 单击"确定"按钮。

第3步　转化后的效果

所选表格即可转换为文本内容，分隔符号为逗号。

姓名, 语文, 数学, 外语, 文综, 总成绩
韩欣, 121, 105, 92, 241, 559
张小小, 98, 140, 89, 196, 523
王立, 86, 93, 91, 156, 426
郑义, 94, 87, 125, 279, 585
刘君艺, 130, 90, 117, 283, 620
杨思蕊, 90, 99, 104, 197, 490

如果两个表格之间没有用空行间隔开，Word会自动将两个表格合并成一个表格。

>> 4.1.6 设置表格格式

 知识讲解

将表格中的内容编辑完成后，为了使表格更加美观，还可对其设置相应的格式，如设置表样式、边框和底纹等。

1. 套用表格样式

Word 2007为表格提供了多种内置样式，通过这些样式可快速对表格进行美化操作。将光标插入点定位在表格内，在"表格工具/设计"选项卡的"表样式"选项组中，单击样式库中的某样式可直接将其应用到

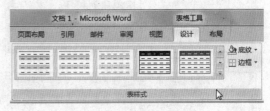

当前表格中。若单击列表框右侧的 或 按钮，可向上或向下滚动查看其他样式。若单击"其他"按钮 ，可弹出样式下拉列表。

2. 设置边框与底纹

为了使表格更加美观，还可对其设置边框或底纹效果。将光标插入点定位在表格内，在"表格工具/设计"选项卡的"表样式"选项组中，单击"边框"按钮 边框 右侧的下拉按钮 ，在弹出的下拉列表中选择"边框和底纹"选项，弹出"边框和底纹"对话框，在"边框"选项卡中可设置边框线的样式、颜色等属性，在"底纹"选项卡中可设置表格的填充色。

 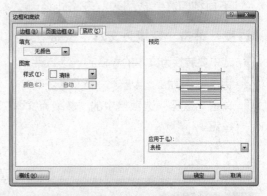

 博士，在"边框和底纹"对话框的"应用于"下拉列表框中，是不是可以选择边框或底纹效果的应用范围啊？

 对！如果在"应用于"下拉列表框中选择"单元格"选项，当前设置的边框或底纹效果将应用于光标插入点所在的单元格。

3. 设置文本对齐方式

单元格中的文字有靠上两端对齐、靠上居中对齐、靠上右对齐和中部两端对齐等9种对齐方式。选中需要设置文本对齐方式的单元格，在"表格工具/布局"选项卡的"对齐方式"选项组中，单击某个按钮可实现相应的对齐操作。

说明 若只对部分单元格设置边框或底纹，可先将其选中，再在"边框和底纹"对话框中进行设置。

靠上两端对齐	靠上居中对齐	靠上右对齐
中部两端对齐	水平居中	中部右对齐
靠下两端对齐	靠下居中对齐	靠下右对齐

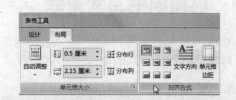

博士，怎样对单元格内的文字设置字体格式呢？

选中要设置字体格式的单元格，在"开始"选项卡的"字体"选项组中进行相应的设置即可。

互动练习

　　下面练习将"成绩表"表格中的文字设置为"水平居中"对齐方式，然后对表格应用表样式"彩色列表–强调文字颜色2"，具体操作步骤如下。

第1步　设置文字对齐方式

 选中整个表格。

 切换到"表格工具/布局"选项卡。

 单击"对齐方式"选项组中的"水平居中"按钮。

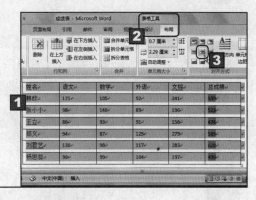

第2步　应用表样式

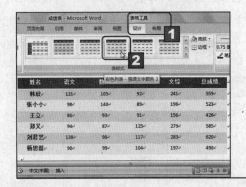

1 将光标插入点定位在表格内，然后切换到"表格工具/设计"选项卡。

2 在"表样式"选项组的样式库中选择需要的样式，本例中选择"彩色列表–强调文字颜色2"样式。

 将鼠标指针指向需要的样式时，可在文档中预览应用后的效果。

右击表格，在弹出的快捷菜单中选择"边框和底纹"命令，也可打开"边框和底纹"对话框。　说明

4.2 编辑图形与艺术字 ————————————————————— <<

　　一篇只有文字的文档是单调而又枯燥的，此时可通过插入自选图形、艺术字或文本框等对象进行点缀，从而制作出图文并茂的文档。

>> 4.2.1 绘制与编辑自选图形

 知识讲解 ▶

　　Word 2007提供了插入形状的功能，通过该功能，我们可在文档中"画"出自己需要的图形。

1. 绘制自选图形

　　切换到"插入"选项卡，单击"插图"选项组中的"形状"按钮，在弹出的下拉列表中选择需要的绘图工具，此时鼠标指针呈十字状＋，在需要插入图形的位置按住鼠标左键不放，然后拖动鼠标进行绘制，当绘制到合适大小时释放鼠标键即可。

> 在绘制自选图形的过程中，配合"Shift"键的使用可绘制出特殊图形。例如，绘制"矩形"图形时，按住"Shift"键不放，可绘制出一个正方形。

2. 编辑自选图形

　　插入自选图形后，功能选项卡中将显示"绘图工具/格式"选项卡。通过该选项卡，可对选中的自选图形设置大小、样式等格式。

■　在"插入形状"选项组中，单击"添加文字"按钮，可将选中的自选图形转换为文本框，且"绘图工具/格式"选项卡也会转变为"文本框工具/格式"选项卡。

■　在"形状样式"选项组中，可对自选图形应用列表框中的内置样式。此外，单击"形状填充"按钮右侧的下拉按钮，在弹出的下拉列表中可对自选图形设置相应的填充效果，如纯色填充、图片填充等；单击"形状轮廓"按钮右侧的下拉按钮，在弹出的下拉列表中可对自选图形设置轮廓的颜色及样式等属性；单击"更改形状"按钮，在弹出的下拉列表中可将当前自选图形更改为其他样式的图形。

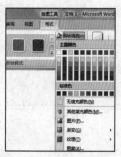  

技巧　右击某个绘图工具，在弹出的快捷菜单中选择"锁定绘图模式"命令，可连续使用该绘图工具。

- 在"阴影效果"与"三维效果"选项组中，可对自选图形设置相应的效果。
- 在"排列"选项组中，可对自选图形设置环绕方式、叠放次序及旋转方向等效果。如果选择多个图形，然后单击"组合"按钮，可将其组合为一个整体。
- 在"大小"选项组中，通过"高度"和"宽度"微调框，可调整自选图形的高度和宽度。若单击右下角的对话框启动器，在弹出的"设置自选图形格式"对话框中可进行详细设置。

 互动练习

　　下面练习在"中秋节的习俗"文档中绘制"竖卷形"图形，并对其进行不同的操作，步骤如下。

第1步　选择绘图工具

1 打开"中秋节的习俗"文档，切换到"插入"选项卡。

2 单击"插图"选项组中的"形状"按钮。

3 在弹出的下拉列表中选择"星与旗帜"栏中的"竖卷形"绘图工具。

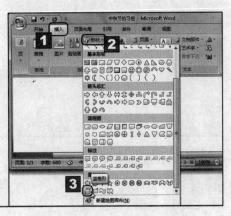

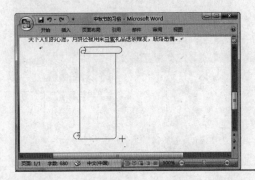

第2步　绘制图形

此时，鼠标指针呈十字状十，按住鼠标左键不放并拖动，在文档编辑区中进行绘制。

第3步　复制图形

选中刚才绘制的图形，按住"Ctrl"键不放，然后按住鼠标左键不放并拖动，复制出一个相同的图形。

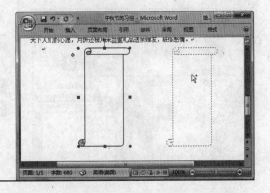

说明　选中某些图形（如"太阳形"）后，会出现黄色控制点◇，对其拖动可改变图形的外观。

第4步 设置填充效果

1 选中第1个图形。

2 切换到"绘图工具/格式"选项卡。

3 在"形状样式"选项组中,单击"形状填充"
按钮右侧的下拉按钮。

4 在弹出的下拉列表中选择"图片"选项。

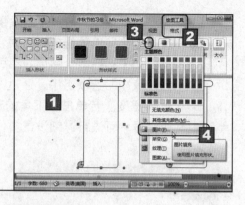

第5步 选择填充图片

1 在弹出的"选择图片"对话框中,选择需要的
图片。

2 选择好后,单击"插入"按钮返回文档。

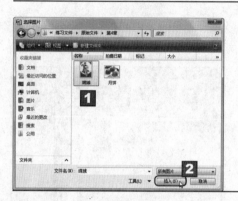

第6步 设置轮廓颜色

1 在"形状样式"选项组中,单击"形状轮廓"
按钮右侧的下拉按钮。

2 在弹出的下拉列表中选择需要的轮廓颜色,本
例中选择 深蓝,文字 2,淡色 40%。

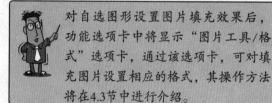
对自选图形设置图片填充效果后,
功能选项卡中将显示"图片工具/格
式"选项卡,通过该选项卡,可对填
充图片设置相应的格式,其操作方法
将在4.3节中进行介绍。

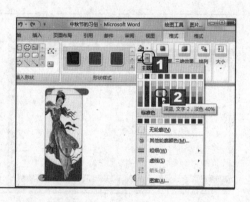

第7步 设置第2个图形的样式

1 选中第2个图形,并参照第4~6步操作设置图片
填充及轮廓颜色。

2 单击"排列"选项组中的"旋转"按钮。

3 在弹出的下拉列表中选择旋转方案,本例中选
择"水平翻转"选项。至此,本练习中的相关
操作就完成了。

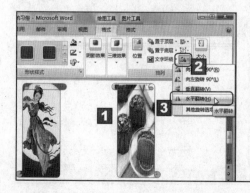

说明 选择图形后按"Ctrl+D"组合键,Word会自动对其进行复制操作,并粘贴到该图形的旁边。

>> 4.2.2　插入与编辑艺术字

 **知识讲解**

艺术字可将普通文字以图形的方式表现出来，多用于美化文档。在编辑版式较为灵活的文档时，为了使文档美观并醒目，可使用艺术字作为文档标题。

1．插入艺术字

在文档中插入艺术字的方法如下。

（1）将光标插入点定位在需要插入艺术字的位置，切换到"插入"选项卡，然后单击"文本"选项组中的"艺术字"按钮，在弹出的下拉列表中选择需要的艺术字样式。

（2）弹出"编辑艺术字文字"对话框，在"文本"文本框中输入艺术字内容，然后单击"确定"按钮即可。

2．编辑艺术字

插入艺术字后，功能选项卡中将显示"艺术字工具/格式"选项卡。通过该选项卡，可对选中的艺术字设置样式、环绕方式等格式。

- 在"文字"选项组中，单击"编辑文字"按钮，在弹出的"编辑艺术字文字"对话框中可重新编辑艺术字内容；单击"间距"按钮，在弹出的下拉列表中可调整艺术字文本的字符间距；单击"竖排文字"按钮，可调整艺术字的文字方向。
- 在"艺术字样式"选项组中，可在列表框中更改艺术字的样式。此外，单击"形状填充"按钮右侧的下拉按钮，在弹出的下拉列表中可对艺术字设置相应的填充效果；单击"形状轮廓"按钮右侧的下拉按钮，在弹出的下拉列表中可对艺术字设置轮廓的颜色及样式等；单击"更改形状"按钮，在弹出的下拉列表中可对艺术字设置形状。
- 在"阴影效果"与"三维效果"选项组中，可对艺术字设置相应的效果。
- 在"排列"选项组中，单击"文字环绕"按钮，在弹出的下拉列表中可对艺术字设置环绕方式；单击"旋转"按钮，在弹出的下拉列表中可对艺术字进行旋转操作。

 互动练习

下面练习在"爱莲说"文档中插入艺术字"爱莲说"，具体操作步骤如下。

第1步　选择艺术字样式

1 打开"爱莲说"文档后，定位好光标插入点。

2 切换到"插入"选项卡。

3 单击"文本"选项组中的"艺术字"按钮。

4 在弹出的下拉列表中选择需要的艺术字样式。

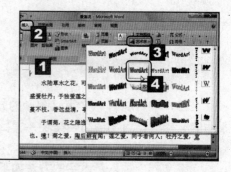

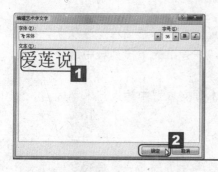

第2步　编辑艺术字

1 弹出"编辑艺术字文字"对话框，在"文本"文本框中输入艺术字内容，本例中输入"爱莲说"。

2 单击"确定"按钮。

第3步　查看效果

返回文档，即可在光标插入点所在位置看到插入的艺术字"爱莲说"。

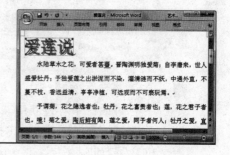

在"编辑艺术字文字"对话框的"文本"文本框中输入艺术字内容后，还可对其设置字体、字号等格式。

>> 4.2.3　插入与编辑文本框

知识讲解

　　若要在文档的任意位置插入文本，可通过文本框来实现。通常情况下，文本框用于在图形或图片上插入注释、批注或说明性文字。插入文本框的操作方法为：切换到"插入"选项卡，然后单击"文本"选项组中的"文本框"按钮，在弹出的下拉列表中选择需要的样式即可。插入文本框后，文本框内的"键入文档的引述……更改重要引述文本框的格式"字样的提示文字为占位符。默认情况下，占位符为选中状态，此时可直接输入文本内容，输入完成后，用鼠标单击文档其他位置确认即可。

　　插入文本框后，功能选项卡中将显示"文本框工具/格式"选项卡。通过该选项卡，可对文本框设置相应的格式，如文本框样式、填充效果等，其方法与自选图形的设置基本相同，此处就不再详细讲解了。

说明　虽然自选图形能转换为文本框，但是文本框不能转换为自选图形。

 互动练习

　　下面练习在文档中插入"粘滞型引述"样式的文本框，输入文字后，将文本框更改为"云形标注"形状，具体操作步骤如下。

第1步　选择文本框样式

1 打开需要插入文本框的文档，切换到"插入"选项卡。

2 单击"文本"选项组中的"文本框"按钮。

3 在弹出的下拉列表中选择需要的文本框样式，本例中选择"粘滞型引述"选项。

第2步　查看插入的文本框

所选样式的文本框即被插入到文档中，且文本框内的占位符"键入文档的引述……更改重要引述文本框的格式"呈选中状态。

 插入文本框时，若在弹出的下拉列表中选择"绘制文本框"或"绘制竖排文本框"选项，可手动绘制文本框。

第3步　编辑文本框

1 在文本框中输入需要的内容，并将其选中。

2 切换到"文本框工具/格式"选项卡。

3 单击"文本框样式"选项组中的"更改形状"按钮。

4 在弹出的下拉列表中选择需要的形状，本例中选择"云形标注"选项。

第4步　查看最终效果

将文本框的形状更改好后，将其拖动到合适的位置，最终效果如右图所示。

4.3　编辑剪贴画与图片 ———————————— <<

像产品说明书之类的文档，往往需要插图配合文字解说，这就需要使用Word的图片编辑功能。通过该功能制作出的图文并茂的文档，可给阅读者带来直观的视觉冲击。

>> 4.3.1　插入剪贴画

Word 2007自带了一个剪辑库，包括人物、动物、花草、建筑和商业等多种类型，用户可直接将其中的剪贴画插入到文档中，具体操作步骤如下。

（1）打开需要插入剪贴画的文档后，定位好光标插入点，切换到"插入"选项卡，然后单击"插图"选项组中的"剪贴画"按钮。

（2）打开"剪贴画"窗格，在"搜索文字"文本框中输入剪贴画的关键词，然后单击"搜索"按钮进行搜索。

（3）搜索完成后，在搜索结果中单击需要插入的剪贴画，即可将其插入到光标插入点所在位置。

下面练习在"爱莲说"文档中插入一张莲花剪贴画，具体操作步骤如下。

第1步　单击"剪贴画"按钮

1 打开"爱莲说"文档后，定位好光标插入点。

2 切换到"插入"选项卡。

3 单击"插图"选项组中的"剪贴画"按钮。

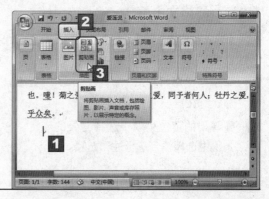

说明　Word 2007支持JPG、TIF、BMP和PNG等多种格式的图片。

第2步　搜索剪贴画

1 打开"剪贴画"窗格，在"搜索文字"文本框中输入剪贴画的关键词，本例中输入"莲花"。

2 单击"搜索"按钮。

 若在"剪贴画"窗格中单击"管理剪辑"链接，可在打开的"Microsoft剪辑管理器"窗口中选择剪贴画。若单击"Office网上剪辑"链接，可在网上搜索需要的剪贴画。

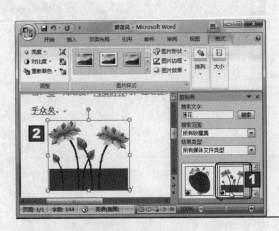

第3步　插入剪贴画

1 稍等片刻，程序将在列表框中显示搜索到的剪贴画，单击需要插入的剪贴画。

2 被单击的剪贴画即被插入到文档中。

 首次搜索剪贴画时，会弹出提示对话框，询问搜索时是否希望包含来自Microsoft Office Online的剪贴画和照片，一般建议单击"是"按钮。

>> 4.3.2　插入电脑中的图片

 知识讲解

　　为了增强文档的可视性，还可将电脑中保存的图片插入到文档中，具体操作步骤如下。

　　（1）打开需要插入图片的文档，切换到"插入"选项卡，然后单击"插图"选项组中的"图片"按钮。

　　（2）在弹出的"插入图片"对话框中选择需要插入的图片，然后单击"插入"按钮即可。

 互动练习

　　下面练习在"寻狗启事"文档中插入一张宠物狗的图片，具体操作步骤如下。

第1步 单击"图片"按钮

1 打开"寻狗启事"文档后,定位好光标插入点。

2 切换到"插入"选项卡。

3 单击"插图"选项组中的"图片"按钮。

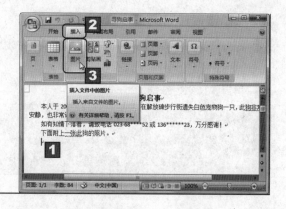

第2步 选择需要插入的图片

1 弹出"插入图片"对话框后,进入要插入的图片所在的路径。

2 选择需要插入的图片。

3 选择好后,单击"插入"按钮即可。

>> 4.3.3 编辑剪贴画或图片

知识讲解

插入剪贴画或图片后,功能选项卡中将显示"图片工具/格式"选项卡。通过该选项卡,可对剪贴画或图片设置相应的格式,如形状、环绕方式等。

■ 在"调整"选项组中,可对剪贴画或图片调整颜色的亮度、对比度,还可进行压缩等操作。

■ 在"图片样式"选项组中,可对剪贴画或图片应用列表框中的内置样式。此外,单击"图片形状"按钮,在弹出的下拉列表中可对剪贴画或图片设置个性化形状;单击"图片边框"按钮右侧的下拉按钮,在弹出的下拉列表中可对剪贴画或图片设置边框颜色及样式;单击"图片效果"按钮,在弹出的下拉列表中可对剪贴画或图片设置映像、柔化边缘等效果。

■ 在"排列"选项组中,可对剪贴画或图片设置环绕方式及旋转方式等效果。

■ 在"大小"选项组中,可对剪贴画或图片进行调整大小和裁剪操作。若单击右

说明 对图片设置格式后,单击"调整"选项组中的"重设图片"按钮,可快速将其恢复到原始状态。

下角的对话框启动器 ，在弹出的"大小"对话框中可进行详细设置。

 互动练习

下面练习将"寻狗启事"文档中插入的图片设置为"椭圆"形状，并设置柔化边缘效果，具体操作步骤如下。

第1步　设置"椭圆"形状

1 打开"寻狗启事"文档后，选中图片。

2 切换到"图片工具/格式"选项卡。

3 单击"图片样式"选项组中的"图片形状"按钮。

4 在弹出的下拉列表中选择需要的形状，本例中选择"椭圆"选项。

第2步　设置柔化边缘效果

1 单击"图片样式"选项组中的"图片效果"按钮。

2 在弹出的下拉列表中选择"柔化边缘"选项。

3 在弹出的级联列表中选择需要的柔化值，本例中选择"25磅"选项。

4.4　SmartArt图形的应用 —————— <<

SmartArt图形主要用于表明单位、公司各部门之间的关系，以及各种报告、分析之类的文件，通过图形结构和文字说明有效地传达信息和作者的观点。

>> 4.4.1　插入SmartArt图形

 **知识讲解**

在插入SmartArt图形之前，用户应该明确SmartArt图形需要传达哪些内容，是否需要特定的外观等，从而确定使用怎样的图形结构。确定图形结构后，便可按照下面的操作步骤插入SmartArt图形。

（1）定位好光标插入点，切换到"插入"选项卡，然后单击"插图"选项组中的

"SmartArt"按钮。

（2）在弹出的"选择SmartArt图形"对话框中选择需要的SmartArt图形样式，然后单击"确定"按钮即可将其插入到文档中。

（3）将光标插入点定位在SmartArt图形中的形状内，即可输入相应的文本内容，也可在"在此处键入文字"窗格中相应的文本框内输入内容。

互动练习

下面练习在"部门结构图"文档中插入"层次结构"类型中的"层次结构"样式的SmartArt图形，并输入相应的内容，具体操作步骤如下。

第1步　单击"SmartArt"按钮

1 打开文档后，定位好光标插入点。

2 切换到"插入"选项卡。

3 单击"插图"选项组中的"SmartArt"按钮。

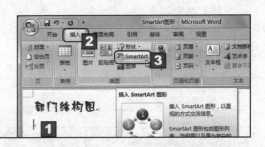

第2步　选择SmartArt图形样式

1 弹出"选择SmartArt图形"对话框，在左侧的列表框中选择图形类型，本例中选择"层次结构"选项。

2 在中间的列表框中选择具体的图形布局，本例中选择"层次结构"选项。

3 单击"确定"按钮。

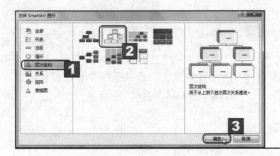

第3步　定位光标插入点

将光标插入点定位在某个文本框中，"文本"字样的占位符自动消失，同时文本框对应的形状呈选中状态。

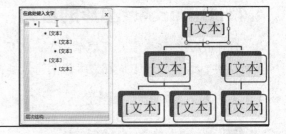

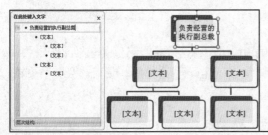

第4步　输入内容

在文本框中输入文字，对应的形状中即可显示该文本内容。

说明 选中某个形状后按"Delete"键，可快速将其删除。

第5步　查看最终效果

相关内容输入完成后，可关闭"在此处键入文字"窗格并查看最终效果。

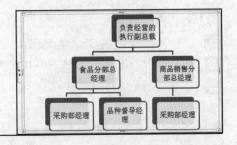

>> 4.4.2　编辑SmartArt图形

插入SmartArt图形后，功能选项卡中将显示"SmartArt工具/设计"和"SmartArt工具/格式"两个选项卡。通过这两个选项卡，可对SmartArt图形的布局、样式等进行编辑。

■　在"创建图形"选项组中，单击"添加形状"按钮，可在SmartArt图形中添加形状。单击"升级"或"降级"按钮，可调整形状的级别。

■　在"布局"选项组中，通过布局列表框可为SmartArt图形重新设置布局样式。

■　在"SmartArt样式"选项组中，单击"更改颜色"按钮，可对SmartArt图形设置颜色。在样式列表框中，可对SmartArt图形应用内置样式。

■　在"重设"选项组中，单击"重设图形"按钮，将取消对SmartArt图形所做的任何操作，恢复插入时的状态。

■　在"形状"选项组中，可调整单个形状的大小，以及设置个性化形状。

■　在"形状样式"选项组中，可对单个形状应用内置样式，以及对SmartArt图形或形状设置填充效果、轮廓样式等格式。

■　在"艺术字样式"选项组中，可对选中的文本设置艺术字样式、填充效果等格式。

■　在"排列"选项组中，可对SmartArt图形或形状设置环绕方式及旋转等效果。

■　在"大小"选项组中，可对SmartArt图形或形状设置大小。

下面练习对"部门结构图"文档中插入的SmartArt图形进行修饰操作，具体操作步骤如下。

第1步 更改颜色

1 打开文档后，选中SmartArt图形。

2 切换到"SmartArt工具/设计"选项卡。

3 单击"SmartArt样式"选项组中的"更改颜色"按钮。

4 在弹出的下拉列表中选择需要的颜色，本例中选择 彩色范围·强调文字颜色 3 至 4 。

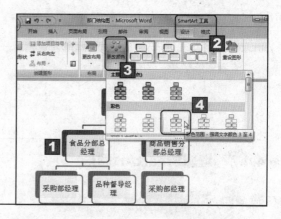

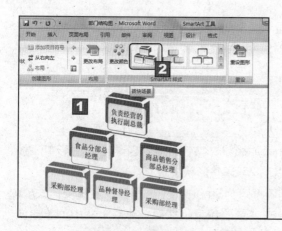

第2步 更改SmartArt图形的样式

1 仍然选中SmartArt图形。

2 在"SmartArt样式"选项组的样式库中选择需要的样式，本例中选择"砖块场景"选项。至此，完成了SmartArt图形的修饰操作。

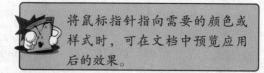

> 将鼠标指针指向需要的颜色或样式时，可在文档中预览应用后的效果。

4.5　进行语法检查和修订 ──────────────<<

完成了文档的编辑工作后，还需要对其进行拼写和语法检查，以保证文档的质量。此外，在一些正式场合中，文档由作者编辑完成后，一般还需要审阅者进行审阅。在审阅文档时，使用修订和批注功能，可在原文档的基础上进行修改和添加批注。

>> 4.5.1 · 检查拼写和语法

知识讲解

在编辑文档内容的过程中，难免会出现拼写与语法错误，若逐一进行检查，不但枯燥乏味，而且还会影响工作质量与速度。此时，可通过"拼写和语法"功能快速完成拼写与语法检查。

打开需要进行检查的文档，切换到"审阅"选项卡，单击"校对"选项组中的"拼写和语法"按钮，Word会自动对文档进行检查。当遇到中文拼写和语法错误时，会弹出"拼写和语法：中文（中国）"对话框。该对话框中部分按钮的作用介绍如下。

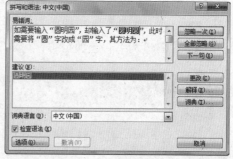

说明 默认情况下，当遇到拼写错误时（如英文单词的拼写），Word会自动用红色波浪线将其标记出来。

- ■ **"忽略一次"按钮**：忽略当前有拼写或语法错误的单词，并继续进行检查。
- ■ **"全部忽略"按钮**：忽略文档中出现的所有当前单词。
- ■ **"下一句"按钮**：继续检查下一句话。
- ■ **"更改"按钮**：选择"建议"列表框中的某个正确词组，然后单击该按钮，可更改当前错误。若"建议"列表框中没有提供正确的词组，可在文本框中对错误的词进行更改。此时，"更改"按钮呈可操作状态，对其单击，即可应用当前更改。

当检查到英文发生拼写或语法错误时，会弹出"拼写和语法：英语（美国）"对话框。该对话框中部分按钮的作用介绍如下。

- ■ **"添加到词典"按钮**：将该单词添加到词典中，以后不再将其视为拼写错误。
- ■ **"更改"按钮**：在"建议"列表框中选择正确的单词，然后单击"更正"按钮，可修正该单词。
- ■ **"全部更改"按钮**：将文档中类似的错误全部更正。
- ■ **"自动更正"按钮**：不但将文档中类似的错误全部更正，还会将该单词添加到"自动更正"列表中，此后输入该单词发生类似的拼写错误时，Word会自动对其进行更正。
- ■ **"撤销"按钮**：撤销最近执行的修改操作。

互动练习

下面练习对"七夕（英）"文档进行拼写和语法检查，具体操作步骤如下。

第1步　单击"拼写和语法"按钮

1 打开"七夕（英）"文档，将光标插入点定位在文档起始处。

2 切换到"审阅"选项卡。

3 单击"校对"选项组中的"拼写和语法"按钮。

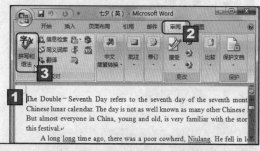

第2步　忽略当前错误

1 Word开始对文档进行检查，当遇到拼写或语法错误时，会弹出"拼写和语法：英语（美国）"对话框，并在上面的文本框中以红色显示错误处。

2 此处没有错误，因此单击"忽略一次"按钮忽略该处。

第3步　改正错误

1 Word会继续进行检查，并在对话框中显示下一处错误。

2 如果"建议"列表框中没有提供正确的词组，可在上面的文本框中对错误单词进行手动更改。

3 单击"更改"按钮。

当自己输入的词在主词典或自定义词典中没有找到，会弹出提示对话框，询问用户是否使用此单词并继续检查。此时先确认输入的词是否正确，若正确，单击"是"按钮即可。

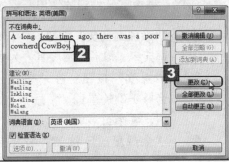

第4步　忽略当前错误

1 Word继续进行检查，并在对话框中显示下一处错误。

2 此处没有错误，因此单击"忽略一次"按钮忽略该处。

第5步　完成检查

完成检查后，在弹出的提示对话框中单击"确定"按钮即可。

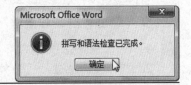

>> 4.5.2　修订文稿

知识讲解

　　对任何文档进行修订前，都需要启用修订功能。在需要修订的文档中，切换到"审阅"选项卡，然后单击"修订"选项组中的"修订"按钮，或者单击"修订"下拉按钮，并在弹出的下拉列表中选择"修订"选项，即可启用修订功能。

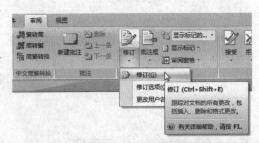

技巧 按"Ctrl+Shift+E"组合键，可快速启用或取消修订功能。

当需要取消修订功能时，再次单击"修订"按钮，或者单击"修订"下拉按钮，并在弹出的下拉列表中选择"修订"选项即可。

启用修订功能之后，就可按照常规操作对文档进行修改了，且这些修改都会反映在文档中，从而可非常清楚地看到文档中发生变化的部分。

　互动练习

下面练习对"清明"文档进行修订，具体操作步骤如下。

第1步　选择"修订"选项

1 打开"清明"文档后，切换到"审阅"选项卡。

2 单击"修订"选项组中的"修订"下拉按钮。

3 在弹出的下拉列表中选择"修订"选项。

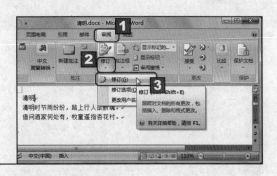

第2步　修订文档

此时，"修订"按钮呈高亮状态显示，此后在文档中进行的所有修改都会清晰地显示出来。

>> 4.5.3　接受与拒绝修订

　知识讲解

对于修订过的Word文档，作者可根据需要对修订进行接受或拒绝操作。若接受修订，文档会保存为审阅者修改后的状态；若拒绝修订，文档会保存为修改前的状态。

1．接受修订

若要接受修订，可通过下面两种操作方法来实现。

■ **逐一接受**：将光标插入点定位在需要接受的修订中，在"审阅"选项卡的"更改"选项组中，单击"接受并移到下一条"按钮，或者单击"接受"下拉按钮，在弹出的下拉列表中选择"接受并移到下一条"或"接受修订"选项。

■ **全部接受**：在"更改"选项组中，单击"接受"下拉按钮，在弹出的下拉列表中选择"接受对文档的所有修订"选项。

使用鼠标右键单击某条修订，在弹出的快捷菜单中可对其进行接受或拒绝操作。　**说明**

2. 拒绝修订

若不同意修订建议，可通过下面两种方法进行拒绝。

- **逐一拒绝**：将光标插入点定位在需要拒绝的修订中，在"审阅"选项卡的"更改"选项组中，单击"拒绝并移到下一条"按钮，或者单击"拒绝"下拉按钮，在弹出的下拉列表中选择"拒绝并移到下一条"或"拒绝修订"选项。

- **全部拒绝**：在"更改"选项组中，单击"拒绝"下拉按钮，在弹出的下拉列表中选择"拒绝对文档的所有修订"选项。

 互动练习

下面练习对"清明（修订后）"文档中的修订进行全部接受操作，具体操作步骤如下。

第1步　接受全部修订

1 打开"清明（修订后）"文档后，切换到"审阅"选项卡。

2 在"更改"选项组中，单击"接受"下拉按钮。

3 在弹出的下拉列表中选择"接受对文档的所有修订"选项。

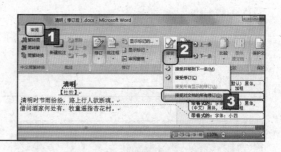

第2步　查看接受修订后的效果

此时，文档中的所有修订都被接受了，其效果如左图所示。

>> 4.5.4　批注的应用

 知识讲解

批注是文档作者与审阅者之间的沟通渠道，审阅者可将自己的见解以批注的形式插入到文档中，供作者查看或参考。

插入批注的方法为：选中需要添加批注的文本，切换到"审阅"选项卡，然后单击"批注"选项组中的"新建批注"按钮，在接下来出现的批注框中输入内容即可。

 博士，添加批注后，如果我要对其进行修改或删除操作，该怎么办？

说明　单击"修订"选项组中的"批注框"按钮，在弹出的下拉列表中可设置批注与修订的显示方式。

若要对其进行修改，直接将光标插入点定位在批注框中，然后进行编辑即可；若要删除批注，先将其选中，然后在"批注"选项组中单击"删除"按钮，或者单击其下方的下拉按钮，在弹出的下拉列表中选择"删除"选项即可。

 互动练习

下面练习对"清明（修订后）"文档中的"欲断魂"文本添加批注，内容为该文本的注释，具体操作步骤如下。

第1步　单击"新建批注"按钮

1 打开"清明（修订后）"文档后，选中"欲断魂"文本。

2 切换到"审阅"选项卡。

3 单击"批注"选项组中的"新建批注"按钮。

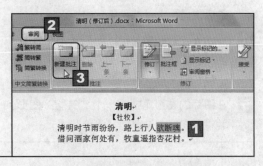

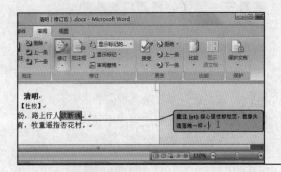

第2步　输入批注内容

窗口右侧出现了一个标记区，且Word会在标记区中为选定的文本添加批注框，并通过连线将文本与批注框连接起来。此时可在批注框中输入批注内容，本例中输入文本的注释。

4.6　上机练习

本章安排了3个上机练习。练习一将结合创建表格、设置文本格式和套用表格样式等知识点，制作一张2009年10月的日历表。练习二综合运用形状、艺术字、文本框和图片，制作一张节日卡片。练习三结合SmartArt图形的使用方法，制作公司部门结构图。

练习一　制作日历

1 新建一个名为"日历表格"的文档，然后在文档中输入"2009．10"，并对其设置字体格式。

2 按"Enter"键换到下一个段落，然后创建一个6行7列的表格。

3 输入表格内容，并设置相应的字体格式。

4 套用表格样式"中等深浅列表1-强调文字颜色1"。

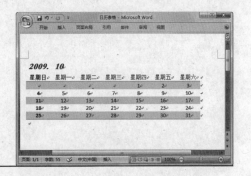

练习二　制作节日卡片

1. 新建一个名为"节日卡片"的文档，然后在文档中插入名为"星空"的图片。

2. 在图片的左下角绘制一个竖排文本框，并输入内容，然后将文本框的填充颜色设置为 红色,强调文字颜色 2,淡色 80% ，轮廓设置为"无轮廓"，最后将形状更改为"圆角矩形"。

3. 在月亮的顶端绘制一个横排文本框，并将其设置为"无填充颜色"和"无轮廓"，最后在里面插入艺术字"中"。

4. 参照第3步再绘制3个文本框，并设置相同的格式，然后分别插入艺术字"秋"、"快"和"乐"。

5. 在图片的右上角插入一个"笑脸"图形，并将填充颜色设置为"黄色"。

练习三　制作公司部门结构图

1. 新建一个名为"部门结构"的文档，然后在文档中插入"层次结构"类型中的"层次结构"样式的SmartArt图形。

2. 添加形状，然后输入相应的内容。

3. 对SmartArt图形应用"平面场景"样式，并设置图片填充效果。

技巧 选中某个自选图形后，按住"Ctrl"键不放并拖动鼠标，可对其进行复制操作。

第5章　页面布局与打印

- ◪ 页面设置
- ◪ 设置页面背景
- ◪ 设置特殊版式
- ◪ 设置页眉与页脚
- ◪ 打印文档

聪聪，怎么愁眉苦脸的，遇到什么难题了吗？

唉！我把文档编辑好了，可是不知道怎么打印。

如果电脑上连接了打印机，就可以将制作好的文档打印出来。不过，在打印文档前，还要对文档进行相应的页面设置，从而使打印出来的文档更加美观。今天我就来讲解怎样进行页面设置，以及如何打印文档等相关知识。

5.1 页面设置 ————————————————— <<

一篇高质量的文档不仅要求内容精彩、语句通顺、用词规范、文字和段落的格式适当，还须对文档的页面进行一些设置，如纸张的大小和方向、页边距等。

>> 5.1.1 设置纸张大小与方向

 知识讲解

默认情况下，纸张的大小为"A4"，方向为"纵向"，根据操作需要，可对其进行更改，具体操作方法为：在要进行纸张设置的文档中，切换到"页面布局"选项卡，单击"页面设置"选项组中的"纸张方向"按钮，在弹出的下拉列表中可选择纸张方向；单击"纸张大小"按钮，在弹出的下拉列表中可选择纸张大小。

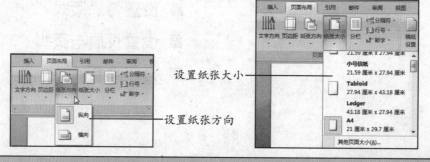

设置纸张大小

设置纸张方向

在"纸张大小"下拉列表中选择"其他页面大小"选项，在弹出的"页面设置"对话框中可自定义设置纸张大小。

 互动练习

下面练习自定义设置"游山西村"文档的纸张大小，具体操作步骤如下。

第1步 选择"其他页面大小"选项

1 打开"游山西村"文档后，切换到"页面布局"选项卡。

2 单击"页面设置"选项组中的"纸张大小"按钮。

3 在弹出的下拉列表中选择"其他页面大小"选项。

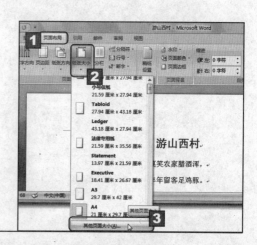

说明 通常情况下，为了防止版式错乱，一般先进行页面设置，再编辑文档内容。

第2步 设置纸张大小

1 弹出"页面设置"对话框,并自动定位在"纸张"选项卡中,在"纸张大小"下拉列表框中选择"自定义大小"选项。

2 在"宽度"微调框中设置纸张宽度。

3 在"高度"微调框中设置纸张高度。

4 设置完成后,单击"确定"按钮。

>> 5.1.2 设置页边距

 知识讲解

    页边距是指文档内容与页面边缘之间的距离。通过设置页边距,可控制页面中文档内容的宽度和长度。设置页边距的方法为:切换到"页面布局"选项卡,然后单击"页面设置"选项组中的"页边距"按钮,在弹出的下拉列表中选择页边距方案。如果在下拉列表中选择"自定义边距"选项,在弹出的"页面设置"对话框中可自定义设置页边距大小。

 互动练习

    下面练习自定义设置"游山西村"文档的页边距大小,具体操作步骤如下。

第1步 选择"自定义边距"选项

1 打开"游山西村"文档后,切换到"页面布局"选项卡。

2 单击"页面设置"选项组中的"页边距"按钮。

3 在弹出的下拉列表中选择"自定义边距"选项。

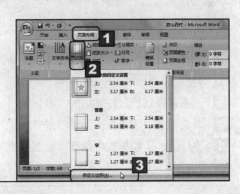

第2步 设置页边距大小

1 弹出"页面设置"对话框,并自动定位在"页边距"选项卡中,在"页边距"栏中设置各边距的大小。

2 设置完成后,单击"确定"按钮。

>> 5.1.3 设置分栏排版

知识讲解

　　有时为了提高读者的阅读兴趣、创建不同风格的文档或节约纸张，可对文档进行分栏排版，具体操作方法为：打开需要进行分栏排版的文档，切换到"页面布局"选项卡，单击"页面设置"选项组中的"分栏"按钮，在弹出的下拉列表中选择需要的分栏方式。若在下拉列表中选择"更多分栏"选项，在弹出的"分栏"对话框中可设置分栏参数。

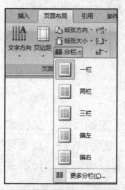

博士，如果我想对部分内容进行分栏排版，该怎么办呢？

这个操作倒也不难。先选中需要分栏排版的文本内容，然后进行分栏设置就可以了。

互动练习

　　下面练习对"拈花一笑玩淡定"文档中的部分内容进行分栏排版，具体操作步骤如下。

第1步　选择"更多分栏"选项

1 打开"拈花一笑玩淡定"文档后，切换到"页面布局"选项卡。

2 选中需要进行分栏排版的内容。

3 单击"页面设置"选项组中的"分栏"按钮。

4 在弹出的下拉列表中选择"更多分栏"选项。

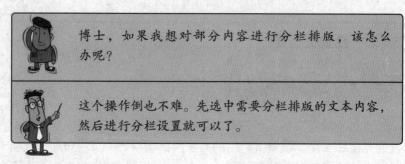

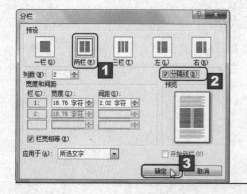

第2步　设置分栏参数

1 弹出"分栏"对话框，在"预设"栏中选择分栏方式，或在"列数"微调框中设置栏数，本例在"预设"栏中选择"两栏"选项。

2 根据需要设置是否显示分隔线，本例中选中"分隔线"复选框，在各栏之间显示分隔线。

3 设置完成后，单击"确定"按钮。

说明 在"分栏"对话框的"宽度和间距"栏中，可设置各栏的宽度及各栏间的距离。

第3步　查看效果

返回文档，此时即可查看分栏后的效果。

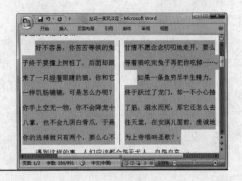

>> 5.1.4　设置文字方向与字数

　　设置了纸张大小和页边距之后，页面的基本版式就已经确定了。此时，用户还可对文字方向与字数进行设置。

1. 设置文字方向

　　设置文字方向的方法为：切换到"页面布局"选项卡，然后单击"页面设置"选项组中的"文字方向"按钮，在弹出的下拉列表中选择需要的文字方向。如果在下拉列表中选择"文字方向选项"选项，在弹出的"文字方向-主文档"对话框中可进行其他设置。

2. 设置字数

　　设置字数的具体操作步骤如下。

（1）切换到"页面布局"选项卡，然后单击"页面设置"选项组中的对话框启动器。

（2）弹出"页面设置"对话框，切换到"文档网格"选项卡，在"网格"栏中选中某个单选项，然后在下面的微调框内设置相应的值，如每页的行数、每行的字符数。

（3）设置完成后，单击"确定"按钮即可。

在"网格"栏中选中某个单选项之后，下面的可操作微调框会发生相应的变化。　说明

 **互动练习**

下面练习将"游山西村"文档的文字方向设置为"垂直",具体操作步骤如下。

第1步 选择文字方向

1 打开"游山西村"文档后,切换到"页面布局"选项卡。

2 单击"页面设置"选项组中的"文字方向"按钮。

3 在弹出的下拉列表中选择需要的文字方向,本例中选择"垂直"选项。

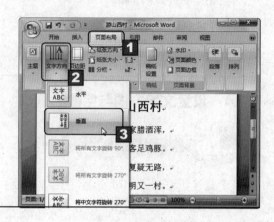

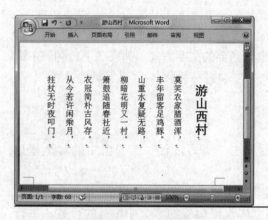

第2步 查看效果

"游山西村"文档中的文字即可呈垂直方向显示。

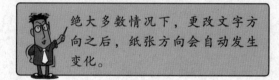

绝大多数情况下,更改文字方向之后,纸张方向会自动发生变化。

5.2 设置页面背景 <<

设置页面背景就是对文档底部进行相关的设置,如设置水印效果、填充效果等。这一系列的设置,可起到渲染文档的作用。

>> 5.2.1 设置水印效果

 **知识讲解**

水印是指将文本或图片以水印的方式设置为页面背景。文字水印多用于说明文件的属性,如一些重要文档中一般带有"机密文件"字样的水印。图片水印大多用于修饰文档,如一些书刊的页面背景通常为一些淡化后的图片。

1. 添加内置水印

Word提供了多种内置样式的水印供用户选择。切换到"页面布局"选项卡,单击"页面背景"选项组中的"水印"按钮,在弹出的下拉列表中选择需要的水印样式即可。

说明 单击"水印"按钮,在弹出的下拉列表中选择"删除水印"选项,可删除水印。

2. 自定义水印

内置样式的水印毕竟有限，用户可根据操作需要自定义水印，具体操作步骤如下。

（1）单击"页面背景"选项组中的"水印"按钮，在弹出的下拉列表中选择"自定义水印"选项。

（2）弹出"水印"对话框，如果要自定义文字水印，就选中"文字水印"单选项，然后设置水印文字的内容、字体和颜色等参数；如果要设置图片水印，就选中"图片水印"单选项，然后单击"选择图片"按钮，在弹出的"插入图片"对话框中选择需要的图片。

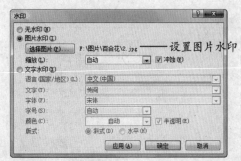

（3）将水印设置好后，单击"确定"按钮即可。

 互动练习

下面练习为"游山西村"文档添加图片水印，具体操作步骤如下。

第1步　选择"自定义水印"选项

1 打开"游山西村"文档后，切换到"页面布局"选项卡。

2 单击"页面背景"选项组中的"水印"按钮。

3 在弹出的下拉列表中选择"自定义水印"选项。

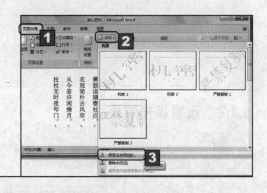

第2步　单击"选择图片"按钮

1 弹出"水印"对话框，选中"图片水印"单选项。

2 单击"选择图片"按钮。

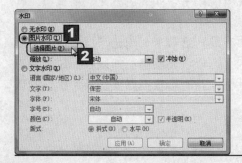

自定义文字水印时，可在"文字"文本框中输入文字内容，也可在其下拉列表中进行选择。　**说明**

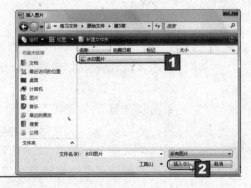
第3步 选择图片

1 在弹出的"插入图片"对话框中选择要作为水印的图片。

2 单击"插入"按钮。

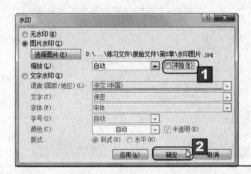

第4步 单击"确定"按钮

1 返回"水印"对话框，根据需要设置是否冲蚀图片，本例中取消选中"冲蚀"复选框。

2 单击"确定"按钮。

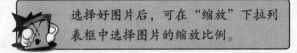

选择好图片后，可在"缩放"下拉列表框中选择图片的缩放比例。

第5步 查看效果

在返回的文档中即可查看添加图片水印后的效果。

>> 5.2.2 设置填充效果

知识讲解

除了设置水印背景之外，还可对页面背景设置填充效果，如纯色填充、渐变填充和图案填充等，从而改善文档的视觉效果。

打开需要设置填充效果的文档，切换到"页面布局"选项卡，单击"页面背景"选项组中的"页面颜色"按钮，在弹出的下拉列表中可选择填充颜色。如果在下拉列表中选择"填充效果"选项，会弹出"填充效果"对话框，此时可根据需要切换到相应的选项卡中进行设置。

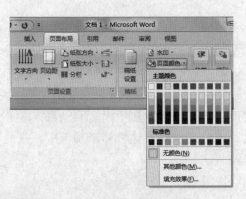

 互动练习

下面练习对"登高"文档设置渐变填充效果，具体操作步骤如下。

第1步　选择"填充效果"选项

1 打开"登高"文档后，切换到"页面布局"选项卡。

2 单击"页面背景"选项组中的"页面颜色"按钮。

3 在弹出的下拉列表中选择"填充效果"选项。

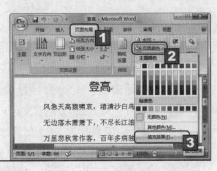

第2步　设置渐变填充

1 弹出"填充效果"对话框，并自动定位在"渐变"选项卡中，在"颜色"栏中选择渐变方案，本例中选中"预设"单选项。

2 在"预设颜色"下拉列表框中选择颜色方案。

3 在"底纹样式"栏中选择渐变方向。

4 在"变形"栏中选择变形方案。

5 设置完成后，单击"确定"按钮。

第3步　查看效果

在返回的文档中即可查看设置渐变填充后的效果。

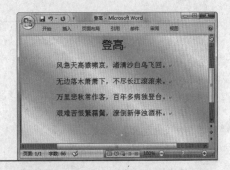

>> 5.2.3　设置页面边框

　知识讲解

为了美化文档，还可对其设置页面边框，具体操作步骤如下。

（1）切换到"页面布局"选项卡，单击"页面背景"选项组中的"页面边框"按钮。

（2）弹出"边框和底纹"对话框，并自动定位在"页面边框"选项卡中，在此可设置边框类型、样式、颜色和宽度等。

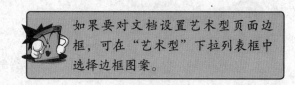

如果要对文档设置艺术型页面边框，可在"艺术型"下拉列表框中选择边框图案。

（3）设置完成后，单击"确定"按钮即可。

在"边框和底纹"对话框的"应用于"下拉列表框中有4个选项，其作用分别如下。

- 　**整篇文档**：无论文档是否分节，页面边框将应用于当前文档的所有页面。
- 　**本节**：对于分节的文档，页面边框只应用于当前节。
- 　**本节–仅首页**：对于分节的文档，页面边框只应用于当前节的首页。
- 　**本节–除首页外的所有页**：对于分节的文档，页面边框将应用于当前节除首页外的所有页。

互动练习

下面练习为"登高"文档添加艺术型页面边框，具体操作步骤如下。

第1步　单击"页面边框"按钮

1 打开"登高"文档后，切换到"页面布局"选项卡。

2 单击"页面背景"选项组中的"页面边框"按钮。

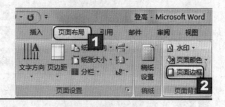

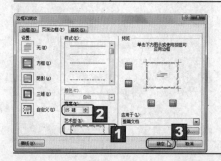

第2步　设置边框

1 弹出"边框和底纹"对话框，在"艺术型"下拉列表框中选择边框样式。

2 在"宽度"微调框中设置边框的宽度。

3 设置完成后，单击"确定"按钮。

说明　单击"边框和底纹"对话框中的"选项"按钮，在弹出的对话框中可调整边框与页边距间的距离。

第3步　查看效果

在返回的文档中即可查看设置艺术型页面边框后的效果。

5.3　设置特殊版式　————————————————— <<

在编辑一些特殊文稿时，还可对其设置首字下沉、拼音标注等特殊版式，接下来将对这些知识点进行详细的讲解。

>> 5.3.1　设置首字下沉

首字下沉是一种段落修饰方式，是将段落中的第一个字或开头几个字设置为不同的字体、字号，该类格式在报刊、杂志中比较常见。设置首字下沉的具体操作步骤如下。

（1）将光标插入点定位到需要设置首字下沉的段落中，切换到"插入"选项卡，然后单击"文本"选项组中的"首字下沉"按钮，在弹出的下拉列表中选择"首字下沉选项"选项。

（2）在弹出的"首字下沉"对话框中进行相应的设置，然后单击"确定"按钮即可。

若在"首字下沉"下拉列表中选择"下沉"选项，光标插入点所在段落的第一个字将按默认设置下沉3行。

下面练习对"拈花一笑玩淡定"文档中的第1段文本设置首字下沉效果，具体操作步骤如下。

第1步　选择"首字下沉选项"选项

1 打开"拈花一笑玩淡定"文档后，切换到"插入"选项卡。

2 单击"文本"选项组中的"首字下沉"按钮。

3 在弹出的下拉列表中选择"首字下沉选项"选项。

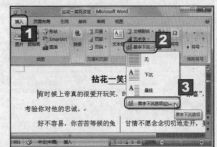

第2步 设置首字下沉

 弹出"首字下沉"对话框,在"位置"栏中选择"下沉"选项。

2 在"字体"下拉列表框中选择首字的字体。

3 在"下沉行数"微调框中设置首字下沉的行数。

4 在"距正文"微调框中设置首字距正文的距离。

5 设置完成后,单击"确定"按钮。

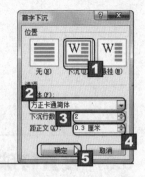

在"位置"栏中选择"悬挂"选项,可设置首字悬挂效果。

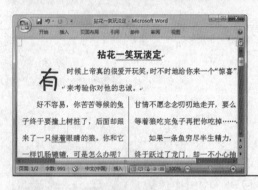

第3步 查看效果

在返回的文档中即可查看设置首字下沉后的效果。

如果要将段落中开头几个字设置为首字下沉效果,先将其选中,再按照上述操作步骤进行设置即可。

>> 5.3.2 为汉字标注拼音

 知识讲解

在编辑一些特殊文档(例如小学课本中的文章)时,往往需要为汉字标注拼音,以便阅读。为汉字标注拼音的具体操作步骤如下。

(1)选中要添加拼音的汉字,在"开始"选项卡的"字体"选项组中单击"拼音指南"按钮。

(2)在弹出的"拼音指南"对话框中设置拼音的字体、字号等格式,然后单击"确定"按钮即可。

默认情况下,"基准文字"栏中显示了需要添加拼音的汉字,"拼音文字"栏中显示了对应的汉语拼音。对于多音字,可手动修改拼音。

技巧 选中标注了拼音的文本后,打开"拼音指南"对话框,然后单击"全部删除"按钮可删除拼音。

互动练习 ▶

下面练习为"秋天"文档中的汉字标注拼音，具体操作步骤如下。

第1步 单击"拼音指南"按钮

1 打开"秋天"文档后，选中需要添加拼音的汉字。

2 单击"字体"选项组中的"拼音指南"按钮。

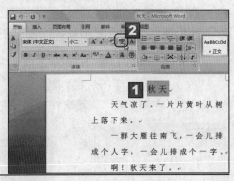

第2步 设置拼音参数

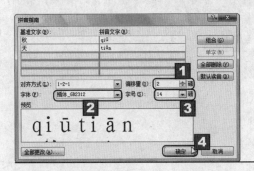

1 弹出"拼音指南"对话框，在"偏移量"微调框中设置拼音与汉字间的距离。

2 在"字体"下拉列表框中选择拼音的字体。

3 在"字号"下拉列表框中选择拼音的字号。

4 设置完成后，单击"确定"按钮。

第3步 查看效果

在返回的文档中即可查看添加拼音后的效果。

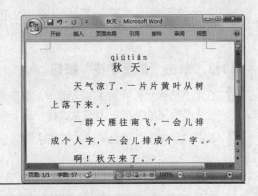

第4步 为其他汉字标注拼音

参照上述操作步骤，为其他汉字添加拼音，其最终效果如左图所示。

>> 5.3.3 设置带圈字符

 知识讲解

在Word中编辑文档时，可利用圆圈、三角形等符号将单个汉字、一个或两个数字，以及一个或两个字母圈起来。设置带圈字符的具体操作步骤如下。

（1）选中要设置带圈效果的字符，在"开始"选项卡的"字体"选项组中单击"带圈字符"按钮。

（2）在弹出的"带圈字符"对话框中进行相应的设置，然后单击"确定"按钮即可。

在"样式"栏中，若选择"缩小文字"选项，程序会自动缩小字符，使其适应圈的大小；若选择"增大圈号"选项，程序会自动增大圈号，使其适应字符的大小。

 互动练习

下面练习对"拈花一笑玩淡定"文档的标题中的"玩"字设置带圈效果，具体操作步骤如下。

第1步　单击"带圈字符"按钮

1 打开"拈花一笑玩淡定"文档后，选中需要设置带圈效果的字符，本例中选择"玩"字。

2 单击"字体"选项组中的"带圈字符"按钮。

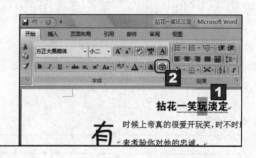

第2步　设置带圈效果

1 弹出"带圈字符"对话框，在"样式"栏中选择"增大圈号"选项。

2 在"圈号"列表框中选择圈的形状。

3 设置完成后，单击"确定"按钮。

说明　设置带圈字符时，每次只能选择一个汉字进行设置，不能同时设置多个汉字。

第3步　查看效果

在返回的文档中即可查看设置带圈后的效果。

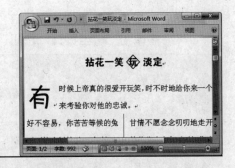

5.4　设置页眉与页脚 ———————————— <<

　　页眉和页脚通常用来显示书名、章节及文档的页码等信息。对页眉和页脚进行编辑，可起到美化文档的作用。

>> 5.4.1　添加与编辑页眉、页脚

　　插入页眉、页脚后，可在文档每页的页面顶端和底端插入相同的内容，如日期、公司徽标和图片等。例如，在页眉中输入书名"Office 2007办公应用"后，每页的页面顶端都会显示书名"Office 2007办公应用"。

1. 插入页眉、页脚

　　Word 2007为页眉、页脚提供了多种内置样式，用户可根据实际需要进行选择。打开需要插入页眉、页脚的文档，切换到"插入"选项卡，在"页眉和页脚"选项组中，单击某个按钮即可实现相应的操作。

- 　单击"页眉"按钮，在弹出的下拉列表中选择某个页眉样式，可将其插入到页面顶端，同时光标插入点会自动进入页眉编辑区。
- 　单击"页脚"按钮，在弹出的下拉列表中选择某个页脚样式，可将其插入到页面底端，同时光标插入点会自动进入页脚编辑区。

2. 编辑页眉、页脚内容

　　插入页眉、页脚后，文档会自动进入页眉页脚编辑状态，同时还会显示"页眉和页脚工具/设计"选项卡。若退出了该状态，可通过双击页眉或页脚再次进入。当文档处于页眉页脚编辑状态时，可分别编辑页眉、页脚的内容，具体操作步骤如下。

　（1）将光标插入点定位在某页的页眉中，单击占位符便可输入文字，或者在段落标记↵处输入文字。

（2）页眉内容编辑完成后，在"页眉和页脚工具/设计"选项卡的"导航"选项组中单击"转至页脚"按钮，可快速转至当前页的页脚，进而编辑页脚内容。

 博士，页眉、页脚的内容编辑完成后，怎么退出页眉页脚编辑状态？

使用鼠标双击文档编辑区的任意位置，或在"页眉和页脚工具/设计"选项卡的"关闭"选项组中单击"关闭页眉和页脚"按钮即可。

3. 设置奇偶页不同

如果希望奇数页与偶数页使用不同效果的页眉、页脚，可按照下面的操作步骤实现。

（1）双击页眉或页脚进入页眉页脚编辑状态，在"页眉和页脚工具/设计"选项卡的"选项"选项组中选中"奇偶页不同"复选框。

（2）页眉和页脚的左侧会显示相关提示信息，此时可分别对奇数页与偶数页设置不同样式的页眉、页脚，然后分别编辑相应的内容即可。

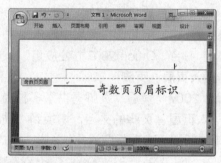

奇数页页眉标识

 互动练习

下面练习在"拈花一笑玩淡定"文档中插入"字母表型"样式的页眉，并输入文档名称"拈花一笑玩淡定"，然后插入"条纹型"样式的页脚，并输入作者名字"星星"，具体操作步骤如下。

第1步　插入页眉

1 打开"拈花一笑玩淡定"文档后，切换到"插入"选项卡。

2 单击"页眉和页脚"选项组中的"页眉"按钮。

3 在弹出的下拉列表中选择需要的页眉样式，本例中选择"字母表型"选项。

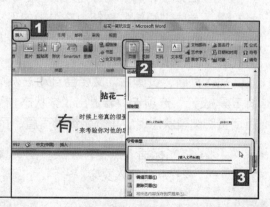

说明 选中"选项"选项组中的"首页不同"复选框，可单独设置首页的页眉、页脚。

第2步　编辑页眉内容

所选样式的页眉将插入到页面顶端，同时光标插入点自动进入页眉编辑区，单击占位符后输入文档名称"拈花一笑玩淡定"。

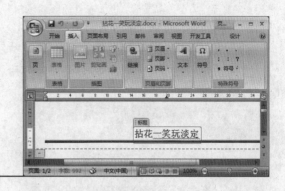

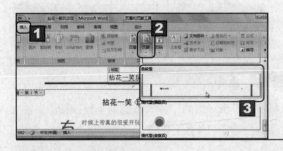

第3步　插入页脚

1 切换到"插入"选项卡。

2 单击"页眉和页脚"选项组中的"页脚"按钮。

3 在弹出的下拉列表中选择需要的页脚样式，本例中选择"条纹型"选项。

第4步　编辑页脚内容

所选样式的页脚将插入到页面底端，同时光标插入点自动进入页脚编辑区，单击占位符后输入作者名字"星星"。

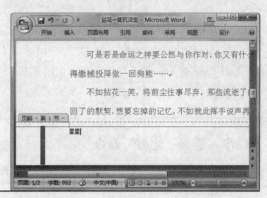

>> 5.4.2　去除页眉横线

知识讲解

插入页眉后，页眉中有时会出现一条黑色的横线，且无法通过"Delete"键将其删除。为了文档的整洁美观，可按下面的操作步骤去除该横线。

（1）打开"样式"窗格，单击"页眉"样式右侧的下拉按钮，在弹出的下拉菜单中选择"修改"命令。

（2）弹出"修改样式"对话框，单击"格式"按钮，在弹出的菜单中选

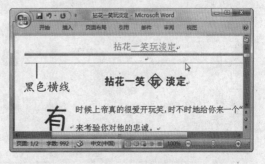

Chapter 5

择"边框"命令。

（3）弹出"边框和底纹"对话框，并自动定位在"边框"选项卡中，在"设置"栏中选择"无"选项，然后单击"确定"按钮即可。

互动练习

下面练习将"拈花一笑玩淡定"文档的页眉中的黑色横线去除，具体操作步骤如下。

第1步　单击对话框启动器

打开"拈花一笑玩淡定"文档，在"开始"选项卡的"样式"选项组中单击对话框启动器。

第2步　选择"修改"命令

1 打开"样式"窗格，单击"页眉"样式右侧的下拉按钮。

2 在弹出的下拉菜单中选择"修改"命令。

第3步　选择"边框"命令

1 弹出"修改样式"对话框，单击"格式"按钮。

2 在弹出的菜单中选择"边框"命令。

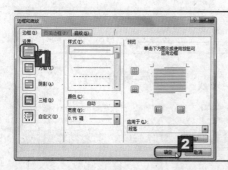

第4步　设置边框

1 弹出"边框和底纹"对话框，在"设置"栏中选择"无"选项。

2 单击"确定"按钮。

说明 在页眉、页脚中输入文字后，同样可对其设置相应的字体格式。

第5步 确认修改

返回"修改样式"对话框，单击"确定"按钮确认
修改。

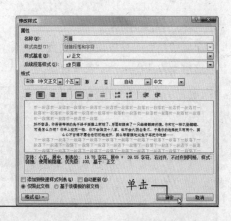

单击

>> 5.4.3 设置页码

 知识讲解

一篇完整的文档，页码是不可或缺的部分。在Word提供的页眉、页脚样式中，部分
样式提供了添加页码的功能，即插入某些样式的页眉、页脚后，会自动添加页码。若使用
的样式没有自动添加页码，则需要手动添加，具体操作方法为：双击页眉或页脚进入页眉页
脚编辑状态，在"页眉和页脚工具/设计"选项卡中，单击"页眉和页脚"选项组中的"页
码"按钮，在弹出的下拉列表中选择页码位置，然后在弹出的级联列表中选择页码样式。

 博士，当文档未处于页眉页脚编辑状态时，在"插入"选项卡中，单击"页眉和
页脚"选项组中的"页码"按钮，是不是也能插入页码？

 对！无论是"页眉和页脚工具/设计"选项卡，还是"插入"选项卡，通过其中
的"页眉和页脚"选项组都能实现页眉、页脚和页码的插入。

 互动练习

下面练习在"拈花一笑玩淡定"文档的页边距中插入"箭头（右侧）"样式的页
码，具体操作步骤如下。

第1步 添加页码

1. 打开文档，进入页眉页脚编辑状态后，在
"页眉和页脚工具/设计"选项卡的"页眉和
页脚"选项组中单击"页码"按钮。

2. 在弹出的下拉列表中选择页码的位置，本例
中选择"页边距"选项。

3. 在弹出的级联列表中选择需要的页码样式，
本例中选择"箭头（右侧）"选项。

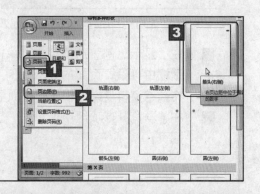

第2步 查看效果

所选样式的页码将自动添加到页面右侧。退出页
眉页脚编辑状态后，查看其效果。

在"页眉和页脚工具/设计"选项
卡的"页眉和页脚"选项组中，
单击"页码"按钮，在弹出的下
拉列表中选择"设置页码格式"
选项，在弹出的"页码格式"对
话框中可设置页码的编号格式、
起始页码等参数。

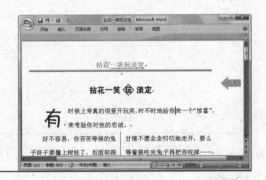

5.5 打印文档 ————————————————————— **<<**

完成了页面设置、文档的编辑及排版后，可通过打印机将其打印出来，成为白纸黑
字的实物，方便以后使用。

>> 5.5.1 打印预览

通常情况下，为了确保打印出来的文档准确无误，需要在打印之前通过"打印预
览"功能查看输出效果，具体操作步骤如下。

（1）打开需要打印的Word文档，单击"Office"按钮，在弹出的下拉菜单中将鼠
标指针指向"打印"命令，在弹出的子菜单中选择"打印预览"命令。

（2）此时，文档由原来的视图方式转换为"打印预览"视图方式，从而可全面查
看文档的打印效果。

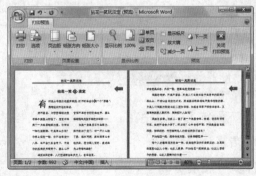

在对文档进行打印预览时，可执行如下操作。

- ■ 在"显示比例"选项组中，单击"显示比例"按钮，在弹出的"显示比例"对
话框中可设置页面的显示比例；单击"单页"、"双页"或"页宽"按钮，可
将预览窗口设置为相应的页面显示方式。
- ■ 在"预览"选项组中，单击"上一页"按钮或"下一页"按钮，可对文档进行
翻页。

技巧 打开需要打印的文档后，按"Ctrl+Alt+I"组合键可快速实现打印预览。

■ 在"页面设置"选项组中，可对页边距、纸张方向和纸张大小等页面设置进行重新调整。

完成预览后，单击"打印"选项组中的"打印"按钮可打印文档。若还需要对文档进行修改，可单击"预览"选项组中的"关闭打印预览"按钮，关闭打印预览视图。

>> 5.5.2 打印设置与输出

预览文档后，确认文档不需要修改，可按照下面的操作方法将其打印输出。

（1）打开需要打印的文档后，单击"Office"按钮，在弹出的下拉菜单中选择"打印"命令。

（2）在弹出的"打印"对话框中设置打印的范围、份数等参数，设置完成后单击"确定"按钮，与电脑连接的打印机会自动打印输出该文档。

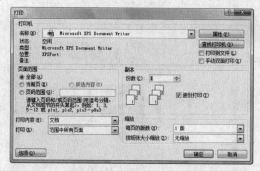

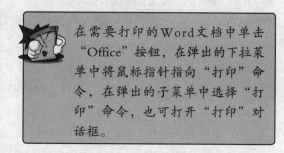

在需要打印的Word文档中单击"Office"按钮，在弹出的下拉菜单中将鼠标指针指向"打印"命令，在弹出的子菜单中选择"打印"命令，也可打开"打印"对话框。

下面练习将"拈花一笑玩淡定"文档的第2页打印出来，且打印份数为20份，具体操作步骤如下。

第1步 选择"打印"命令

1 打开"拈花一笑玩淡定"文档后，单击"Office"按钮。

2 在弹出的下拉菜单中选择"打印"命令。

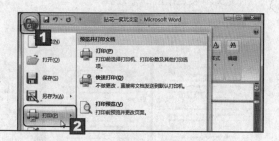

第2步　设置打印参数

1 弹出"打印"对话框，在"页面范围"栏
中选中"页码范围"单选项。

2 在右侧的文本框中输入"2"。

3 在"副本"栏的"份数"微调框中设置打
印份数，本例中为"20"。

4 设置完成后单击"确定"按钮，即可开
始打印"拈花一笑玩淡定"文档中的第2
页，且份数为20份。

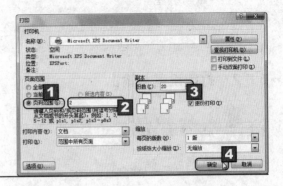

5.6　上机练习　————————————— <<

　　本章安排了两个上机练习。练习一将结合页面设置、页面背景设置等知识点，制作
一篇文档。练习二运用页眉、页脚等知识点，制作一篇文档。

练习一　制作"天上的街市"文档

1 新建一个名为"天上的街市"的文档，将其
打开后自定义纸张大小，将高度设置为"15
厘米"，将"宽度"设置为"13厘米"。

2 在文档中输入文本内容，然后对其设置相应
的格式。

3 将文字方向设置为"垂直"，此时纸张方向
自动变为"横向"。

4 设置图片水印。

练习二　设置页眉、页脚

1 新建一个名为"善于放弃是一种智慧"
的文档，然后在其中输入文本内容，并
对文本设置相应的格式。

2 进入页眉页脚编辑状态，在"页眉和页脚工
具/设计"选项卡的"选项"选项组中选中
"奇偶页不同"复选框。

3 在奇数页中插入"空白"样式的页眉，在偶数
页中插入"字母表型"样式的页眉，然后分别
编辑相应的内容，如输入文字、插入与编辑图
片等，最后去除页眉中的黑色横线。

4 在奇数页页脚的左下角插入一张图片，在偶
数页页脚的右下角插入一张图片，然后对图
片进行相应的编辑。

5 在奇数页的页边距中插入"圆（右侧）"样
式的页码，在偶数页的页边距中插入"圆
（左侧）"样式的页码。

技巧 打开需要打印的文档后，按"Ctrl+P"组合键可快速打开"打印"对话框。

第6章　Excel 2007基础操作

■ 认识工作簿、工作表和
　单元格
■ 工作簿的基本操作
■ 工作表的基本操作
■ 单元格的基本操作

小机灵，你在做表格吗？我猜你是用Excel 2007做表格。

聪聪，你眼力不错嘛，这的确是用Excel 2007做的，现在好多公司都用它来做各种电子表格，如销售记录表、工资表等。

看来你们都对Excel有所了解，今天我们就来学习工作簿、工作表及单元格的一些基本操作，包括工作簿的新建、保存等操作，工作表的新建、重命名等操作，以及单元格的选择、合并和拆分等操作。只有掌握了这些基本操作，才能对数据进行有效的管理。

Chapter 6

6.1　认识工作簿、工作表和单元格 ———————————— <<

使用Excel 2007制作电子表格之前，需要先认识什么是工作簿、工作表和单元格，并了解这三者之间的关系。

>> 6.1.1　认识工作簿

新建的工作簿在默认状态下的名称为"Book1"，此后新建的工作簿将以"Book2"、"Book3"等依次命名。通常每个新建的工作簿中包含3张工作表，分别为"Sheet1"、"Sheet2"和"Sheet3"。

一个工作簿中至少有1张工作表，最多可以有1 024张工作表。工作簿中的工作表越多，文档就越大，相对来说运行起来就越慢。

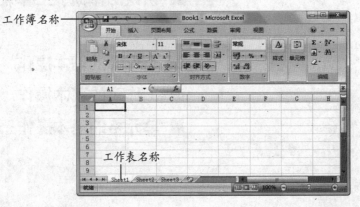

>> 6.1.2　认识工作表

工作表是由多个单元格组合而成的一个平面整体，是一个平面二维表格。Excel 2003的工作表共有65 536行、256列，而Excel 2007的工作表在行和列的数目上都得到了很大的扩充，共有1 048 576行、16 384列。默认情况下，工作表是不能显示全部行和列的，此时可拖动Excel窗口右侧和下方的滚动条，以便查看其他区域。

每张工作表的下方都有一个标签，如"Sheet1"、"Sheet2"和"Sheet3"等，这些标签表示的是工作表的名称。

>> 6.1.3　认识单元格

单元格是Excel工作表的基本元素，是Excel操作的最小单位。单元格中可存放文字、数字和公式等信息。

在工作表编辑区中，由纵横交错的网格线条构成的一个个二维方格就是单元格。每个单元格都有一个与之对应的单元格地址。单元格地址由行号和列号组成，例如，第A列、第1行的单元格的地址为"A1"。

在Excel中，由若干个连续的单元格构成的矩形区域称为单元格区域。单元格区域用其左上角和右下角的两个单元格来标识，例如，B1到E7之间的单元格组成的单元格区域标识为"B1:E7"。

说明 利用Excel 2007可将工作簿保存为二进制数据，从而提高了加载和保存文档的速度。

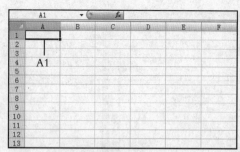

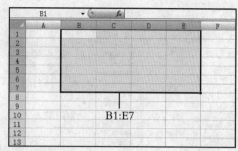

- **活动单元格**：当前正在操作的一个或多个单元格叫做活动单元格。例如，在上面的图示中，左图中的"A1"单元格和右图中的"B1:E7"单元格区域都为当前的活动单元格。
- **当前单元格**：在工作表中总有一个单元格是当前单元格，用户的输入和编辑等操作只对当前单元格起作用。如果只有一个活动单元格，那么它就是当前单元格，当前单元格由黑色边框包围着；如果活动单元格是一个单元格区域，那么呈反向显示的那个单元格就是当前单元格。例如，在上面的图示中，右图中的"B1:E7"单元格区域中"B1"呈反向显示，因此"B1"就为当前单元格。

>> 6.1.4　工作簿、工作表与单元格之间的关系

在Excel 2007窗口中，通过工作表标签可看到当前工作簿包含"Sheet1"、"Sheet2"和"Sheet3" 3张工作表，而工作表由许多单元格组成。由此可见，工作簿、工作表和单元格之间是包含与被包含的关系，即工作簿由一张或多张工作表组成，工作表由多个单元格组成。

6.2　工作簿的基本操作 ——————————————————— <<

使用Excel处理电子表格前，还要掌握工作簿的新建、保存、打开和关闭等基本操作，接下来将进行详细的讲解。

>> 6.2.1　新建工作簿

 知识讲解

要编辑电子表格，首先应从新建工作簿开始。与Office中的Word组件相同，启动Excel 2007后，系统会自动新建一个名为"Book1"的空白工作簿。

此外，单击"Office"按钮，在弹出的下拉菜单中选择"新建"命令，弹出"新建工作簿"对话框，此时可根据操作需要创建新的工作簿。

 聪聪，在桌面或"计算机"窗口工作区的空白处单击鼠标右键，在弹出的快捷菜单中选择"新建"→"Microsoft Office Excel工作表"命令，也可新建工作簿。

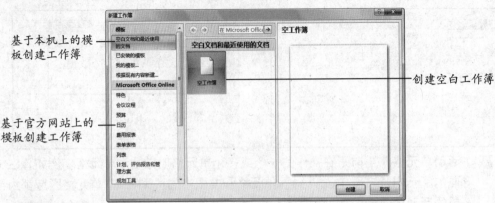

基于本机上的模板创建工作簿

创建空白工作簿

基于官方网站上的模板创建工作簿

互动练习

下面练习基于"已安装的模板"类型中的"个人月预算"模板，新建一个工作簿，具体操作步骤如下。

第1步 选择"新建"命令

1 在Excel窗口中，单击"Office"按钮。

2 在弹出的下拉菜单中选择"新建"命令。

第2步 选择模板

1 弹出"新建工作簿"对话框，在"模板"栏中选择"已安装的模板"选项。

2 稍等片刻，程序将在中间的列表框中显示"已安装的模板"类型中的工作簿模板，选中"个人月预算"选项。

3 单击"创建"按钮，Excel会自动打开一个新窗口，并基于"个人月预算"模板创建新工作簿。

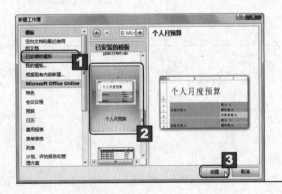

>> 6.2.2 保存工作簿

知识讲解

制作了一份工作簿后，应将其保存起来，以便在以后的应用中反复查看、使用。工作簿与Word文档的保存方法类似，接下来进行详细的讲解。

1. 新建工作簿的保存

对于新建的工作簿，可通过以下几种方式进行保存。

说明 在"新建工作簿"对话框中选择模板后，可在右侧的预览框中预览该模板的样式。

- 在快速访问工具栏中，单击"保存"按钮 。
- 单击"Office"按钮，在弹出的下拉菜单中选择"保存"命令。
- 按"Ctrl+S"组合键。

无论采用哪种方式保存新建的工作簿，都会弹出"另存为"对话框，此时需要设置文档的保存路径和文件名，然后单击"保存"按钮即可。

2. 原工作簿的保存

对于已经存在的工作簿，对其进行更改或编辑后，可通过以下几种方式进行保存。

- 在快速访问工具栏中，单击"保存"按钮 。
- 单击"Office"按钮，在弹出的下拉菜单中选择"保存"命令。
- 按"Ctrl+S"组合键。

对已存在的工作簿进行保存时，仅是将对工作簿所做的更改保存到原文档中，因而不会弹出"另存为"对话框，但会在状态栏中显示"正在保存……"的提示，保存完成后提示立即消失。

正在保存 工资表。按 Esc 取消。　　　　　　　　　　100%

3. 将工作簿另存

对原工作簿进行修改后，如果希望不改变原文件的内容，可将修改后的工作簿以不同名称进行另存，或另保存一份副本到电脑的其他位置，其方法主要有以下几种。

- 单击"Office"按钮，在弹出的下拉菜单中选择"另存为"命令。
- 按"F12"键。

执行上面的任一操作后，在弹出的"另存为"对话框中设置存储路径、文件名和保存类型等参数，然后单击"保存"按钮即可。

互动练习

下面练习使用"保存"命令，将前面新建的工作簿以"个人月度预算"为文件名保存到电脑中，且格式为"Excel 97–2003工作簿"，具体操作步骤如下。

第1步　选择"保存"命令

1 在新建的工作簿中，单击"Office"按钮。

2 在弹出的下拉菜单中选择"保存"命令。

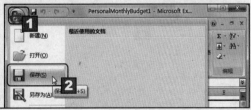

第2步 设置保存参数

1 弹出"另存为"对话框，根据需要设置存储路径。

2 在"文件名"文本框中输入工作簿名称，本例中输入"个人月度预算"。

3 在"保存类型"下拉列表框中选择保存类型，本例中选择"Excel 97-2003工作簿"选项。

4 设置完成后，单击"保存"按钮即可。

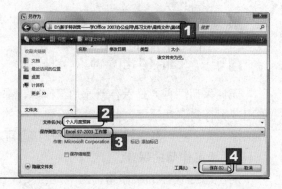

>> 6.2.3 打开工作簿

 知识讲解

如果要查看或编辑电脑中保存的工作簿，首先需要将其打开，其方法主要有以下两种。

- 进入该工作簿的存放目录，然后双击文档图标。
- 在Excel窗口中，单击"Office"按钮，在弹出的下拉菜单中选择"打开"命令，在弹出的"打开"对话框中找到需要查看或编辑的工作簿，然后单击"打开"按钮。

 互动练习

下面练习使用"打开"命令，打开之前保存的"个人月度预算.xls"工作簿，具体操作步骤如下。

第1步 选择"打开"命令

1 在Excel窗口中，单击"Office"按钮。

2 在弹出的下拉菜单中选择"打开"命令。

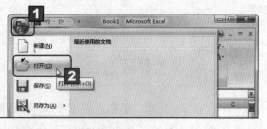

第2步 打开工作簿

1 弹出"打开"对话框，进入"个人月度预算.xls"工作簿所在的路径。

2 选择"个人月度预算.xls"工作簿。

3 单击"打开"按钮。

技巧 在Excel窗口中，按"Ctrl+F12"（或"Ctrl+O"）组合键，可快速打开"打开"对话框。

>> 6.2.4　关闭工作簿

完成工作簿的编辑并保存后，就需要将其关闭，以减少占用的内存空间。关闭工作簿的方法主要有以下几种。

- ■　在需要关闭的工作簿中，单击右上角的"关闭"按钮 ✕ 。
- ■　单击"Office"按钮，在弹出的下拉菜单中选择"关闭"命令。
- ■　切换到要关闭的工作簿，按"Alt+F4"组合键。

如果未对编辑过的工作簿进行保存，关闭时会弹出提示对话框，询问用户是否保存对工作簿所做的修改，此时可进行如下操作。

- ■　单击"是"按钮，可保存当前工作簿，同时关闭该工作簿。
- ■　单击"否"按钮，将直接关闭工作簿，且不会对当前工作簿进行保存，即对工作簿所做的更改都会被放弃。

- ■　单击"取消"按钮，将撤销本次关闭工作簿的操作，并返回窗口。

6.3　工作表的基本操作　<<

在使用Excel 2007制作电子表格的过程中，经常需要对工作表进行新建、删除、复制和移动等操作，接下来就分别对这些操作进行讲解。

>> 6.3.1　选择工作表

若工作簿中包含多张工作表，当要对其中一张工作表进行操作时，首先要将其选中。选择工作表主要有以下几种情况。

- ■　**选择单张工作表：**直接使用鼠标单击某个工作表标签，即可选中对应的工作表。

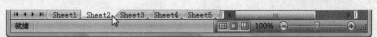

- ■　**选择连续的多张工作表：**选中要选择的第一张工作表，然后按住"Shift"键，同时单击另一张工作表，可选中这两张工作表之间的所有工作表。

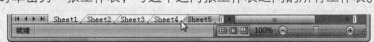

- ■　**选择不连续的多张工作表：**选中要选择的第一张工作表，然后按住"Ctrl"键并依次单击其他需要选择的工作表。

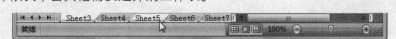

- ■　**选择工作簿中的全部工作表：**使用鼠标右键单击任意一张工作表的标签，在弹出的快捷菜单中选择"选定全部工作表"命令。

选择多张工作表后，窗口的标题栏中将显示"工作组"字样。如果要取消多张工作表的选中状态，可使用鼠标右键单击其中任意一张工作表的标签，在弹出的快捷菜单中选择"取消组合工作表"命令。

>> 6.3.2 新建与删除工作表

 **知识讲解**

默认情况下，新建的空白工作簿中只有3张工作表，用户可根据自己的需要新建或删除工作表。

1. 新建工作表

若要新建工作表，可通过以下几种方法实现。

- 单击工作表标签右侧的"插入工作表"按钮 ，即可插入一张新工作表。
- 在"开始"选项卡的"单元格"选项组中，单击"插入"按钮下方的下拉按钮，在弹出的下拉列表中选择"插入工作表"选项，可在当前工作表的前面插入一张新工作表。
- 使用鼠标右键单击某个工作表标签，在弹出的快捷菜单中选择"插入"命令，在弹出的"插入"对话框中选择"工作表"选项，然后单击"确定"按钮，可在当前工作表的前面插入一张新工作表。

 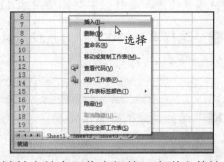

- 选中连续的多张工作表，使用鼠标右键单击某个工作表标签，在弹出的快捷菜单中选择"插入"命令，在弹出的"插入"对话框中选择"工作表"选项，然后单击"确定"按钮，可一次性插入多张工作表。

2. 删除工作表

对于多余的工作表，可将其删除，其方法主要有以下几种。

- 选中需要删除的工作表，在"开始"选项卡的"单元格"选项组中，单击"删除"按钮下方的下拉按钮，在弹出的下拉列表中选择"删除工作表"选项。
- 使用鼠标右键单击需要删除的工作表对应的标签，在弹出的快捷菜单中选择

技巧 按"Shift+F11"组合键，可快速在当前工作表的前面插入一张新工作表。

"删除"命令。

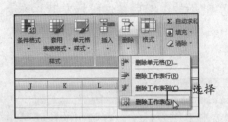 

 如果需要删除的工作表中含有内容，执行删除操作时，会弹出提示对话框询问用户是否确认删除。如果工作表中的内容是无用的，可单击"删除"按钮确认删除；如果工作表中的内容是还需要的，可单击"取消"按钮取消删除操作，并返回工作表。

 互动练习

下面练习使用右键快捷菜单中的"插入"命令，在"Sheet2"工作表的前面插入一张新工作表，具体操作步骤如下。

第1步　选择"插入"命令

1 在打开的工作簿中，使用鼠标右键单击"Sheet2"工作表的标签。

2 在弹出的快捷菜单中选择"插入"命令。

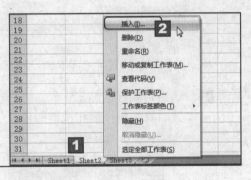

第2步　插入工作表

1 弹出"插入"对话框，在列表框中选择"工作表"选项。

2 单击"确定"按钮。

>> 6.3.3　复制与移动工作表

 **知识讲解**

当需要创建相同的工作表时，可通过复制操作创建副本；当需要调整工作表的排列顺序时，可通过移动操作来实现。

1. 复制工作表

复制工作表的方法主要有以下两种。

■ 选中需要复制的工作表，按住"Ctrl"键不放，然后按住鼠标左键并拖动，当
▼ 标记到达目标位置时释放鼠标键和按键即可。

 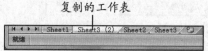

■ 选中要复制的工作表，使用鼠标右键单击工作表标签，在弹出的快捷菜单中选
择"移动或复制工作表"命令，弹出"移动或复制工作表"对话框，在"下列
选定工作表之前"列表框中选择副本的存放位置，并选中"建立副本"复选
框，然后单击"确定"按钮即可。

2. 移动工作表

移动工作表的方法主要有以下两种。

■ 选中需要移动的工作表，然后按住鼠标左键不放并拖动，当 ▼ 标记到达目标位
置时释放鼠标键和按键即可。

 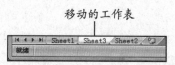

■ 选中要移动的工作表，使用鼠标右键单击工作表标签，在弹出的快捷菜单中选择
"移动或复制工作表"命令，弹出"移动或复制工作表"对话框，在"下列选定
工作表之前"列表框中选择移动后的存放位置，然后单击"确定"按钮即可。

默认情况下，对工作表进行复制或移动操作时，
都是在当前工作簿中进行的。若要将工作表复制
或移动到其他打开的工作簿中，在"移动或复制
工作表"对话框的"将选定工作表移至工作簿"
下拉列表框中可选择目标工作簿。

说明 对工作表进行复制或移动操作时，若遇到重名，程序会自动在名称后加上一个编号。

互动练习

下面练习使用右键快捷菜单中的命令，将"Sheet3"工作表复制到"Sheet1"工作表之前，具体操作步骤如下。

第1步　选择菜单命令

1 在打开的工作簿中，使用鼠标右键单击"Sheet3"工作表的标签。

2 在弹出的快捷菜单中选择"移动或复制工作表"命令。

第2步　复制工作表

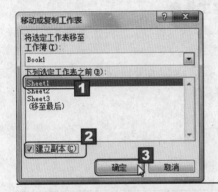

1 弹出"移动或复制工作表"对话框，在"下列选定工作表之前"列表框中选择"Sheet1"选项。

2 选中"建立副本"复选框。

3 单击"确定"按钮。

第3步　查看复制工作表后的效果

返回工作簿，可看到"Sheet1"工作表的前面插入了"Sheet3"工作表的副本，其名称为"Sheet3（2）"。

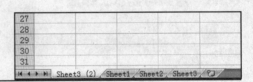

>> 6.3.4　重命名工作表

 **知识讲解**

在Excel中，工作表的默认名称为"Sheet1"、"Sheet2"等。为了便于记忆和查找，可对工作表进行重命名操作，其方法主要有以下两种。

■ 选中需要重命名的工作表，使用鼠标右键单击工作表标签，在弹出的快捷菜单中选择"重命名"命令，工作表标签被激活，并以黑底橙色字显示名称，此时直接输入新名称，然后按"Enter"键确认即可。

■ 选中需要重命名的工作表，双击工作表标签将其激活，然后直接输入新名称，最后按"Enter"键确认。

工作表名称可以以字母或数字开头，同一工作簿中不能有两个同名的工作表。　说明

互动练习

下面练习使用右键快捷菜单中的命令，将"Sheet1"工作表的名称更改为"工资表"，具体操作步骤如下。

第1步　选择"重命名"命令

1 在打开的工作簿中，使用鼠标右键单击"Sheet1"工作表的标签。

2 在弹出的快捷菜单中选择"重命名"命令。

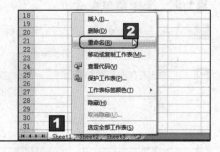

第2步　重命名工作表

1 此时，工作表标签被激活，并以黑底橙色字显示名称。

2 直接输入新名称"工资表"，然后按"Enter"键确认。

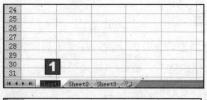

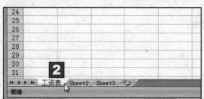

>> 6.3.5　隐藏与显示工作表

知识讲解

完成工作簿的编辑后，如果不希望某些工作表显示出来，可将其隐藏，待需要时再将其显示出来。

1．隐藏工作表

隐藏工作表的操作方法主要有以下两种。

- 选中需要隐藏的工作表，使用鼠标右键单击工作表标签，在弹出的快捷菜单中选择"隐藏"命令。

- 选中需要隐藏的工作表，在"开始"选项卡中，单击"单元格"选项组中的"格式"按钮，在弹出的下拉列表的"可见性"栏中，依次选择"隐藏和取消隐藏"→"隐藏工作表"选项。

2．显示工作表

若要将隐藏的工作表显示出来，可通过下面两种方法实现。

技巧 右击工作表标签，在弹出的快捷菜单中选择"工作表标签颜色"命令，可对标签设置颜色。

■　在隐藏了工作表的工作簿中，使用鼠标右键单击任意一个工作表标签，在弹出的快捷菜单中选择"取消隐藏"命令。

■　在隐藏了工作表的工作簿中，在"开始"选项卡的"单元格"选项组中，单击"格式"按钮，在弹出的下拉列表的"可见性"栏中，依次选择"隐藏和取消隐藏"→"取消隐藏工作表"选项。

　　无论采用哪种方式取消隐藏工作表，都会弹出"取消隐藏"对话框，此时可在列表框中选择需要显示的工作表，然后单击"确定"按钮即可。

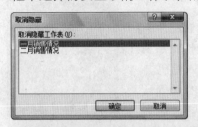

博士，隐藏工作表就是为了不让其他用户看见，虽然我已经隐藏了工作表，但其他用户同样可以将其显示出来，那么我应该怎么避免这样的情况呢？

隐藏工作表后，切换到"审阅"选项卡，单击"更改"选项组中的"保护工作簿"按钮，在弹出的下拉列表中选择"保护结构和窗口"选项，在弹出的"保护结构和窗口"对话框中选中"结构"复选框并设置密码，然后单击"确定"按钮即可。此后，需要先取消保护工作簿，才能对隐藏的工作表进行显示操作。

 互动练习

　　下面练习使用右键快捷菜单中的命令，将"工资表"工作表隐藏起来，具体操作步骤如下。

第1步　选择"隐藏"命令

1　新建一个工作簿，将其中3张工作表分别重命名为"工资表"、"销售情况表"和"考勤表"，然后使用鼠标右键单击"工资表"工作表的标签。

2　在弹出的快捷菜单中选择"隐藏"命令。

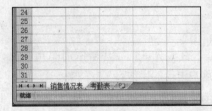

第2步　查看隐藏工作表后的效果

"工资表"工作表即可被隐藏，效果如左图所示。

>> 6.3.6 保护工作表

知识讲解

为了防止工作表中的重要数据被他人修改，可为工作表设置保护，其具体操作步骤如下。

（1）选中需要保护的工作表，切换到"审阅"选项卡，然后单击"更改"选项组中的"保护工作表"按钮。

（2）弹出"保护工作表"对话框，在"允许此工作表的所有用户进行"列表框中设置允许其他用户进行的操作，然后在"取消工作表保护时使用的密码"文本框中输入密码。

（3）设置好后单击"确定"按钮，在接下来弹出的"确认密码"对话框中确认密码，然后单击"确定"按钮。

博士，当我需要对工作表中的数据进行修改时，怎样取消保护呢？

设置保护后，"保护工作表"按钮将自动变为"撤销工作表保护"按钮，对其单击，在弹出的"撤销工作表保护"对话框中输入之前设置的保护密码，然后单击"确定"按钮即可。

互动练习

下面练习在"外语成绩表"工作簿中，将"外语成绩表"工作表保护起来，具体操作步骤如下。

第1步　单击"保护工作表"按钮

1 打开"外语成绩表"工作簿，选中"外语成绩表"工作表。

2 切换到"审阅"选项卡。

3 单击"更改"选项组中的"保护工作表"按钮。

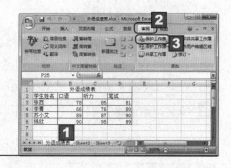

第2步　设置保护密码

1 弹出"保护工作表"对话框，在"允许此工作表的所有用户进行"列表框中设置允许其他用户进行的操作。

2 在"取消工作表保护时使用的密码"文本框中输入保护密码。

3 单击"确定"按钮。

说明 如果只是防止他人修改工作表中的数据，可限制相关修改内容的操作，而无须禁止修改格式的操作。

第3步　确认密码

 弹出"确认密码"对话框，在"重新输入密码"文本
框中再次输入密码。

2 单击"确定"按钮。

> 对工作表设置保护后，还需对工作簿进行保
> 存操作，否则设置无法生效。

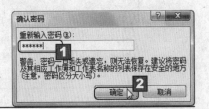

6.4　单元格的基本操作 ————————————————— <<

　　单元格是构成表格的基本元素，因此在表格中输入和编辑数据就是在单元格中输入
和编辑数据。在单元格中输入数据前，还需要掌握单元格的选择、插入和删除等操作。

>> 6.4.1　选择单元格

　　无论是在单元格中输入数据，还是对单元格进行删除、合并等操作，都需要先将其
选中，接下来将介绍单元格的选择方法。

1. 选择单个单元格
单个单元格的选择方法主要有以下两种。

　　■　直接单击某个单元格，即可将其选中。
　　■　在单元格名称框中输入要选择的单元格的名称（例如"D5"），然后按
　　　　"Enter"键确认。

2. 选择连续的多个单元格
若要选择连续的多个单元格（即单元格区域），可通过以下几种方法实现。

　　■　选中需要选择的单元格区域左上角的单元格，然后按住鼠标左键不放并拖动，
　　　　当拖动至需要选择的单元格区域右下角的单元格时释放鼠标键即可。
　　■　选中需要选择的单元格区域左上角的单元格，然后按住"Shift"键不放，并单
　　　　击单元格区域右下角的单元格。
　　■　在单元格名称框中输入需要选择的单元格区域的地址（例如"A2:E5"），然
　　　　后按"Enter"键确认。

 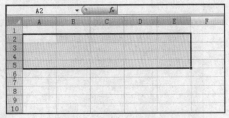

3. 选择不连续的多个单元格或单元格区域
　　在Excel应用中，有时需要选择不连续的多个单元格或单元格区域，方法为：先选中
一个单元格或单元格区域，然后按住"Ctrl"键不放，再依次单击需要选择的单元格或单

元格区域，选择完成后释放鼠标键和"Ctrl"键即可。

— 选择不连续的
多个单元格

—选择不连续的多
个单元格区域

4. 选择整行

在工作表中，通过行号可实现整行的选择。

- **选择一行**：将鼠标指针移动到需要选择的行对应的行号处，当鼠标指针呈形状时，单击鼠标可选中该行的所有单元格。
- **选择连续的多行**：选中需要选择的起始行，然后按住鼠标左键不放并拖动，当拖动至需要选择的末尾行处释放鼠标键即可。
- **选择不连续的多行**：按住"Ctrl"键不放，然后依次单击需要选择的行对应的行号。

选择连续的多行

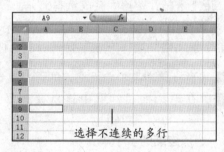
选择不连续的多行

5. 选择整列

在工作表中，通过列标可实现整列的选择。

- **选择一列**：将鼠标指针移动到需要选择的列对应的列标处，当鼠标指针呈形状时，单击鼠标可选中该列的所有单元格。
- **选择连续的多列**：选中需要选择的起始列，然后按住鼠标左键不放并拖动，当拖动至需要选择的末尾列处释放鼠标键即可。
- **选择不连续的多列**：按住"Ctrl"键不放，然后依次单击需要选择的列对应的列标。

—选择连续的多列

选择不连续的多列 —

技巧 按"Ctrl+←"组合键，可快速选中当前单元格所在行的第一个单元格。

>> 6.4.2　调整行高与列宽

当输入的数据内容超过单元格范围时，就需要调整行高或列宽，具体操作方法为：将鼠标指针移动到行号或列标之间的分隔线上，当指针呈 ✚ 或 ✚ 形状时，按住鼠标左键不放并拖动，以调整行高或列宽，当拖动至合适位置时释放鼠标键即可。

如果需要设置更为精确的行高或列宽，可通过下面的方法实现。

- ◾ **调整行高：**选中要调整行高的行（或选中该行中的任意单元格），在"开始"选项卡中，单击"单元格"选项组中的"格式"按钮，在弹出的下拉列表中选择"行高"选项，在弹出的"行高"对话框中输入数值，然后单击"确定"按钮。

- ◾ **调整列宽：**选中要调整列宽的列（或选中该列中的任意单元格），单击"单元格"选项组中的"格式"按钮，在弹出的下拉列表中选择"列宽"选项，在弹出的"列宽"对话框中输入数值，然后单击"确定"按钮。

下面练习在"学生成绩表"工作簿中将表头所在行的行高设置为"24"，将表头所在列的列宽设置为"12"，具体操作步骤如下。

第1步　选择"行高"选项

1 打开"学生成绩表"工作簿，选中要设置行高的行，本例中选择第1行。

2 在"开始"选项卡的"单元格"选项组中，单击"格式"按钮。

3 在弹出的下拉列表中选择"行高"选项。

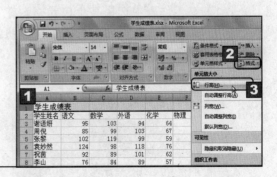

第2步 设置行高

1 弹出"行高"对话框，在"行高"文本框中输入行高值"24"。

2 单击"确定"按钮。

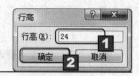

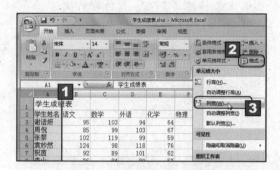

第3步 选择"列宽"选项

1 选中要设置列宽的列，本例中选择第A列。

2 单击"单元格"选项组中的"格式"按钮。

3 在弹出的下拉列表中选择"列宽"选项。

 设置行高时，在"格式"下拉列表中选择"自动调整行高"选项，程序可自动将所选行调整到最合适的高度。设置列宽时，在"格式"下拉列表中选择"自动调整列宽"选项，程序可自动将所选列调整到最合适的宽度。

第4步 设置列宽

1 弹出"列宽"对话框，在"列宽"文本框中输入列宽值"12"。

2 单击"确定"按钮。

>> 6.4.3 插入与删除单元格

 知识讲解

在编辑表格的过程中，经常需要在表格中插入或删除单元格，以调整表格结构。

1. 插入单元格

当需要在已编辑好的表格中添加内容时，可在原有表格的基础上插入单元格，以便添加遗漏的数据。插入单元格的具体操作方法如下。

（1）在工作表中选择某个单元格，在"开始"选项卡的"单元格"选项组中，单击"插入"按钮下方的下拉按钮，在弹出的下拉列表中选择"插入单元格"选项。

（2）在弹出的"插入"对话框中选择单元格的插入方式，然后单击"确定"按钮即可。

技巧 选中任意一个空白单元格后按"Ctrl+A"组合键，可选中当前工作表中的全部单元格。

在"插入"下拉列表中，选择"插入工作表行"选项，可在当前单元格的上方插入一行；选择"插入工作表列"选项，可在当前单元格的左侧插入一列。

在"插入"对话框中有4个单选项，其功能介绍如下。

- **活动单元格右移：**在当前单元格的左侧插入一个单元格。
- **活动单元格下移：**在当前单元格的上方插入一个单元格。
- **整行：**在当前单元格的上方插入一行。
- **整列：**在当前单元格的左侧插入一列。

2. 删除单元格

在编辑表格的过程中，对于多余的单元格，可将其删除，具体操作方法如下。

（1）在工作表中选择某个单元格，在"开始"选项卡的"单元格"选项组中，单击"删除"按钮下方的下拉按钮，在弹出的下拉列表中选择"删除单元格"选项。

（2）在弹出的"删除"对话框中选择单元格的删除方式，然后单击"确定"按钮即可。

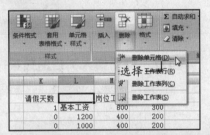

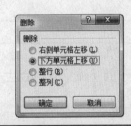

 在"删除"下拉列表中，选择"删除工作表行"选项，可删除当前单元格所在的整行；选择"删除工作表列"选项，可删除当前单元格所在的整列。

在"删除"对话框中有4个单选项，其功能介绍如下。

- **右侧单元格左移：**删除当前单元格后，其右侧的单元格移至该处。
- **下方单元格上移：**删除当前单元格后，其下方的单元格移至该处。
- **整行：**删除当前单元格所在的整行。
- **整列：**删除当前单元格所在的整列。

 互动练习

下面练习在"学生成绩表"工作簿中，通过对话框在"F2"单元格的左侧插入一列，具体操作步骤如下。

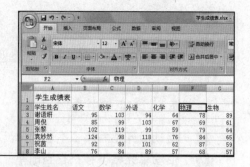

第1步 选中"F2"单元格

打开"学生成绩表"工作簿后,选中"F2"单元格。

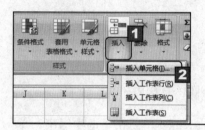

第2步 选择"插入单元格"选项

1 在"单元格"选项组中,单击"插入"按钮下方的下拉按钮。

2 在弹出的下拉列表中选择"插入单元格"选项。

第3步 选中"整列"单选项

1 在弹出的"插入"对话框中选中"整列"单选项。

2 单击"确定"按钮。

第4步 查看插入列后的效果

返回当前工作表,即可看见"F2"单元格的左侧插入了一列。

>> 6.4.4 单元格的合并与拆分

为了使制作的表格更加专业和美观,经常需要将一些单元格合并成一个单元格,或将合并后的某个单元格拆分成多个单元格。

1. 合并单元格

选中需要合并的单元格区域,在"开始"选项卡的"对齐方式"选项组中,单击"合并后居中"按钮右侧的下拉按钮,在弹出的下拉列表中根据需要选择单元格的合并方式。

说明 选中一行单元格后,单击"单元格"选项组中的"插入"按钮,可直接在其上方插入一行单元格。

若选择的单元格区域中包含多个数据，合并单元格时，会弹出提示对话框，提示用户合并后将只保存左上角单元格中的数据。若仍然需要合并，单击"确定"按钮即可。

对单元格进行合并操作时，有"合并后居中"、"跨越合并"和"合并单元格"3种方式供用户选择，下面对这3种方式进行简单的介绍。

- **合并后居中**：将选择的多个单元格合并成一个较大的单元格，并将新单元格中的内容居中显示。
- **跨越合并**：将选择的多个单元格按行进行合并。
- **合并单元格**：将选择的多个单元格合并成一个较大的单元格，新单元格中的内容仍以默认的对齐方式"垂直居中"显示。

2. 拆分单元格

在Excel中，只允许对合并后的单元格进行拆分，并将其还原为合并前的单元格个数。拆分单元格的方法主要有以下两种。

- 选中合并后的单元格，在"对齐方式"选项组中，直接单击"合并后居中"按钮，取消该按钮的高亮显示状态即可。
- 选中合并后的单元格，单击"合并后居中"按钮右侧的下拉按钮，在弹出的下拉列表中选择"取消单元格合并"选项即可。

 互动练习

下面练习在"学生成绩表"工作簿中，对"A1:G1"单元格区域进行合并后居中操作，具体操作步骤如下。

第1步　选择"合并后居中"选项

1 打开"学生成绩表"工作簿后，选中"A1:G1"单元格区域。

2 在"对齐方式"选项组中，单击"合并后居中"按钮右侧的下拉按钮。

3 在弹出的下拉列表中选择"合并后居中"选项。

第2步　查看合并后的效果

"A1:G1"单元格区域即可合并为一个单元格，且其中的内容居中显示。

>> 6.4.5 隐藏行和列

知识讲解

若不希望别人看到或打印工作表中的某行（或某几行）或某列（或某几列）数据，又不能将这些数据删除，此时可将其隐藏起来。隐藏行或列的方法主要有以下几种。

■ 选中需要隐藏的行或列，然后单击鼠标右键，在弹出的快捷菜单中选择"隐藏"命令。

■ 选中需要隐藏的行或列，在"开始"选项卡的"单元格"选项组中单击"格式"按钮，在弹出的下拉列表中选择"隐藏和取消隐藏"选项，在弹出的级联列表中选择"隐藏行"或"隐藏列"选项。

博士，怎样将隐藏的行和列显示出来呢？

在"开始"选项卡的"单元格"选项组中单击"格式"按钮，在弹出的下拉列表中选择"隐藏和取消隐藏"选项，在弹出的级联列表中选择"取消隐藏行"或"取消隐藏列"选项即可。

互动练习

下面练习在"学生成绩表"工作簿中将"G"列隐藏起来，具体操作步骤如下。

第1步 隐藏列

 打开"学生成绩表"工作簿后，选中"G"列。

 单击"单元格"选项组中的"格式"按钮。

③ 在弹出的下拉列表中选择"隐藏和取消隐藏"选项。

 在弹出的级联列表中选择"隐藏列"选项。

第2步 查看隐藏后的效果

"G"列即可被隐藏起来，效果如左图所示。

	A	B	C	D	E	F	H
1			学生成绩表				
2	学生姓名	语文	数学	外语	化学	物理	
3	谢语妍	95	103	94	64	78	
4	周倪	85	99	103	67	69	
5	张黎	102	119	99	59	79	
6	袁妙然	124	98	118	76	84	
7	祝茵	92	89	101	62	87	
8	李山	76	84	89	57	68	

技巧 选中需要隐藏的行，按"Ctrl+9"组合键可快速隐藏该行。

6.5　上机练习 <<

　　本章安排了两个上机练习。练习一根据模板新建一个工作簿，然后将其以"双周考勤记录"为文件名保存到电脑中。练习二运用工作表的相关操作，对"员工管理"工作簿中的工作表进行管理。

练习一　工作簿的创建与保存

1 启动Excel 2007，基于Microsoft Office Online官方网站上的"时间表"类型中的"双周考勤记录"模板，新建一个工作簿。

2 将新建的工作簿以"双周考勤记录"为文件名保存到电脑中。

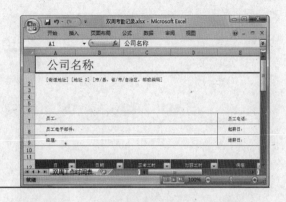

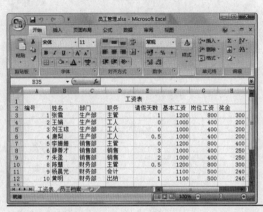

练习二　工作表的管理

1 打开练习文件第6章中的"员工管理"工作簿。

2 将"Sheet1"工作表重命名为"工资表"，将"Sheet2"工作表重命名为"员工档案"，删除"Sheet3"工作表。

3 将工作簿以"员工管理"为文件名另存一份到电脑中。

第7章　数据输入与格式设置

- ■ 输入数据
- ■ 编辑数据
- ■ 设置单元格格式

现在我们已经学会了Excel的基础操作，小机灵，你猜博士今天会教我们什么？

当然是在表格中输入数据了，我猜博士还会顺便讲解如何对这些数据设置格式。

前面在学习Word文档的表格时已经介绍过怎么在表格中输入数据，但Word文档中的表格主要是为了直观地表示数据信息，而Excel是一个专业的表格处理软件，两者不能一概而论。在Word中输入数据的方法的确能用于Excel中，但Excel还有很多输入方法和技巧。所以，聪聪，你得用心学习。

7.1　输入数据 ————————————————— <<

创建了工作簿后，就可像操作Word表格一样，在其中手动输入内容，如文本、数字等。此外，还可利用记忆功能和自动填充功能快速输入数据，以提高编辑表格的效率。

>> 7.1.1　输入文本和常规数字

文本和常规数字的输入方法类似，主要有以下3种。

- ▣ 选中需要输入内容的单元格，然后直接输入文本或数字，输入完成后单击编辑栏中的"输入"按钮✔进行确认。
- ▣ 双击要输入内容的单元格，将光标插入点定位在其中，然后输入文本或数字，输入完成后单击编辑栏中的"输入"按钮✔进行确认。
- ▣ 选中要输入内容的单元格后，将光标插入点定位在编辑框中，然后输入文本或数字，输入完成后单击"输入"按钮✔进行确认。

完成内容的输入后，还可通过以下几种方式确认内容的输入。

- ▣ 按"Enter"键确认，同时激活当前单元格下方的一个单元格。
- ▣ 按"Tab"键确认，同时激活当前单元格右边的一个单元格。
- ▣ 按方向键确认（例如"↑"），同时激活当前单元格相应方向上的一个单元格。

选中多个单元格，然后直接输入文本或数字，输入完成后按"Ctrl+Enter"组合键，可同时在选中的多个单元格中输入相同的内容。

在单元格中输入数字时，Excel会对数字有一些限制，主要有以下几点。

- ▣ 默认情况下，只能在单元格中输入11位以内的数字。当输入超过11位的数字时，Excel会自动使用科学记数法来显示该数字。
- ▣ Excel将有效数值限制在15位，第15位后面的数字将被转换为零。例如，在编辑框中输入"12345678910111213"，确认输入后，Excel会自动将其转换为"12345678910111200"。

	C1	▾	f_x	1234567891011
	A	B	C	D
1			1.23457E+12	
2				
3				
4				
5			输入超过11位的数字	
6				
7				
8				
9				
10				
11				
12				

	C1	▾	f_x	12345678910111200
	A	B	C	D
1			1.23457E+16	
2				
3				
4				
5			输入超过15位的数字	
6				
7				
8				
9				
10				
11				
12				

无论是通过单元格还是编辑框输入文本或数字，在输入时，两者都会同步显示输入的内容。　说明

互动练习

下面新建一个空白工作簿，然后练习输入文本和数字。通过练习可掌握Excel中内容的输入方法。

第1步　输入文本

1 选中需要输入文本内容的单元格，本例中选中"B3"。

2 直接输入文本，本例中输入"姓名"。

3 完成输入后，按"Enter"键确认输入，同时激活"B3"单元格下方的单元格"B4"。

在单元格中输入文本内容前，还需将输入法切换到惯用的中文输入法。

第2步　输入数字

1 选中需要输入数字的单元格，本例中选中"C2"。

2 直接输入数字，本例中输入"123456"。

3 完成输入后，按"Enter"键确认输入，同时激活"C2"单元格下方的单元格"C3"。

>> 7.1.2　输入特殊数据

知识讲解

默认情况下，在单元格中无法输入以"0"开头的数字编号（例如"001"），且每次输入货币型数字时，需要手动插入货币符号"￥"或"$"等。虽然在Excel中插入符号的方法与Word中的操作类似，可以通过插入符号的方式输入货币符号，但如果每次都这样操作，工作将变得十分烦琐。

技巧 若要输入"001"形式的编号，还可在输入前输入英文状态下的单引号"'"，例如"'001"。

Excel 2007提供了定义数据格式的功能，用户可选择系统提供的数值、货币、会计专用、日期和时间等数据格式，也可以根据需要自定义数据格式。选中需要设置数据格式的单元格或单元格区域，然后在"开始"选项卡的"数字"选项组中进行相应的操作即可。

- ▣ **"数字格式"下拉列表框**：在该下拉列表框中，可为所选的单元格或单元格区域设置合适的数据类型。
- ▣ **"会计数据格式"按钮**：单击该按钮，可对所选单元格或单元格区域应用"￥0.00"类型的中国货币样式；单击该按钮旁的下拉按钮，在弹出的下拉列表中可选择其他国家的货币样式。
- ▣ **"百分比样式"按钮**：单击该按钮，可对所选单元格或单元格区域应用"0%"类型的数据样式。
- ▣ **"千位分隔样式"按钮**：单击该按钮，可对所选单元格或单元格区域应用"10,000.00"类型的数据样式。
- ▣ **"增加小数位数"按钮**：单击该按钮，将增加所选单元格或单元格区域中数据小数点后显示的小数位数。
- ▣ **"减少小数位数"按钮**：单击该按钮，将减少所选单元格或单元格区域中数据小数点后显示的小数位数。

在"数字"选项组中只提供了常用的几种数据格式，如果还需使用其他数据格式或自定义数据格式，需要通过"设置单元格格式"对话框来实现，具体操作步骤如下。

（1）选中需要定义数据格式的单元格或单元格区域，单击"数字"选项组中的对话框启动器。

（2）弹出"设置单元格格式"对话框，并自动定位在"数字"选项卡中，此时可根据需要进行设置。例如，在"分类"列表框中选择"自定义"选项，在右侧的窗格中，既可在"类型"文本框中输入需要的数据格式，也可在下面的列表框中选择需要的数据格式。

（3）设置完成后，单击"确定"按钮即可。

  互动练习

下面在"工资表"工作簿的"Sheet1"工作表中，练习将"A3:A12"单元格区域中的编号设置为"001,002,003…"，具体操作步骤如下。

第1步　选择单元格区域

1 在"Sheet1"工作表中的"A3:A12"单元格区域中输入数据并选中该区域。

2 单击"数字"选项组中的对话框启动器。

> 我们还可以先对单元格设置数据格式，再在其中输入数据。

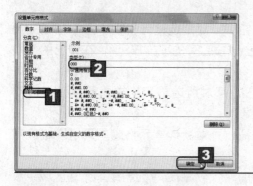

第2步　定义数据格式

1 弹出"设置单元格格式"对话框，在"分类"列表框中选择"自定义"选项。

2 在右侧窗格中的"类型"文本框中定义数字格式，本例中输入"000"。

3 单击"确定"按钮。

第3步　查看设置后的效果

在返回的工作表中即可查看设置后的效果。

>> 7.1.3　使用自动填充柄输入数据

知识讲解

　　若希望在连续的单元格中输入相同的数据，可以通过填充柄功能实现，具体操作方法为：先在某个单元格内输入数据，例如"新手特训营"，然后将鼠标指针移动到该单元格的右下角，待指针变为黑色十字形状+时，按住鼠标左键不放并拖动，当拖动到目标单元格后释放鼠标键，即可看到所拖动的单元格中自动填充了"新手特训营"。

　　通过填充柄功能，还可输入等差序列或等比序列数字。例如，要输入一个等差数列"1,3,5,…"，先在单元格中依次输入序列的前两个数字1和3，然后选中这两个单元格，将鼠标指针移动到第二个单元格的右下角，待指针变为黑色十字形状+时，按住鼠

技巧　如果要输入身份证号码，还可在输入前先输入英文状态下的单引号"'"，再输入身份证号码。

标左键不放并拖动，当拖动到目标单元格后释放鼠标键即可。

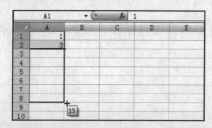
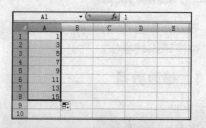

通过填充柄功能填充数据后，最后一个单元格的右下角会出现一个"自动填充选项"按钮，对其单击，在弹出的下拉菜单中可选择填充方式。

 互动练习

下面在"期末考试成绩"工作簿的"Sheet1"工作表中，练习使用填充柄功能在"A3:A13"单元格区域中输入序列数字"1,2,3…"，具体操作步骤如下。

第1步 输入数据

1 在"A3"单元格中输入"1"。

2 在"A4"单元格中输入"2"。

第2步 拖动鼠标

选中"A3:A4"单元格区域，将鼠标指针移动到"A4"单元格的右下角，待指针变为黑色十字形状➕时，按住鼠标左键不放并拖动。

第3步 填充数据

当拖动到目标单元格"A13"后释放鼠标键，即可实现序列数字的输入。

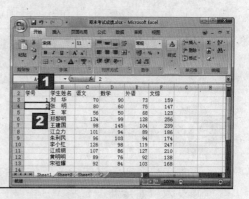

7.2 编辑数据 ————————————— <<

在制作表格的过程中，往往还需要对已有的数据进行修改、复制、移动、删除、查找或替换等编辑操作。

>> 7.2.1 修改数据

 知识讲解 ▶

在工作表中输入数据时，难免会发生错误。当发生错误时，可对其进行修改，主要有以下几种方法。

- ■ 选中需要修改数据的单元格，直接输入正确的数据，然后按"Enter"键确认输入。
- ■ 双击需要修改数据的单元格，使单元格处于编辑状态，然后定位好光标插入点进行修改，最后按"Enter"键确认修改。
- ■ 选中需要修改数据的单元格，将光标插入点定位在编辑框中，然后对数据进行修改，最后按"Enter"键确认修改。

> 通过第一种方式修改数据时，Excel会自动删除当前单元格中以前的全部内容，并保留重新输入的内容；通过第二或第三种方式修改数据时，可只修改局部内容。

 互动练习 ▶

下面在"期末考试成绩"工作簿的"Sheet1"工作表中，练习将"B3"单元格中的数据修改为"谢余新"，将"B4"和"B5"单元格内数据中的空格删除，将"B6"单元格中的数据修改为"郑怡然"，具体操作步骤如下。

第1步 选中单元格后直接输入数据

1 选中"B3"单元格。

2 直接输入"谢余新"。

说明 如果要在单元格中输入分数，须在输入前先输入"0"和一个空格，例如"0 1/2"。

第2步　双击单元格后修改数据

1 双击"B4"单元格，使其处于编辑状态。

2 删除"张"字和"明"字之间的空格。

3 参照上面两步操作，删除"B5"单元格中
"王"字和"军"字之间的空格。

第3步　在编辑框中修改数据

1 选中"B6"单元格。

2 将光标插入点定位在编辑框中。

3 按"Back Space"键将"黎明"文本删除，然
后输入"怡然"。

>> 7.2.2　复制与移动数据

知识讲解

　　在编辑表格的过程中，若要在某个单元格或单元格区域内输入相同的数据，可通过
复制或移动数据的方法来减少工作量。

1. 复制数据

　　选中需要复制的单元格或单元格区域，然后执行以下任意一种操作，可将其复制到
剪贴板中。

■　在"开始"选项卡中，单击"剪贴板"选项组中的"复制"按钮。

■　使用鼠标右键单击选中的单元格或单元格区域，在弹出的快捷菜单中选择"复
制"命令。

■　按"Ctrl+C"组合键。

　　将单元格数据复制到剪贴板中后，执行以下任意一种操作，可将其粘贴到目标位置。

■　选中目标单元格或单元格区域后，在"开始"选项卡中，单击"剪贴板"选项
组中的"粘贴"按钮。

　单击"粘贴"按钮下方的下拉按钮，在弹出的下拉列表中可选择粘贴方式。

■　选中目标单元格或单元格区域后，单击鼠标右键，在弹出的快捷菜单中选择

"粘贴"命令。

- 选中目标单元格或单元格区域后，按"Ctrl+V"组合键。

2. 移动数据

要移动数据，先选中需要移动的单元格或单元格区域，将其剪切到剪贴板中，然后粘贴到目标位置即可。剪切单元格数据的方法主要有以下几种。

- 在"开始"选项卡中，单击"剪贴板"选项组中的"剪切"按钮。
- 使用鼠标右键单击选中的单元格或单元格区域，在弹出的快捷菜单中选择"剪切"命令。
- 按"Ctrl+X"组合键。

接下来将光标定位到需要移动的目标位置，然后执行粘贴操作即可。

 互动练习

下面练习使用右键快捷菜单中的命令，将"A2"单元格中的数据复制到"C2"单元格中，具体操作步骤如下。

第1步 选择"复制"命令

1 新建一个工作簿，在"A2"单元格中输入内容并选中该单元格，然后单击鼠标右键。

2 在弹出的快捷菜单中选择"复制"命令。

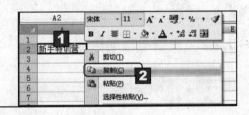

第2步 选择"粘贴"命令

1 选中目标单元格"C2"，然后单击鼠标右键。

2 在弹出的快捷菜单中选择"粘贴"命令。

第3步 粘贴后的效果

"A2"单元格中的内容即被复制到"C2"单元格中。

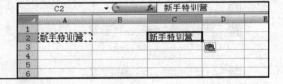

>> 7.2.3 删除数据

当遇到工作表中有不需要的数据时，可将其删除，具体操作步骤如下。

（1）选中需要删除内容的单元格或单元格区域。

（2）在"开始"选项卡的"编辑"选项组中，单击"清除"按钮，在弹出的下拉列表中选择需要的操作即可。

说明 选择单元格或单元格区域后按"Delete"键，可删除单元格中的数据内容，但保留单元格格式。

■ 如果在下拉列表中选择"全部清除"选项，可清除所选单元格或单元格区域中的内容和格式。

■ 如果在下拉列表中选择"清除格式"选项，可清除所选单元格或单元格区域中内容的格式，但保留内容。

■ 如果在下拉列表中选择"清除内容"选项，可清除所选单元格或单元格区域中的内容，但保留单元格格式。

>> 7.2.4　查找和替换数据

知识讲解

利用Excel的"查找"和"替换"功能，可快速定位到满足查找条件的单元格中，并能方便地将单元格中的数据替换为其他需要的数据，极大地提高了工作效率。

1. 查找数据

当要定位到满足某个条件的单元格中时，可通过Excel的"查找"功能实现，具体操作步骤如下。

（1）在"开始"选项卡的"编辑"选项组中，单击"查找和选择"按钮，在弹出的下拉列表中选择"查找"选项。

（2）弹出"查找和替换"对话框，并自动定位在"查找"选项卡中，在"查找内容"文本框中输入需要查找的数据，然后单击"查找下一个"按钮。

（3）此时Excel会自动从当前单元格处开始查找，当找到查找内容出现的第一个位置时，会将其以选中的形式显示。

查找到的内容

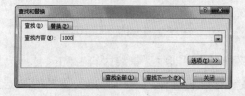

真是太方便了，以后无论工作表中有多少数据，我都可以快速找到需要的数据。

不仅如此，在查找数据时，如果单击"选项"按钮，在展开的对话框中还可设置更详细的查找条件，如数据的范围、数据的格式等。

（4）若继续单击"查找下一个"按钮，Excel会继续查找符合条件的数据。当不再需要进行查找时，可单击"关闭"按钮 关闭 （或 ✕ ）关闭对话框。

2. 替换数据

如果要对工作表中查找到的数据进行修改，可通过"替换"功能实现，具体操作步骤如下。

（1）在"开始"选项卡的"编辑"选项组中，单击"查找和选择"按钮，在弹出的下拉列表中选择"替换"选项。

（2）弹出"查找和替换"对话框，并自动定位在"替换"选项卡中，在"查找内容"文本框中输入要查找的数据，在"替换为"文本框中输入替换数据，然后单击"查找下一个"按钮。

（3）当找到查找内容出现的第一个位置时，单击"替换"按钮可替换当前数据，同时自动查找指定数据的下一个位置。

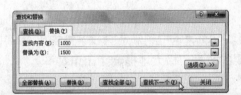

博士，查找到数据后，如果我不希望替换它，该怎么办呢？

直接单击"查找下一个"按钮，Excel会忽略当前单元格，并继续查找指定数据的下一个位置。

（4）单击"替换"按钮继续替换。替换完成后，在弹出的提示对话框中单击"确定"按钮。

（5）返回"查找和替换"对话框，单击"关闭"按钮关闭对话框即可。

在"查找和替换"对话框的"替换"选项卡中，分别在"查找内容"和"替换为"文本框中输入相应数据后单击"全部替换"按钮，可将工作表中所有需要替换的数据全部替换掉。

技巧 查找数据时，按"Ctrl+F"组合键可打开"查找和替换"对话框，并定位在"查找"选项卡中。

互动练习

　　下面在"欣欣快餐店快餐价目表"工作簿的"Sheet1"工作表中，练习将数据"6"全部替换为"8"，具体操作步骤如下。

第1步 选择"替换"选项

1 在"开始"选项卡的"编辑"选项组中，单击"查找和选择"按钮。

2 在弹出的下拉列表中选择"替换"选项。

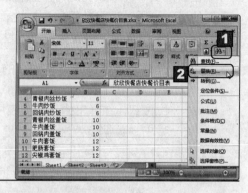

第2步 设置替换的数据

1 弹出"查找和替换"对话框，在"查找内容"文本框中输入要查找的数据，本例中输入"6"。

2 在"替换为"文本框中输入替换数据，本例中输入"8"。

3 单击"全部替换"按钮。

第3步 关闭提示对话框

Excel将对工作表中所有的数据"6"进行替换操作，替换完成后，会弹出提示对话框提示替换的数量，单击"确定"按钮。

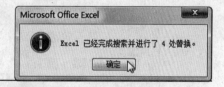

第4步 完成替换

返回"查找和替换"对话框，单击"关闭"按钮关闭对话框，完成替换。

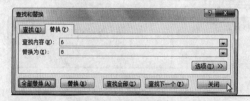

第5步 查看替换后的效果

返回工作表，此时即可查看替换后的效果。

>> 7.2.5 设置Excel数据有效性

知识讲解

在工作表中输入数据是为了获得正确的计算结果，所以确保输入有效的数据是一项重要的操作。通过设置数据的有效性，可将数据输入限制在某个范围、某个数据类型或使用列表限制选择等。设置数据有效性的具体操作步骤如下。

（1）选择需要设置数据有效性的单元格或单元格区域，切换到"数据"选项卡，在"数据工具"选项组中，单击"数据有效性"按钮，或者单击其下方的下拉按钮，在弹出的下拉列表中选择"数据有效性"选项。

（2）弹出"数据有效性"对话框，并自动定位在"设置"选项卡中，在"允许"下拉列表框中选择数据的类型，如整数、小数、序列和日期等，接着在"数据"下拉列表框中设置数据的限制类型，如介于、未介于、等于和不等于等，然后在下面的参数框中设置具体限制范围。

（3）切换到"输入信息"选项卡，可设置输入单元格数据时的提示信息；切换到"出错警告"选项卡，可设置输入不符合有效性条件的数据时的提示信息。

（4）设置完成后，单击"确定"按钮即可。

当输入无效数据时，会弹出提示对话框提示输入的数据有误，其提示信息内容便是在"出错警告"选项卡中设置的信息。

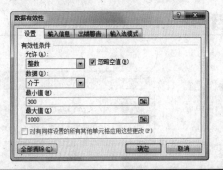

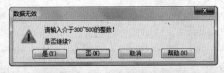

如果不需要对工作表设置数据的有效性，可在"数据有效性"对话框中单击"全部清除"按钮。

互动练习

在制作快餐价目表时，一般价格范围在6~15之间，所以下面练习在"欣欣快餐店"工作簿的"Sheet1"工作表中，将数据有效性设置为介于6~15之间的整数，具体操作步骤如下。

  如果允许在单元格中输入空值，可选中"忽略空值"复选框，反之，取消该复选框的选中。

第1步 选择"数据有效性"选项

1 在工作表中选中要设置数据有效性的单元格或单元格区域,本例中选择"B3:B12"单元格区域。

2 切换到"数据"选项卡。

3 在"数据工具"选项组中,单击"数据有效性"按钮下方的下拉按钮。

4 在弹出的下拉列表中选择"数据有效性"选项。

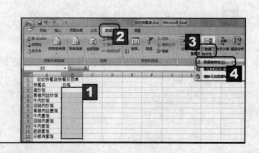

第2步 设置有效性条件

1 弹出"数据有效性"对话框,在"允许"下拉列表框中选择数据的类型,本例中选择"整数"选项。

2 在"数据"下拉列表框中设置数据的限制类型,本例中选择"介于"选项。

3 在"最小值"参数框中输入有效范围的最小值,本例中输入"6"。

4 在"最大值"参数框中输入有效范围的最大值,本例中输入"15"。

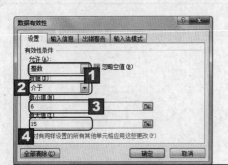

第3步 设置输入时的提示信息

1 切换到"输入信息"选项卡。

2 在"标题"文本框中输入提示信息的标题,本例中输入"请输入有效数据"。

3 在"输入信息"文本框中输入提示信息的内容,本例中输入"请输入6~15的整数"。

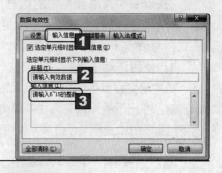

第4步 设置出错时的提示信息

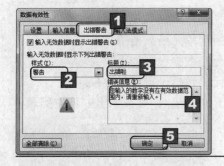

1 切换到"出错警告"选项卡。

2 在"样式"下拉列表框中选择"警告"选项。

3 在"标题"文本框中输入出错警告的标题,本例中输入"出错啦"。

4 在"错误信息"文本框中输入提示内容,本例中输入"您输入的数字没有在有效数据范围内,请重新输入。"。

5 单击"确定"按钮。

在"数据有效性"对话框的"输入法模式"选项卡中,还可设置打开工作表时输入法的切换。 **说明**

第5步 查看设置数据有效性后的效果

1 返回工作表，选中设置了数据有效性的单元格或单元格区域，会弹出提示信息。

2 当输入无效数据时，会弹出提示对话框提示输入的数据有误。

7.3 设置单元格格式 <<

完成数据的输入后，可根据需要对单元格进行相应的格式设置，如设置字体格式、数据的对齐方式和背景等。

>> 7.3.1 设置字体格式

在Excel中为单元格中的数据设置字体格式的方法与在Word中的操作类似，同样可通过浮动工具栏、"字体"选项组进行设置。此外，在Excel中，还可通过"设置单元格格式"对话框来设置字体格式。

1. 使用浮动工具栏

选中需要设置字体格式的单元格或单元格区域，单击鼠标右键，在出现的浮动工具栏中单击相应的按钮，或在相应的下拉列表框中选择某个选项，便可对选中的单元格或单元格区域中的数据设置字体格式。

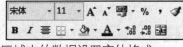

- **"字体"下拉列表框** 宋体 ：单击右侧的下拉按钮 ，在弹出的下拉列表中选择某个字体选项，可为单元格数据设置相应的字体效果。
- **"字号"下拉列表框** 11 ：单击右侧的下拉按钮 ，在弹出的下拉列表中可为单元格数据设置字号。
- **"增大字号"按钮** A ：单击该按钮，可放大所选单元格数据的字号。
- **"缩小字号"按钮** A ：单击该按钮，可缩小所选单元格数据的字号。
- **"加粗"按钮** B ：单击该按钮，可对所选单元格数据设置加粗效果。
- **"倾斜"按钮** I ：单击该按钮，可对所选单元格数据设置倾斜效果。
- **"字体颜色"按钮** A ：单击该按钮右侧的下拉按钮 ，可在弹出的下拉列表中为单元格数据设置字体颜色。

2. 使用"字体"选项组

选中需要设置字体格式的单元格或单元格区域，在"开始"选项卡的"字体"选项组中单击相应的按

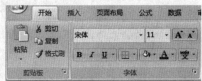

说明 选中要设置字体格式的单元格或单元格区域后，不会自动出现浮动工具栏。

钮，或在相应的下拉列表框中选择某个选项，便可对选中的单元格或单元格区域中的数据设置字体格式。

3. 使用"设置单元格格式"对话框

使用"设置单元格格式"对话框设置字体格式的具体操作步骤如下。

（1）选中需要设置字体格式的单元格或单元格区域，在"开始"选项卡的"字体"选项组中单击对话框启动器 。

（2）弹出"设置单元格格式"对话框，并自动定位在"字体"选项卡中，对选中的单元格或单元格区域设置好字体、字号和字体颜色等格式后，单击"确定"按钮即可。

如果只需对单元格内的部分内容设置字体格式，可双击需要设置字体格式的内容所在的单元格，将光标插入点定位在其中，选中需要设置字体格式的内容，然后按照前面介绍的方法进行设置即可。

互动练习

下面在"欣欣快餐店快餐价目表"工作簿的"Sheet1"工作表中，练习通过"设置单元格格式"对话框将表头的字体设置为"方正黑体简体"，将字号设置为"12"，将字形设置为"加粗"，具体操作步骤如下。

第1步　单击对话框启动器

1 在工作表中选中要设置字体格式的单元格或单元格区域，本例中选中"A1"单元格。

2 单击"字体"选项组中的对话框启动器 。

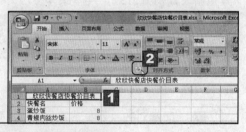

第2步　设置字体格式

1 弹出"设置单元格格式"对话框，在"字体"列表框中选择需要的字体，本例中选择"方正黑体简体"选项。

2 在"字号"列表框中选择需要的字号，本例中选择"12"选项。

3 在"字形"列表框中选择需要的字形，本例中选择"加粗"选项。

4 设置完成后，单击"确定"按钮。

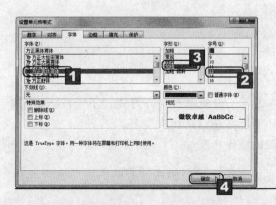

>> 7.3.2 在单元格中换行

在单元格中输入较长的字符串时，为了不改变工作表原有的列宽，可通过设置使单元格内容自动换行，具体操作步骤如下。

（1）选中需要设置自动换行的单元格或单元格区域，在"开始"选项卡的"对齐方式"选项组中单击对话框启动器 。

（2）弹出"设置单元格格式"对话框，并自动定位在"对齐"选项卡中，在"文本控制"栏中选中"自动换行"复选框，然后单击"确定"按钮即可。

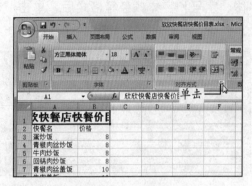
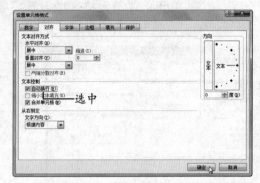

>> 7.3.3 设置数据的对齐方式

在Excel单元格中，文本的默认水平对齐方式为左对齐，数字的默认水平对齐方式为右对齐，它们的默认垂直对齐方式都为垂直居中。为了保证工作表中数据的整齐性，可对其重新设置对齐方式，具体操作方法为：选中需要设置对齐方式的单元格或单元格区域，在"开始"选项卡的"对齐方式"选项组中，单击某按钮即可实现对应的对齐方式。

	A	B	C
顶端对齐		垂直居中	底端对齐
文本左对齐		居中	文本右对齐

- ■ **顶端对齐**：数据靠单元格的顶端对齐。
- ■ **垂直居中**：数据在单元格中上下居中对齐。
- ■ **底端对齐**：数据靠单元格的底端对齐。
- ■ **文本左对齐**：数据靠单元格的左端对齐。
- ■ **居中**：数据在单元格中左右居中对齐。
- ■ **文本右对齐**：数据靠单元格的右端对齐。

在"对齐方式"选项组中，上排按钮 用于设置垂直对齐方式，下排按钮 用于设置水平对齐方式，因此可将上排按钮和下排按钮结合起来使用。

此外，还可通过对话框设置对齐方式，具体操作步骤如下。

（1）选中需要设置对齐方式的单元格或单元格区域，单击"对齐方式"选项组中

说明 选中单元格或单元格区域后，单击"对齐方式"选项组中的"自动换行"按钮，可设置自动换行。

的对话框启动器□。

（2）弹出"设置单元格格式"对话框，并自动定位在"对齐"选项卡中，在"文本对齐方式"栏中设置水平和垂直方向的对齐方式，然后单击"确定"按钮即可。

 互动练习

下面在"欣欣快餐店快餐价目表"工作簿的"Sheet1"工作表中，练习通过"设置单元格格式"对话框对"A2:B12"单元格区域中的数据设置对齐方式，具体操作步骤如下。

第1步 单击对话框启动器

1 在工作表中选中要设置对齐方式的单元格或单元格区域，本例中选中"A2:B12"单元格区域。

2 单击"对齐方式"选项组中的对话框启动器□。

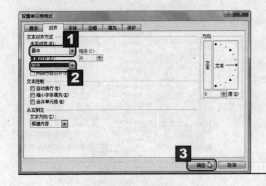

第2步 设置对齐方式

1 弹出"设置单元格格式"对话框，在"水平对齐"下拉列表框中选择水平对齐方式，本例中选择"居中"选项。

2 在"垂直对齐"下拉列表框中选择垂直对齐方式，本例中选择"居中"选项。

3 设置完成后，单击"确定"按钮。

>> 7.3.4 设置单元格边框

 **知识讲解**

Excel的单元格是以网格线的形式显示的，但默认情况下不会被打印出来，如果需要在打印时显示网格线，需要为单元格设置边框，具体操作方法为：选中需要设置边框的单元格或单元格区域，在"开始"选项卡的"字体"选项组中，单击"边框"按钮右侧的下拉按钮，在弹出的下拉列表中选择需要的框线。

在下拉列表中只能为单元格添加默认样式的边框，如果需要为单元格添加不同线形、样式和颜色的边框，可在下拉列表中选择"其他边框"选项，弹出"设置单元格

"格式"对话框,此时可在"边框"选项卡中设置边框的样式、颜色等参数,设置完成后单击"确定"按钮。

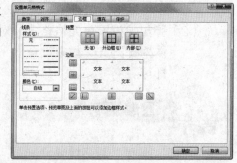

在"边框"选项卡的"边框"栏中显示了设置边框后的效果,单击其中的按钮还可在单元格中添加相应的边框。例如,单击⊞按钮可为单元格添加上框线,单击⊞按钮可为单元格添加左框线,单击⊠按钮可为单元格添加斜线,等等。

互动练习

下面在"期末考试成绩"工作簿的"Sheet1"工作表中,练习对"A1:F13"单元格区域设置边框效果,且对外边框和内边框设置不同的样式和颜色,具体操作步骤如下。

第1步 选择"其他边框"选项

1 在工作表中选中要设置边框的单元格或单元格区域,本例中选中"A1:F13"单元格区域。

2 在"字体"选项组中单击"边框"按钮右侧的下拉按钮。

3 在弹出的下拉列表中选择"其他边框"选项。

第2步 设置外边框

1 弹出"设置单元格格式"对话框,在"样式"列表框中选择外边框的线条样式。

2 在"颜色"下拉列表框中选择边框颜色,本例中选择 橙色 强调文字颜色 6, 深色 25% 选项。

3 在"预置"栏中单击"外边框"按钮,使其呈选中状态,从而让表格的外边框显示出来,并将刚才的设置应用到外边框中。

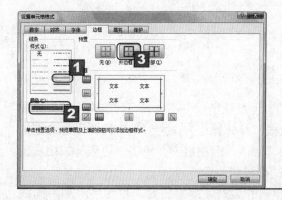

说明 选中设置了边框的单元格后,在"边框"下拉列表中选择"无框线"选项可取消边框。

第3步 设置内边框

1 在"样式"列表框中选择内边框的线条样式。

2 在"颜色"下拉列表框中选择边框颜色，本例中选择 橙色，强调文字颜色 6，淡色 40% 选项。

3 在"预置"栏中单击"内部"按钮，使其呈选中状态，从而让表格的内边框显示出来，并将刚才的设置应用到内边框中。

4 设置完成后，单击"确定"按钮。

第4步 查看设置后的效果

返回工作表，此时即可查看设置边框后的效果。

	学号	学生姓名	语文	数学	外语	文综
			期末成绩			
3	1	谢余新	70	90	73	159
4	2	张明	80	60	75	147
5	3	王军	56	50	68	123
6	4	郑怡然	124	99	128	256
7	5	王建国	98	145	104	239
8	6	江立力	101	94	89	186
9	7	朱利民	96	103	94	174
10	8	李小红	126	98	119	247
11	9	江成钢	107	86	127	210
12	10	黄明明	89	76	92	138
13	11	宋祖耀	92	84	103	168

>> 7.3.5 设置背景

知识讲解

默认情况下，工作表的背景为白色，用户可根据实际需要，对单元格或整个工作表设置背景效果，以达到美化工作表的目的。

1. 设置单元格背景

选中需要设置背景的单元格或单元格区域，在"开始"选项卡的"字体"选项组中，单击"填充颜色"按钮右侧的下拉按钮，在弹出的下拉列表中选择需要的颜色。

此外，还可通过对话框设置背景效果，具体操作方法为：选中需要设置背景的单元格或单元格区域，在"开始"选项卡中，单击"字体"选项组中的对话框启动器，弹出"设置单元格格式"对话框后切换到"填充"选项卡，然后根据操作需要设置纯色背景或图案背景。

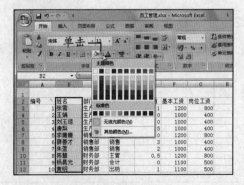

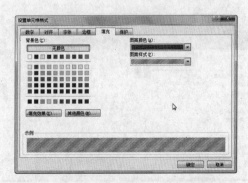

说明 如果要清除对单元格设置的背景，在"设置单元格格式"对话框中选择"无颜色"选项即可。

在"设置单元格格式"对话框的"填充"选项卡中，若单击"填充效果"按钮，在弹出的"填充效果"对话框中可设置双色渐变效果。

2. 设置工作表背景

在需要设置背景的工作表中，切换到"页面布局"选项卡，然后单击"页面设置"选项组中的"背景"按钮，在接下来弹出的"工作表背景"对话框中选择需要作为背景的图片，然后单击"插入"按钮即可。

互动练习

下面在"期末考试成绩"工作簿中，练习对"Sheet1"工作表设置背景，具体操作步骤如下。

第1步　单击"背景"按钮

1 在工作表中选中任意单元格。

2 切换到"页面布局"选项卡。

3 单击"页面设置"选项组中的"背景"按钮。

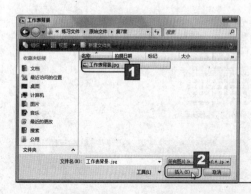

第2步　选择背景图片

1 在弹出的"工作表背景"对话框中选择需要作为工作表背景的图片。

2 单击"插入"按钮。

说明 对工作表设置背景后，"背景"按钮将变成"删除背景"按钮，对其单击可删除工作表背景。

第3步 查看设置后的效果

返回工作表，此时即可查看设置背景后的效果。

>> **7.3.6 套用表格样式**

 知识讲解

Excel 2007中内置了许多现成的表格格式，用户可根据需要进行套用，这样便可快速完成表格的美化。套用表格格式的具体操作步骤如下。

（1）选中工作表中的任意单元格，在"开始"选项卡的"样式"选项组中单击"套用表格格式"按钮，在弹出的下拉列表中选择需要套用的表格格式。

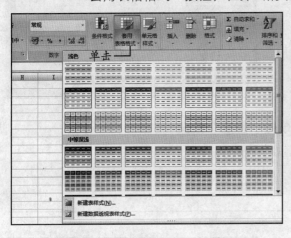

在"样式"选项组中，若单击"单元格样式"按钮，在弹出的下拉列表中可为选择的单元格或单元格区域套用内置样式。此外，当"样式"选项组呈展开状态时（一般窗口在最大化状态时，该选项组便会展开），"单元格样式"按钮会以列表框的形式显示。

（2）弹出"套用表格式"对话框，在"表数据的来源"参数框中设置要应用样式的单元格区域。

（3）弹出"创建表"对话框，单击"确定"按钮即可。

在"套用表格式"对话框中设置表数据来源时，若仅在参数框中手动修改数据范围，则不会弹出"创建表"对话框，此时直接单击"确定"按钮即可。

  互动练习

下面在"工资表"工作簿的"Sheet1"工作表中，练习对"A2:G12"单元格区域套用表格样式 表样式中等深浅16 ，具体操作步骤如下。

第1步 选择表格样式

1 在工作表中选中任意单元格。

2 单击"样式"选项组中的"套用表格格式"按钮。

3 在弹出的下拉列表中选择需要套用的表格格式，本例中选择 表样式中等深浅16 选项。

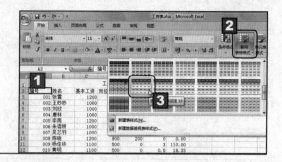

第2步 单击折叠按钮

弹出"套用表格式"对话框，单击"表数据的来源"参数框右侧的折叠按钮 。

第3步 选择单元格区域

1 "套用表格式"对话框变为浮动框，此时可在工作表中拖动鼠标选择需要套用表格式的单元格区域，本例中选择"A2:G12"单元格区域。

2 选择的单元格区域地址将自动显示到参数框中，单击参数框右侧的展开按钮 。

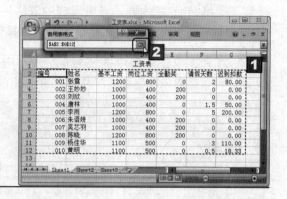

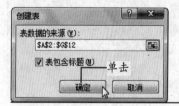

第4步 单击"确定"按钮

弹出"创建表"对话框，单击"确定"按钮。

第5步 查看设置后的效果

经过上述操作后，Excel会自动为所选单元格区域设置标题文字颜色、标题单元格填充色等，并且还会把表格区域转换为下拉列表，从而可进行排序、筛选等操作。

7.4 上机练习 —————————————— <<

本章安排了两个上机练习。练习一运用数据的输入、工作表背景的设置等相关知识，制作销售表。练习二对第6章中"员工管理"工作簿的"工资表"工作表进行美化设置。

技巧 选中单元格后按"Ctrl+Shift+；"组合键，可快速输入当前时间。

练习一　制作销售表

1 新建一个名为"10月销售利润"的工作簿，然后将其打开。

2 在"Sheet1"工作表中，合并"A1:F1"单元格区域，然后输入标题，并对其设置字体格式。

3 在"A2:F8"单元格区域内输入文本和数据，然后设置相应的格式，如数字格式、字体格式、对齐方式等。

4 选中"A1:F8"单元格区域，为其设置黑色的边框。

5 为工作表设置背景。

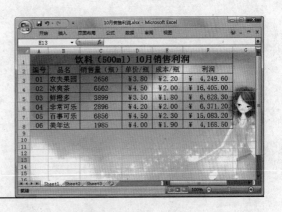

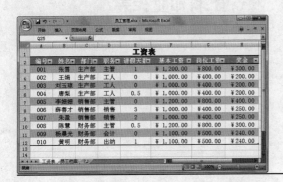

练习二　美化工作表

1 打开第6章中的"员工管理"工作簿。

2 对"工资表"工作表中的数据设置数字格式、字体格式及对齐方式等格式。

3 对"A2:H12"单元格区域套用表格样式 表样式中等深浅21。

4 将该工作簿以"员工管理"为文件名另存到电脑中。

第8章 计算与分析数据

- 运用公式和函数
- 数据的统计与分析
- 使用图表分析数据
- 打印工作表

小机灵，我们月底的时候要上交一份销售报表，好多数据需要计算，我头都大了，怎么办啊？

聪聪，不用担心，使用Excel 2007中的公式与函数功能就可以解决这个问题。

小机灵说的很对。Excel 2007提供了许多常用的函数，可以在"公式"选项卡中进行选择。如果不知道应该用哪个函数，还可以在"插入函数"对话框中查看函数的功能和使用方法，十分方便。今天我们就来学习怎样通过公式与函数功能计算数据，同时还会学习怎样通过排序、筛选等功能来分析数据，以及如何将工作表打印出来。

8.1　运用公式和函数　———————————— <<

Excel不仅是编辑表格的工具，也是进行数据运算和数据分析的处理工具。当需要对表格中的数据进行运算时，就需要使用函数与公式了。

>> 8.1.1　输入公式

知识讲解

公式与数据的输入方法基本相同，即选中目标单元格后，直接输入或在编辑框中输入。输入公式时，还要遵循特定的语法规则，先输入等号"="，再依次输入参与计算的参数和运算符。其中，参数可以是常量数值、函数、引用的单元格或单元格区域等，运算符是数学中常见的加号"+"、减号"−"等，只是某些符号的表达方式略有不同。常用的运算符主要有以下几个。

- 　**加号"+"**：实现加法运算。
- 　**减号"−"**：实现减法运算。
- 　**乘号"*"**：实现乘法运算。
- 　**除号"/"**：实现除法运算。
- 　**乘方"^"**：实现幂运算。
- 　**百分号"%"**：表示百分比，实现百分比转换。

公式的输入方法如下。

（1）选中要显示结果的单元格，然后输入等号"="。
（2）在等号"="后面输入运算参数。运算参数可以手动输入，也可以使用鼠标单击其他单元格，将单元格的数据引用作为参数。
（3）输入完成后按"Enter"键确认，即可在当前单元格中显示运算结果，且编辑框中始终显示该单元格中的公式。

互动练习

下面在"工资表"工作簿的"Sheet1"工作表中，练习将"张雪"的实发工资计算出来（实发工资=基本工资+岗位工资+全勤奖−迟到扣款），具体操作步骤如下。

第1步 输入公式

1️⃣ 打开"工资表"工作簿，在工作表中选中要显示计算结果的单元格，本例中选择"H3"单元格。

2️⃣ 在编辑框中输入计算公式，本例中输入"=C3+D3+E3-G3"，此时被实线框框住的单元格中的数据便是需要计算的数据。

第2步 计算出结果

输入完成后按"Enter"键，即可计算出"张雪"的实发工资。

编号	姓名	基本工资	岗位工资	全勤奖	请假天数	迟到扣款	实发工资
001	张雪	1200	800	0	2	80.00	1920.00
002	王妙妙	1000	400	200	0	0.00	
003	刘欣	1000	400	200	0	0.00	
004	唐林	1000	400	0	1.5	50.00	
005	李雨	1200	800	0	5	200.00	
006	朱语妍	1000	400	200	0	0.00	
007	吴芯羽	1000	400	200	0	0.00	
008	陈晓	1200	800	0	0	0.00	
009	杨佳华	1100	500	0	3	110.00	
010	黄明	1100	500	0	0.5	18.33	

>> 8.1.2 复制公式

知识讲解

当单元格中的计算公式类似时，可通过复制公式的方式自动计算出其他单元格的结果。在复制公式时，公式中引用的单元格地址会自动发生相应的变化，例如，若单元格"C3"中的公式为"=A3/B3"，将其复制到单元格"C5"中时，公式将自动变为"=A5/B5"。

复制公式的方法如下。

（1）选中要复制的公式所在的单元格，然后按"Ctrl+C"组合键，或者在"开始"选项卡中单击"剪贴板"选项组中的"复制"按钮。

（2）选中需要显示计算结果的单元格，然后按"Ctrl+V"组合键，或者单击"剪贴板"选项组中的"粘贴"按钮。

除了上述操作方法之外，还可使用自动填充柄复制公式，具体操作方法为：选中要复制的公式所在的单元格，将鼠标指针移动到该单元格的右下角，待指针变为黑色十字形状 + 时，按住鼠标左键不放并向下拖动，当拖动到目标单元格后释放鼠标键，即可将

技巧 使用鼠标右键单击含公式的单元格，在弹出的快捷菜单中选择"复制"命令，也可复制公式。

公式复制到所拖过的单元格中并计算出结果。

 互动练习

　　下面在"工资表"工作簿的"Sheet1"工作表中，练习通过复制公式的方法，计算出其他员工的实发工资，具体操作步骤如下。

第1步　拖动鼠标复制公式

在"工资表"工作簿中，将鼠标指针移动到单元格"H3"的右下角，待指针变为黑色十字形状 ✚时，按住鼠标左键不放并向下拖动。

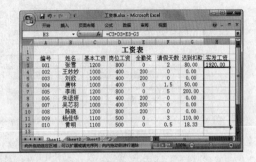

第2步　计算出结果

当拖动至"H12"单元格时释放鼠标键，即可计算出该部分员工的实发工资。

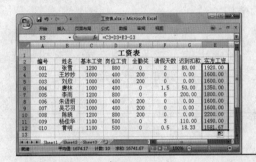

>> 8.1.3　常见函数介绍

　　在Excel中，函数实际上就是系统预先定义好的公式，它由等号"="、函数名称和参数组成，例如"=SUM(B3:B6)"。在使用函数的过程中，求和函数SUM、平均值函数AVERAGE、最大值函数MAX和最小值函数MIN是使用较频繁的几个函数，接下来将对它们进行简单的介绍。

- SUM函数：属于数学与三角函数，用于计算参数中所有数值的和。其参数可以是数值常量，例如"=SUM(2,3)"表示对2和3进行求和运算，也可以是单元格区域的引用，例如"=SUM(B3:B6)"表示对单元格区域"B3:B6"内的所有数值进行求和运算。

- AVERAGE函数：属于统计函数，用于计算参数中所有数值的平均值，例如"=AVERAGE(A3:C3)"表示计算单元格区域"A3:C3"内所有数值的平均值。

- MAX函数：属于统计函数，用于计算参数中所有数值的最大值，例如"=MAX(B3:B6)"表示计算单元格区域"B3:B6"内所有数值的最大值。

- MIN函数：属于统计函数，用于计算参数中所有数值的最小值，例如"=MIN(A3:B6)"表示计算单元格区域"A3:B6"内所有数值的最小值。

若要删除单元格中的计算结果和公式，先选中该单元格，然后按"Delete"键即可。　说明

>> 8.1.4 输入函数

 知识讲解

使用函数计算单元格数据时，可通过以下几种方式输入函数。

1. 直接输入

选中需要显示计算结果的单元格，直接输入函数表达式，例如"=MIN(45,868,98,57)"，然后按"Enter"键即可计算出结果。

2. 使用"自动求和"按钮

对于一些常用的函数，如SUM、AVERAGE等，可利用"自动求和"按钮来快速输入。下面以求和为例，讲解"自动求和"按钮的使用方法。

选中需要显示计算结果的单元格，切换到"公式"选项卡，在"函数库"选项组中，单击"自动求和"按钮Σ下方的下拉按钮，在弹出的下拉列表中选择"求和"选项，此时系统会自动选择参与运算的参数，然后按"Enter"键即可显示运算结果。

 博士，单击"自动求和"按钮下方的下拉按钮，在弹出的下拉列表中选择函数后，为什么有时是对当前单元格左侧的数据进行运算，而有时是对当前单元格上方的数据进行运算？

 若当前单元格只有左侧有数据，选择函数后，函数会对左侧的数据进行运算；若当前单元格的上方和左侧都有数据，选择函数后，函数会优先计算上方的数据，此时如果希望计算左侧的数据，可手动更改函数参数中的计算区域。

3. 通过函数向导输入

若要利用函数向导来输入函数，可通过下面两种方式实现。

■ 选中需要显示计算结果的单元格，切换到"公式"选项卡，在"函数库"选项组中根据需要单击某个函数类型对应的按钮，在弹出的下拉列表中选择具体的函数，在弹出的"函数参数"对话框中输入或选择函数参数后，单击"确定"按钮即可。

■ 选中需要显示计算结果的单元格，单击编辑栏中的"插入函数"按钮fx或"函

说明 在"函数库"选项组中单击"最近使用的函数"按钮，在弹出的下拉列表中可选择最近使用的函数。

数库"选项组中的"插入函数"按钮，在弹出的"插入函数"对话框中选择需
要的函数，然后单击"确定"按钮，在接下来弹出的"函数参数"对话框中设
置函数参数即可。

 互动练习

下面在"期末考试成绩"工作簿的"Sheet1"工作表中，练习通过函数向导输入
SUM函数，计算出学生的总成绩，具体操作步骤如下。

第1步 单击"插入函数"按钮

1 打开"期末考试成绩"工作簿，在
"Sheet1"工作表中选中需要显示计算结果
的单元格，本例中选择"G3"单元格。

2 切换到"公式"选项卡。

3 单击"函数库"选项组中的"插入函数"
按钮。

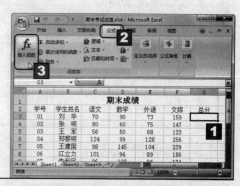

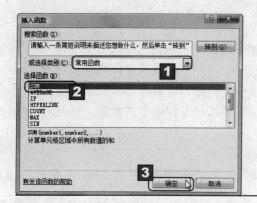

第2步 选择函数

1 弹出"插入函数"对话框，在"或选择类别"
下拉列表框中选择函数类别，本例中选择"常
用函数"选项。

2 在"选择函数"列表框中选择需要的函数，本
例中选择"SUM"求和函数。

3 单击"确定"按钮。

第3步 设置求和参数

1 弹出"函数参数"对话框，在"Number
1"参数框中输入求和参数，本例中输入
"C3:F3"。

2 单击"确定"按钮。

 若单击参数框右侧的折叠按钮，
可收缩"函数参数"对话框，然
后可通过拖动鼠标的方式在工作
表中选择参数区域。

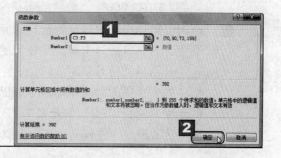

插入函数时，Excel有时会根据工作表中的数据自动选择函数参数，并显示在参数框中。 **说明**

第4步 查看计算结果

返回工作表，此时即可查看当前单元格的运算
结果。

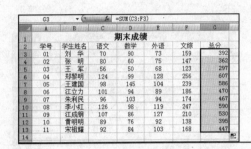

第5步 计算其他学生的总成绩

通过复制公式计算出其他学生的总成绩。

>> 8.1.5 单元格引用

知识讲解

在前面使用复制公式的方法计算数据时，就使用了单元格的引用。引用的作用在于
标识工作表中的单元格或单元格区域，并指明公式中所用的数据在工作表中的位置。通
过引用，可在一个公式中使用工作表不同单元格中的数据，或者在多个公式中使用同一
个单元格中的数据，甚至还可以引用同一个工作簿中其他工作表中的数据，以及其他工
作簿中的数据。

1. 相对引用、绝对引用和混合引用

在引用单元格时，有相对引用、绝对引用和混合引用3种情况。

- **相对引用：** 当复制公式时，公式中的引用会根据显示计算结果的单元格位置
  的不同而相应改变，但引用的单元格与包含公式的单元格之间的相对位置不
  变，这便是相对引用。例如，"E2"单元格中的公式为"=SUM(B2:D2)"，
  将该公式从"E2"复制到"E3"单元格中时，"E3"单元格中的公式就为
  "=SUM(B3:D3)"，公式的引用区域从"B2:D2"变为"B3:D3"。

- **绝对引用：** 将公式复制到目标单元格中时，公式中的单元格地址始终保持固定
  不变，这便是绝对引用。要使用绝对引用时，在引用的单元格地址的列标和行
  号前分别添加符号"$"（须在英文状态下输入）即可。例如，将"E2"单元
  格中的公式更改为"=SUM($B$2:$D$2)"，将该公式从"E2"复制到"E3"
  单元格中时，"E3"单元格中的公式仍为"=SUM($B$2:$D$2)"（即公式的
  引用区域没发生任何变化），且计算结果和"E2"单元格中一样。

说明 "函数参数"对话框中默认只有两个参数框，当完成参数的输入后，Excel会自动添加参数框。

E3		▼	f_x	=SUM(B3:D3)	
	A	B	C	D	
1	姓名	语文	数学	外语	总
2	祝语	96	101	105	302
3	童瑾	108	90	88	286
4	吴大宝	94	89	109	
5	谢正春	101	95	119	
6	苏芯	121	110	98	
7					
8					
9					
10					
11					
12					

相对引用

E3		▼	f_x	=SUM($B$2:$D$2)	
	A	B	C	D	
1	姓名	语文	数学	外语	总
2	祝语	96	101	105	302
3	童瑾	108	90	88	302
4	吴大宝	94	89	109	
5	谢正春	101	95	119	
6	苏芯	121	110	98	
7					
8					
9					
10					
11					
12					

绝对引用

■ **混合引用：** 引用的单元格地址中既有相对引用又有绝对引用，这样的引用便为混合引用。混合引用有绝对列相对行和绝对行相对列两种。绝对引用列采用 $A1、$B1等形式，绝对引用行采用A$1、B$1等形式。如果公式所在单元格的位置改变，则相对引用将改变，而绝对引用不变。

博士，这3种引用方式之间可以相互转换吗？

可以。选中包含公式的单元格，在编辑框中选择需要改变引用方式的单元格地址，然后按"F4"键，即可使其在相对引用、绝对引用和混合引用之间切换。

2. 在同一个工作簿中引用其他工作表中的单元格

在同一个工作簿中，如果要引用其他工作表中的单元格或单元格区域，在单元格引用的前面加上工作表的名称和感叹号"！"即可。例如，要引用"Sheet3"工作表中的"A2"单元格，用"Sheet3!A2"表示即可。

如果要引用连续多张工作表中的同一个单元格，在单元格引用的前面加上起始工作表和终止工作表名称，再加上感叹号"！"即可。例如，要引用"Sheet1"到"Sheet3"工作表中的所有"H3"单元格，用"Sheet1:Sheet3!H3"表示即可。

3. 引用其他工作簿中的单元格

如果需要引用的单元格或单元格区域来自另一个工作簿，一般格式为：'工作簿存储地址[工作簿名称]工作表名称'！单元格地址。例如，"=SUM('D:\[销售表.xlsx]Sheet1:Sheet3'!D8)"表示计算D盘上"销售表"工作簿中"Sheet1"到"Sheet3"工作表中所有"D8"单元格中值的和。

如果上述工作簿已打开，计算公式可省略为：=SUM([销售表.xlsx]Sheet1:Sheet3!D8)，但关闭"销售表"工作簿后，公式会自动变为一般格式。

 互动练习　▶

下面在"销售表"工作簿的"Sheet5"工作表中，练习引用其他工作表中的数据，将各类空调的年度销售总额计算出来，具体操作步骤如下。

第1步 输入函数

1 打开"销售表"工作簿,在"Sheet5"工作表中选中需要显示计算结果的单元格,本例中选择"C3"单元格。

2 在编辑框中输入"=SUM()",然后将光标插入点定位在括号内。

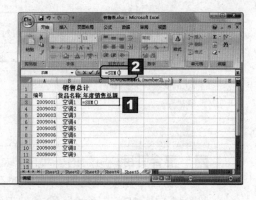

第2步 引用单元格

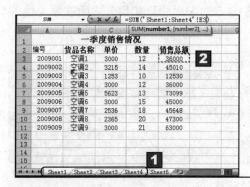

1 切换到"Sheet1"工作表,然后参照选择工作表的方法选择"Sheet1"到"Sheet4"4张工作表。

2 选中相同数据源所在的单元格,本例中选中"E3"单元格。

第3步 得到计算结果

选择好后按"Enter"键,即可在"Sheet5"工作表的"C3"单元格中显示出计算结果,即"空调1"的年度销售总额。

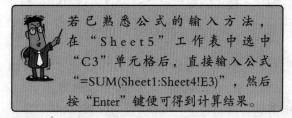

若已熟悉公式的输入方法,在"Sheet5"工作表中选中"C3"单元格后,直接输入公式"=SUM(Sheet1:Sheet4!E3)",然后按"Enter"键便可得到计算结果。

第4步 计算其他空调的年度销售总额

通过复制公式计算出其他空调的年度销售总额。

说明 在引用带有公式的单元格或单元格区域时,引用的结果为公式计算出的结果。

8.2　数据的统计与分析 ———————————————— <<

完成工作表的编辑后，可通过条件格式、排序和筛选等功能来使数据结构更加清晰，从而便于查看和分析数据。

>> 8.2.1　使用条件格式显示数据

为了能非常直观地显示和分析数据，可对工作表设置条件格式，以便突出显示所关注的单元格或单元格区域。

1.　使用突出显示单元格规则

在分析表格数据时，如果希望将满足指定条件的数据（例如大于某个值的数据、小于某个值的数据等）突出显示出来，可通过设置突出显示单元格规则来实现，具体操作方法如下。

（1）在工作表中选中需要设置条件规则的单元格区域。

（2）在"开始"选项卡中，单击"样式"选项组中的"条件格式"按钮，在弹出的下拉列表中选择"突出显示单元格规则"选项，在弹出的级联列表中选择条件规则（例如"等于"），在接下来弹出的对话框中设置具体条件和显示方式，然后单击"确定"按钮即可。

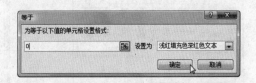

2.　使用数据条显示数值差距

如果希望能直观地查看数据间的差距，可使用数据条来实现，具体操作方法为：选中要设置数据条的单元格区域，在"开始"选项卡中，单击"样式"选项组中的"条件格式"按钮，在弹出的下拉列表中选择"数据条"选项，在弹出的级联列表中选择需要的数据条样式即可。

如果需要自定义设置数据条样式，在级联列表中选择"其他规则"选项，在弹出的"新建格式规则"对话框中进行自定义设置，然后单击"确定"按钮即可。

数据条的长度代表单元格中值的大小。数据条越长，表示值越大；数据条越短，表示值越小。

3. 用色阶区分单元格数值

通过色阶功能，可使用双色或三色渐变来比较单元格区域中的数据，颜色的深浅表示值的大小，从而能直观地显示数据，并方便用户了解数据的分布和变化情况。设置色阶的操作方法为：选中需要设置色阶的单元格区域，单击"样式"选项组中的"条件格式"按钮，在弹出的下拉列表中选择"色阶"选项，在弹出的级联列表中选择需要的色阶样式即可。

如果需要自定义设置色阶样式，在级联列表中选择"其他规则"选项，在弹出的"新建格式规则"对话框中进行自定义设置，然后单击"确定"按钮即可。

 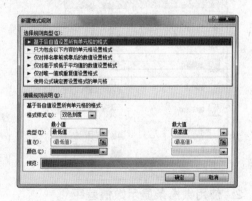

4. 用图标集区分数值

用图标集区分数值是指通过不同形状或颜色的图标来区分单元格区域中的数据，从而可非常直观地判断数据的范围。使用图标集的操作方法为：选中需要应用图标集的单元格区域，单击"样式"选项组中的"条件格式"按钮，在弹出的下拉列表中选择"图标集"选项，在弹出的级联列表中选择需要的图标集样式即可。

如果需要自定义设置图标集样式，在级联列表中选择"其他规则"选项，在弹出的"新建格式规则"对话框中进行自定义设置，然后单击"确定"按钮即可。

说明 将鼠标指针指向某个数据条、色阶或图标集样式时，单元格中将显示应用后的预览效果。

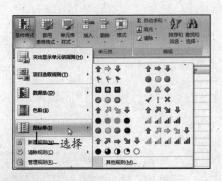

 互动练习

下面在"销售表"工作簿的"Sheet5"工作表中，练习对"C3:C11"单元格区域中的数据设置"五等级"样式的图标集，具体操作步骤如下。

第1步　选择单元格区域

打开"销售表"工作簿，在"Sheet5"工作表中选中需要设置条件格式的单元格区域，本例中选择"C3:C11"单元格区域。

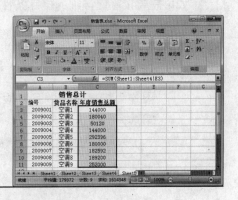

第2步　设置条件格式

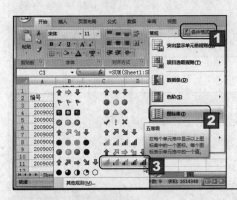

1 单击"样式"选项组中的"条件格式"按钮。

2 在弹出的下拉列表中选择需要的条件格式，本例中选择"图标集"选项。

3 在弹出的级联列表中选择图标集样式，本例中选择"五等级"选项。

第3步　查看效果

在"Sheet5"工作表中可看到对所选单元格区域设置图标集后的效果。

 使用图标集分析数据时，可按大小将数据划分为3~5个范围，且每个图标代表一个数据范围。

如果要将单元格的条件格式清除，可在"条件格式"下拉列表中选择"清除规则"选项。　**说明**

>> 8.2.2 数据的排序

知识讲解

在Excel工作表中，可以将数据按照某种设定的条件进行排序，排序后可一目了然地了解数据的情况。

1. 通过功能区进行排序

在工作表中，选中数据区域中的任意单元格，切换到"数据"选项卡，在"排序和筛选"选项组中，若单击"升序"按钮，可使工作表中的数据按照当前单元格所在列的数据进行升序排列；若单击"降序"按钮，可使数据按照当前单元格所在列的数据进行降序排列。

2. 通过对话框进行排序

如果需要设置更详细的排序条件，可按照下面的操作步骤进行设置。

（1）在数据区域中选中任意单元格，单击"排序和筛选"选项组中的"排序"按钮。

（2）弹出"排序"对话框，在"列"栏中的"主要关键字"下拉列表框中选择需要作为排序依据的列字段，在"排序依据"下拉列表框中选择排序依据，通常选择"数值"选项，然后在"次序"下拉列表框中选择排序方式。

在"主要关键字"下拉列表框中选择"学生姓名"之类的关键字后，单击"选项"按钮，在弹出的"排序选项"对话框中可设置是否按照字母或笔画方式进行排序。

（3）设置完成后，单击"确定"按钮。

博士，按照主要关键字对数据进行排序时，如果有并列的记录，该怎么办呢？

遇到这样的情况时，可在"排序"对话框中通过单击"添加条件"按钮添加排序条件，此时，对话框中会出现"次要关键字"下拉列表框，然后根据操作需要进行设置。设置完成后，表格数据在按照主要关键字排序的同时，也会按照次要关键字进行排序。

互动练习

下面练习在"销售表"工作簿中的"Sheet1"工作表中以"单价"为主要关键字，以"销售总额"为次要关键字，对工作表中的数据进行降序排序，具体操作步骤如下。

说明 默认情况下，英文是按单词首字母进行排序的，中文是按首字拼音第一个字母进行排序的。

第1步　单击"排序"按钮

1 在"Sheet1"工作表中，选中除标题外的任意有数据的单元格。

2 切换到"数据"选项卡。

3 单击"排序和筛选"选项组中的"排序"按钮。

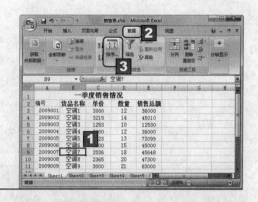

第2步　设置主要关键字

1 弹出"排序"对话框，在"主要关键字"下拉列表框中选择"单价"选项。

2 在"排序依据"下拉列表框中选择"数值"选项。

3 在"次序"下拉列表框中选择"降序"选项。

4 单击"添加条件"按钮添加次要关键字。

第3步　设置次要关键字

1 在"次要关键字"下拉列表框中选择"销售总额"选项。

2 在"排序依据"下拉列表框中选择"数值"选项。

3 在"次序"下拉列表框中选择"降序"选项。

4 单击"确定"按钮。

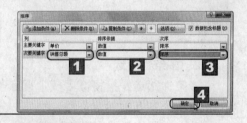

第4步　查看排序结果

返回工作表，可看到数据以"单价"为主要关键字，以"销售总额"为次要关键字进行了排序。例如，在"C5"和"C6"单元格数据相同的情况下，会按照"E5"和"E6"单元格中的数据进行降序排列。

>> 8.2.3　数据的筛选

知识讲解

使用Excel的数据筛选功能，可以快速查找满足某一特定要求的数据，从而起到分析数据的作用。

1. 单条件筛选

单条件筛选就是将符合单一条件的数据筛选出来，具体操作方法如下。

（1）选中数据区域中的任意单元格，切换到"数据"选项卡，然后单击"排序和筛选"选项组中的"筛选"按钮，打开筛选状态。

（2）此时，每个列标题的右侧出现了一个下拉按钮，单击某列标题右侧的下拉按钮（如"部门"），在弹出的下拉列表中选中要显示的项目前的复选框，例如选中"财务部"前的复选框，然后单击"确定"按钮。

> 默认情况下，单击列标题右侧的下拉按钮后，在弹出的下拉列表中所有复选框均为选中状态，此时可取消选中"全选"复选框，从而取消所有复选框的选中状态，然后依次选中要显示的项目前的复选框即可。

（3）此时，工作表中只显示了"部门"为"财务部"的数据，且列标题"部门"右侧的下拉按钮变为漏斗形状的按钮，表示"部门"为当前数据区域的筛选条件。

2. 多条件筛选

多条件筛选是指将符合多个指定条件的数据筛选出来，其方法就是在单个筛选条件的基础上添加其他筛选条件，例如，先将"部门"为"财务部"的数据筛选出来，在此基础之上，再将"请假天数"为"0"的数据筛选出来。

3. 筛选特定数据

当需要筛选满足特定条件的数据时，比如筛选大于某个数值的数据、低于平均值的数据等，可按照下面的操作方法来实现。

（1）选中数据区域中的任意单元格，然后通过单击"筛选"按钮打开筛选状态。

（2）单击某个列标题右侧的下拉按钮，例如"实发工资"，在弹出的下拉列表中选择"数字筛选"选项，在弹出的级联列表中选择特定的筛选条件，例如"低于平均值"。

（3）此时，工作表中只显示了低于"实发工资"平均值的数据。

说明 如果要退出筛选状态，选中数据区域中的任意单元格后，再次单击"筛选"按钮即可。

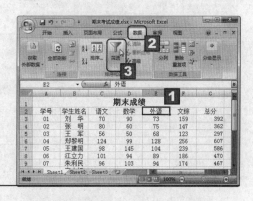

 互动练习

下面在"期末考试成绩"工作簿的"Sheet1"工作表中，练习将"外语"成绩高于"90"，"总分"高于"500"的数据筛选出来，具体操作步骤如下。

第1步　单击"筛选"按钮

1 打开"期末考试成绩"工作簿，在"Sheet1"工作表中，选中除标题外的任意有数据的单元格。

2 切换到"数据"选项卡。

3 单击"排序和筛选"选项组中的"筛选"按钮。

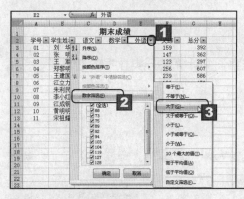

第2步　筛选外语成绩

1 打开筛选状态后，单击"外语"列右侧的下拉按钮。

2 在弹出的下拉列表中选择"数字筛选"选项。

3 在弹出的级联列表中选择"大于"选项。

第3步　设置筛选条件

1 在弹出的"自定义自动筛选方式"对话框中设置筛选条件。

2 单击"确定"按钮。

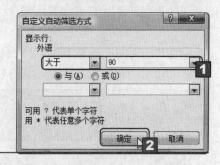

第4步 筛选总分

1 单击"总分"列右侧的下拉按钮。

2 在弹出的下拉列表中选择"数字筛选"选项。

3 在弹出的级联列表中选择"大于"选项。

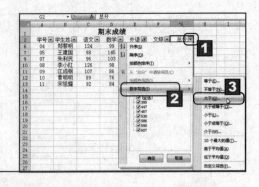

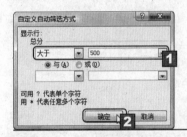

第5步 设置筛选条件

1 在弹出的"自定义自动筛选方式"对话框中设置筛选条件。

2 单击"确定"按钮。

第6步 查看筛选结果

此时，工作表中只显示了"外语"成绩高于"90"，"总分"高于"500"的数据。

>> 8.2.4 数据的分类汇总

 **知识讲解**

分类汇总是指根据指定的条件对数据进行分类，并计算各分类数据的汇总值，包括求和、求平均值等。

1. 分类汇总

分类汇总的具体操作步骤如下。

（1）在工作表中，选中数据区域中的任意单元格，切换到"数据"选项卡，然后单击"分级显示"选项组中的"分类汇总"按钮。

（2）在弹出的"分类汇总"对话框中设置"分类字段"、"汇总方式"和"选定汇总项"等汇总条件，设置完成后单击"确定"按钮。

（3）表格中的数据将按照设置的条件进行汇总，且工作表编辑区的左侧将出现"分级"工具条，单击其中的数字按钮，可按不同的级别查看数据。

 在进行分类汇总前，应先将数据按照分类字段进行排序。

说明 若表格中含有时间或日期数据区域，还可按照时间或日期来筛选数据。

1 2 3		A	B	C	D	E	F	G	H	I
	1					职工工资表				
	2	编号	姓名	部门	请假天数	基本工资	岗位工资	应发工资	请假扣款	实发工资
	3	001	程 思 雨	办公室	2	1500	500	2000	100	1900
	4	002	张 雪	办公室	0	1200	200	1400	0	1400
	5			办公室 汇总						3300
	6	003	王 娟	财务部	0.5	1200	200	1400	20	1380
	7	004	刘 王 琼	财务部	0	1000	200	1200	0	1200
	8	005	唐 梨	财务部	0	1000	200	1200	0	1200
	9			财务部 汇总						3780
	10	006	李 姗 姗	销售部	1	2000	800	2800	66. 66667	2733. 333
	11	007	薛 香 才	销售部	3	1800	500	2300	180	2120
	12	008	朱 盈	销售部	2.5	1200	200	1400	100	1300
	13	009	陈 慧	销售部	0	1200	200	1400	0	1400
	14			销售部 汇总						7553. 333
	15	010	杨 晨 光	生产部	0	1800	500	2300	0	2300
	16	011	黄 明	生产部	1.5	1200	200	1400	60	1340
	17	012	李 亚	生产部	0	1200	200	1400	0	1400
	18			生产部 汇总						5040
	19			总计						19673. 33

分类汇总数据后，在工作表编辑区的左侧，单击"显示明细数据"按钮 **+** 或"隐藏明细数据"按钮 **−**，可灵活展开或折叠相应级别中的数据。

2. 清除分类汇总

将数据进行分类汇总后，若要将工作表恢复到原来的状态，需要清除分类汇总，具体操作方法为：选中数据区域中的任意单元格，打开"分类汇总"对话框，单击"全部删除"按钮即可。

互动练习

下面在"学生成绩表"工作簿的"Sheet1"工作表中，练习对男生和女生的各科成绩进行分类汇总，具体操作步骤如下。

第1步 单击"分类汇总"按钮

1 打开"学生成绩表"工作簿，在"Sheet1"工作表中，将数据按照性别进行排序，然后选中除标题外的任意有数据的单元格。

2 切换到"数据"选项卡。

3 单击"分级显示"选项组中的"分类汇总"按钮。

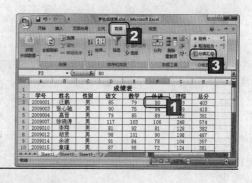

第2步 设置分类汇总

1 弹出"分类汇总"对话框，在"分类字段"下拉列表框中选择"性别"选项。

2 在"汇总方式"下拉列表框中选择"求和"选项。

3 在"选定汇总项"列表框中，选中除"性别"以外的所有复选框。

4 单击"确定"按钮。

第3步 查看分类汇总后的效果

返回工作表，此时可查看对数据进行分类汇总后的效果。

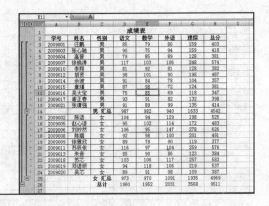

分类汇总后，我看到工作表中的数据按性别分别进行了汇总，且显示出汇总的综合情况，真是太好了！

8.3 使用图表分析数据 ————————————— <<

在Excel中，可以使用图表将工作表中的数据图形化，从而可以直观地反映工作表中的各项数据，并方便对数据进行对比和分析。

>> 8.3.1 创建图表

在Excel中，可以为工作表中的数据创建各种类型的图表，其方法主要有以下两种。

- 在工作表中选择要创建图表的数据，切换到"插入"选项卡，在"图表"选项组中单击某图表类型对应的按钮，在弹出的下拉列表中选择需要的图表样式。

- 在工作表中选择要创建图表的数据，单击"图表"选项组中的对话框启动器，在弹出的"插入图表"对话框中选择需要的图表样式后单击"确定"按钮。

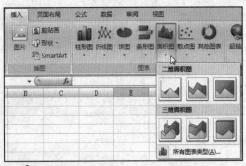

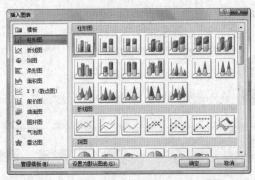

下面在"家庭开支"工作簿的"Sheet1"工作表中，练习根据"五月"、"六月"和"七月"的消费情况，创建一个"簇状圆柱图"样式的图表，具体操作步骤如下。

说明 当分析银行利息等方面的数据时，比较适合用"折线图"类型的图表。

第1步 选择图表样式

1️⃣ 打开"家庭开支"工作簿,在"Sheet1"工作表中选择要创建图表的数据,本例中选择"A2:E5"单元格区域。

2️⃣ 切换到"插入"选项卡。

3️⃣ 单击"图表"选项组中的"柱形图"按钮。

4️⃣ 在弹出的下拉列表中选择"圆柱图"类别下的"簇状圆柱图"选项。

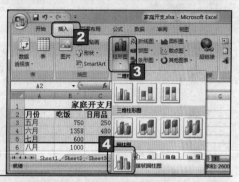

第2步 查看效果

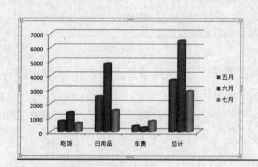

此时,系统自动根据所选择的数据源和图表样式创建一个图表。

选中图表后,图表四周将出现"⁞"之类的控制点,使用鼠标拖动控制点,可调整图表的大小。

>> 8.3.2 编辑图表

知识讲解 ▶

创建图表后,功能选项卡中将显示"图表工具/设计"、"图表工具/布局"和"图表工具/格式"3个选项卡。通过这3个选项卡,可对插入的图表设置相应的格式。

在"图表工具/设计"选项卡中,可进行设置图表样式、更改布局等操作。

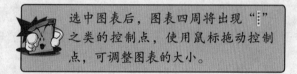

■ 在"类型"选项组中,若单击"更改图表类型"按钮,在弹出的"更改图表类型"对话框中可重新选择图表样式。

■ 在"数据"选项组中,若单击"选择数据"按钮,可重新选择数据源;若单击"切换行/列"按钮,可交换坐标轴上的数据。

■ 在"图表布局"选项组中,可在列表框中选择内置的布局样式,从而快速对整个图表的元素进行布局。

右击图表,在弹出的快捷菜单中选择"更改图表类型"命令,可重新选择图表样式。 说明

■ 在"图表样式"选项组中,可通过列表框中的内置样式对图表进行美化。

在"图表工具/布局"选项卡中,通过"标签"选项组可对图表元素的位置进行设置。

■ 单击"图表标题"按钮,在弹出的下拉列表中可设置图表标题的位置。

■ 单击"坐标轴标题"按钮,在弹出的下拉列表中可对主要横(纵)坐标轴标题进行设置。

■ 单击"图例"按钮,在弹出的下拉列表中可设置图例的显示位置。

■ 单击"数据标签"按钮,在弹出的下拉列表中可设置数据标签的显示位置。

■ 单击"数据表"按钮,在弹出的下拉列表中可设置数据表的显示位置。

 在"当前所选内容"选项组中,若单击"设置所选内容格式"按钮,在弹出的对话框中可对所选择的对象设置填充色、边框颜色等格式。

在"图表工具/格式"选项卡中,可对所选中的图表元素设置填充颜色、形状效果等格式,以及对所选中的图表标题之类的文本设置艺术字样式。

■ 在"形状样式"选项组中,可对所选中的元素应用内置样式,以及设置填充颜色、边框样式和形状效果。

■ 在"艺术字样式"选项组中,可对所选中的文本设置内置艺术字样式,以及设置文本的填充效果、轮廓等。

 互动练习

下面在"家庭开支"工作簿的"Sheet1"工作表中,练习将图表的标题内容设置为"5~7月开支情况",并将其显示在图表的上方,然后将数据表显示在图表的下方,具体操作步骤如下。

第1步 选择图表标题的显示位置

1 在工作表中选中图表。

2 切换到"图表工具/布局"选项卡。

3 单击"标签"选项组中的"图表标题"按钮。

4 在弹出的下拉列表中选择"图表上方"选项。

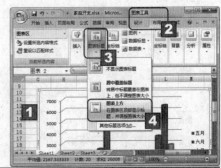

说明 在"当前所选内容"组的"图表元素"下拉列表中选择某个选项,可快速选择对应的图表元素。

第2步　输入图表标题的内容

Excel会自动在图表的上方添加标题框，将光标插入点定位在标题框内，然后输入标题内容，本例中输入"5~7月开支情况"。

将鼠标指针指向标题框时，会弹出浮动窗口显示"图表标题"字样。

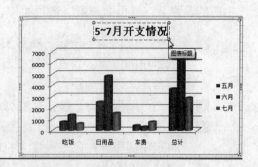

第3步　设置数据表的显示位置

1 选中图表。

2 单击"标签"选项组中的"数据表"按钮。

3 在弹出的下拉列表中选择"显示数据表"选项。

第4步　查看最终效果

数据表即可显示在图表的下方，其最终效果如右图所示。

单击"数据表"按钮后，若在弹出的下拉列表中选择"显示数据表和图例项标示"选项，可在图表中显示数据表和图例项标示。

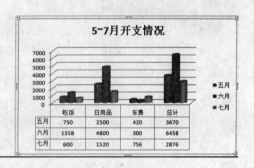

8.4　打印工作表　<<

　　表格制作完成后，通常需要将其打印出来，但在打印前还需进行必要的准备工作，如页面设置、打印预览等。

>> 8.4.1　页面设置

知识讲解

　　页面设置主要包括设置纸张方向、纸张大小等，这些参数的设置取决于打印机所使用的打印纸和要打印的表格区域的大小。打开需要进行页面设置的工作表，切换到"页面布局"选项卡，在"页面设置"选项组中即可进行

相应的设置。在"页面设置"选项组中，可进行如下设置。

- ■ 单击"页边距"按钮，在弹出的下拉列表中可选择页边距方案，以确定表格在纸张中的位置。若在下拉列表中选择"自定义边距"选项，在弹出的对话框中可自定义设置边距大小。
- ■ 单击"纸张方向"按钮，在弹出的下拉列表中可设置纸张方向。
- ■ 单击"打印区域"按钮，在弹出的下拉列表中选择"设置打印区域"选项，可将选中的单元格区域设置为打印区域，以便在打印时只打印该区域。
- ■ 单击"打印标题"按钮，可弹出"页面设置"对话框，并自动定位在"工作表"选项卡中，此时可设置是否打印网格线、行号和列标等。

在"页面布局"选项卡中，单击"页面设置"选项组中的对话框启动器ᢙ，也可弹出"页面设置"对话框，切换到某个选项卡可进行相应的设置。

互动练习

下面在"学生成绩表"工作簿中，练习对"Sheet1"工作表设置页边距、纸张大小和纸张方向，具体操作步骤如下。

第1步 设置页边距

 打开"学生成绩表"工作簿，切换到"页面布局"选项卡。

2 单击"页面设置"选项组中的"页边距"按钮。

3 在弹出的下拉列表中选择需要的页边距方案，本例中选择"宽"选项。

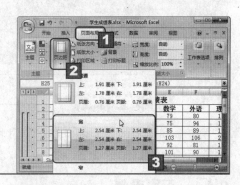

第2步 设置纸张大小

1 单击"页面设置"选项组中的"纸张大小"按钮。

2 在弹出的下拉列表中选择需要的纸张大小，本例中选择"A4小号"选项。

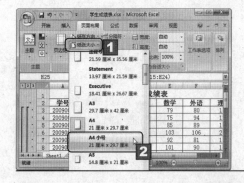

说明 默认情况下，页面的纸张方向为"纵向"，对于较宽的表格，可以设置为横向页面。

第3步 设置纸张方向

1 单击"页面设置"选项组中的"纸张方向"
按钮。

2 在弹出的下拉列表中选择需要的纸张方向，
本例中选择"横向"选项。

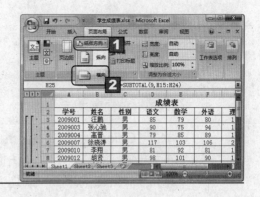

>> 8.4.2 打印预览

为了避免浪费纸张，在打印前应进行打印预览，以查看打印效果是否符合要求。打
印预览的具体操作方法如下。

（1）打开需要打印的工作簿，切换到要打印的工作表，单击"Office"按钮，在弹
出的下拉菜单中将鼠标指针指向"打印"命令，在弹出的子菜单中选择"打
印预览"命令。

（2）此时，工作表由原来的视图方式转换到"打印预览"视图方式，从而可以全
面地查看工作表的打印效果。

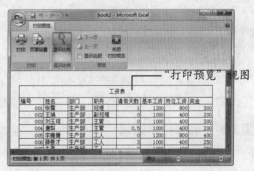

对工作表进行打印预览时，可执行如下操作。

■ 在"显示比例"选项组中，单击"显示比例"按钮，可放大或缩小工作表内容
的显示比例；选中"显示边距"复选框，可在预览视图中显示页边距、页眉和
页脚区域。当工作表有多页时，"上一页"和"下一页"按钮会显示为可用状
态 上一页和 下一页，单击相应的按钮，可切换到上一页或下一页。

■ 在"打印"选项组中，单击"页面设置"按钮，在弹出的"页面设置"对话框
中可设置页面参数。

预览完成后，若打印预览效果符合要求，可单击"打印"选项组中的"打印"按
钮打印工作表；若还需要对工作表进行修改，可单击"预览"选项组中的"关闭打印预
览"按钮关闭"打印预览"视图。

>> 8.4.3 打印设置与输出

知识讲解

当工作表符合打印要求后，便可将其打印出来，具体操作步骤如下。

（1）单击"Office"按钮，在弹出的下拉菜单中选择"打印"命令。

（2）在弹出的"打印内容"对话框中设置打印范围、打印内容和份数等参数，设置完成后单击"确定"按钮，与电脑连接的打印机会自动打印输出表格。

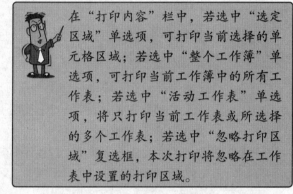

在"打印内容"栏中，若选中"选定区域"单选项，可打印当前选择的单元格区域；若选中"整个工作簿"单选项，可打印当前工作簿中的所有工作表；若选中"活动工作表"单选项，将只打印当前工作表或所选择的多个工作表；若选中"忽略打印区域"复选框，本次打印将忽略在工作表中设置的打印区域。

互动练习

下面在"学生成绩表"工作簿中，练习将"Sheet1"工作表中的"A1:H26"单元格区域打印出来，并打印21份，具体操作步骤如下。

第1步 选择打印区域

打开"学生成绩表"工作簿，在"Sheet1"工作表中选择要打印的区域，本例中选择"A1:H26"单元格区域。

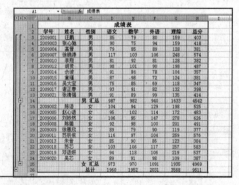

第2步 选择"打印"命令

1 单击"Office"按钮。

2 在弹出的下拉菜单中选择"打印"命令。

技巧 打开需要打印的工作表后，按"Ctrl+P"组合键可快速打开"打印内容"对话框。

第3步　设置打印参数

1 弹出"打印内容"对话框,在"打印内容"栏中选中"选定区域"单选项。

2 在"打印份数"微调框中设置打印份数,本例中将值设置为"21"。

3 设置完成后单击"确定"按钮,即可开始打印工作表中的"A1:H26"单元格区域,且份数为21份。

8.5　上机练习　———————————————— <<

本章安排了两个上机练习。练习一将创建一个名为"文科班学生成绩表"的工作簿,在其中输入各位学生的各门功课成绩,然后使用函数计算总分和平均成绩。练习二将"文科班学生成绩表"工作簿中的数据按照英语成绩的高低进行降序排列,然后筛选出总分在480分以上的学生名单。

练习一　计算总分及平均成绩

1 创建一个名为"文科班学生成绩表"的工作簿,然后在工作簿中输入各位学生的各科成绩。

2 使用SUM函数计算出各位学生的总成绩。

3 使用AVERAGE函数计算出各位学生的平均成绩。

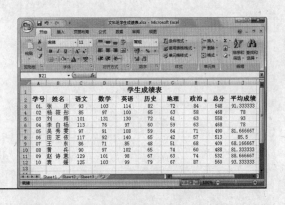

练习二　排序和筛选数据

1 使用排序功能,将工作表中的数据按照英语成绩的高低进行降序排列。

2 使用筛选功能,将工作表中总分在480分以上的数据筛选出来。

第9章　制作演示文稿

- PowerPoint 2007的视图模式
- 演示文稿的基本操作
- 幻灯片的基本操作
- 编辑幻灯片内容
- 美化幻灯片

博士，最近小机灵总是在我面前炫耀他的幻灯片做得多漂亮，所以你快教我怎么用PowerPoint 2007制作幻灯片吧。我相信上完这节课，我一定能把小机灵比下去。

聪聪，你就吹吧，一节课怎么能做出漂亮的幻灯片呢？看你信心十足的样子，那我就拭目以待吧。

其实，Office 2007中的许多组件都是相通的，只要学会了一个组件，其他组件学习起来就会很轻松。今天我们就来学习如何使用PowerPoint 2007制作演示文稿，主要知识包括演示文稿、幻灯片的相关操作，幻灯片内容的编辑等。聪聪，加油，我对你有信心。

9.1　PowerPoint 2007的视图模式 ———————————— <<

在制作演示文稿前，需要对PowerPoint 2007的视图模式有所了解，以便日后进行添加幻灯片、复制幻灯片和移动幻灯片等操作。

>> 9.1.1　通过"视图"选项卡切换视图模式

PowerPoint 2007的视图模式是显示演示文稿的方式，主要有"普通视图"、"幻灯片浏览视图"、"备注页"和"幻灯片放映"4种视图模式，分别应用于创建、预览、编辑和放映演示文稿等不同阶段。在"视图"选项卡的"演示文稿视图"选项组中，单击某个按钮可切换到对应的视图模式。

- **普通视图**：该模式是PowerPoint 2007默认的视图模式，主要用于撰写和设计演示文稿。
- **幻灯片浏览视图**：在该视图模式下，可浏览当前演示文稿中的所有幻灯片，以及调整幻灯片的排列顺序等。

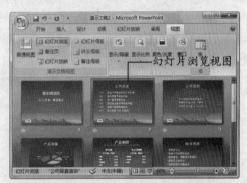

- **备注页**：该视图模式以上下结构显示幻灯片和备注页面，主要用于撰写和编辑备注内容。
- **幻灯片放映**：该视图模式主要用于播放演示文稿。在播放过程中，可以查看演示文稿的动画、切换等效果。

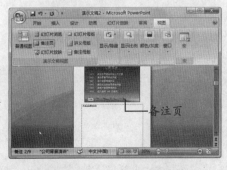

>> 9.1.2　通过状态栏切换视图模式

在PowerPoint 2007窗口中，状态栏的右侧显示了视图按钮，该按钮共有3个，分别是"普通视图"按钮、"幻灯片浏览"按钮和"幻灯片放映"按钮，单击某个按钮便可切换到对应的视图模式。

9.2 演示文稿的基本操作 <<

要制作演示文稿，首先应掌握演示文稿的基本操作，如创建演示文稿、保存演示文稿及打开演示文稿等。

>> 9.2.1 新建演示文稿

要制作一份新的演示文稿，应先从创建演示文稿开始。与Office中的Word、Excel组件相同，启动PowerPoint 2007后，系统会自动新建一个名为"演示文稿1"的空白演示文稿。

此外，单击"Office"按钮，在弹出的下拉菜单中选择"新建"命令，可弹出"新建演示文稿"对话框，此时可根据操作需要创建空白演示文稿，或者创建带有样式或内容的演示文稿。

下面练习基于Microsoft Office Online官方网站上的"日历"类型中的模板样式，新建一个演示文稿，具体操作步骤如下。

第1步 选择"新建"命令

1 在PowerPoint窗口中，单击"Office"按钮。

2 在弹出的下拉菜单中选择"新建"命令。

技巧 在PowerPoint窗口中，按"Ctrl+N"组合键可快速创建新演示文稿。

第2步　选择模板类型

1️⃣ 弹出"新建演示文稿"对话框，在左侧列表框
中的"Microsoft Office Online"栏中选择"日
历"选项。

2️⃣ 系统自动连接Microsoft Office Online官方网
站，并在中间的列表框中以链接的形式显示日
历类型，本例中单击"2009年日历"链接。

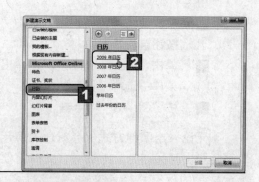

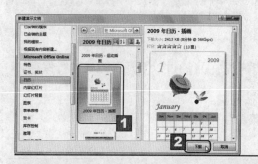

第3步　选择模板样式

1️⃣ 稍等片刻，中间的列表框中将显示"2009年
日历"类型中的演示文稿模板，此时可选择需
要的模板样式，本例中选择"2009年日历–插
画"模板。

2️⃣ 单击"下载"按钮。

第4步　开始下载

弹出"正在下载模板"对话框，表示系统正在自动
下载所选的模板。

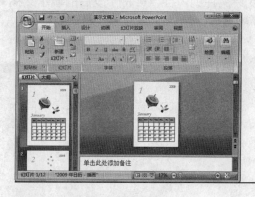

第5步　创建新演示文稿

下载完成后，PowerPoint会打开一个新的窗
口，并基于"2009年日历–插画"模板创建新
演示文稿。

>> 9.2.2　保存演示文稿

知识讲解

　　制作了一份演示文稿后，应将其保存起来，以便在日后的应用中反复查看、放映。
演示文稿与Word文档、Excel工作簿的保存方法相同。

1. 新建演示文稿的保存

对于新建的演示文稿，可通过以下几种方式进行保存。

要使用官方网站上的模板，必须保证电脑能正常接入Internet。　说明

- 在快速访问工具栏中，单击"保存"按钮 。
- 单击"Office"按钮，在弹出的下拉菜单中选择"保存"命令。
- 按"Ctrl+S"组合键。

无论采用哪种方式保存新建的演示文稿，都会弹出"另存为"对话框，此时需要设置演示文稿的保存路径和文件名，然后单击"保存"按钮即可。

2．原演示文稿的保存

对于已经存在的演示文稿，在进行更改或编辑后，可通过以下几种方式进行保存。

- 在快速访问工具栏中，单击"保存"按钮 。
- 单击"Office"按钮，在弹出的下拉菜单中选择"保存"命令。
- 按"Ctrl+S"组合键。

 对已存在的演示文稿进行保存时，仅是将对演示文稿所做的更改保存到原文档中，因而不会弹出"另存为"对话框，但会在状态栏中显示"PowerPoint正在保存……"的提示，保存完成后提示立即消失。

3．将演示文稿另存

对原演示文稿进行修改后，如果希望不改变原文件的内容，可将修改后的演示文稿以不同名称进行另存，或另保存一份副本到电脑的其他位置，其方法主要有以下几种。

- 单击"Office"按钮，在弹出的下拉菜单中选择"另存为"命令。
- 按"F12"键。

执行上面的任一操作后，在弹出的"另存为"对话框中设置存储路径、文件名和保存类型等参数，然后单击"保存"按钮即可。

 互动练习

下面练习使用"保存"命令，将前面新建的文稿以"2009年日历"为文件名保存到电脑中，具体操作步骤如下。

第1步 选择"保存"命令

1 在新建的演示文稿中，单击"Office"按钮。
2 在弹出的下拉菜单中选择"保存"命令。

技巧 按"Shift+F12"组合键，也可对演示文稿进行保存操作。

第2步 设置保存参数

1 弹出"另存为"对话框，将存储路径设置为需要的位置。

2 在"文件名"文本框中输入文件名，本例中输入"2009年日历"。

3 设置完成后，单击"保存"按钮即可。

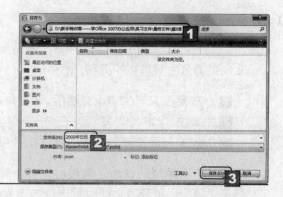

>> 9.2.3 打开演示文稿

知识讲解

如果要查看或编辑电脑中保存的演示文稿，首先需要将其打开，其方法主要有以下两种。

■ 进入该演示文稿的存放目录，然后双击文档图标即可将其打开。

■ 在PowerPoint窗口中，单击"Office"按钮，在弹出的下拉菜单中选择"打开"命令，在弹出的"打开"对话框中找到需要编辑的演示文稿，然后单击"打开"按钮即可。

互动练习

下面练习使用"打开"命令，打开前面保存的演示文稿"2009年日历.pptx"，具体操作步骤如下。

第1步 选择"打开"命令

1 在PowerPoint窗口中，单击"Office"按钮。

2 在弹出的下拉菜单中选择"打开"命令。

第2步 打开演示文稿

1 弹出"打开"对话框，进入"2009年日历.pptx"演示文稿所在的路径。

2 选择"2009年日历.pptx"演示文稿。

3 单击"打开"按钮。

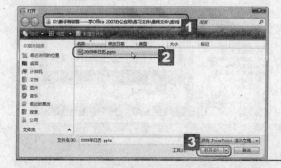

>> 9.2.4 关闭演示文稿

完成演示文稿的编辑并保存后，就需要将其关闭，以减少占用的内存空间。关闭演示文稿的方法主要有以下几种。

- 在需要关闭的演示文稿中，单击右上角的"关闭"按钮 。
- 单击"Office"按钮，在弹出的下拉菜单中选择"关闭"命令。
- 切换到要关闭的演示文稿，按"Alt+F4"组合键。

如果未对编辑的演示文稿进行保存，关闭时会弹出提示对话框，询问用户是否保存对演示文稿所做的修改，此时可进行如下操作。

- 单击"是"按钮，可保存当前演示文稿，同时关闭该演示文稿。
- 单击"否"按钮，将直接关闭演示文稿，且不会对当前演示文稿所做的编辑进行保存。
- 单击"取消"按钮，将撤销本次关闭演示文稿的操作，并返回窗口。

9.3 幻灯片的基本操作 ————————————————— <<

演示文稿通常是由多张幻灯片组成的，因此我们还需要掌握幻灯片的基本操作，如切换幻灯片、添加幻灯片、复制幻灯片和移动幻灯片等。

>> 9.3.1 切换幻灯片

当演示文稿中含有多张幻灯片时，就需要在不同幻灯片间切换，从而选中需要编辑的幻灯片。撰写或设计演示文稿时，通常是在"普通视图"模式下进行的，因而切换幻灯片通常也是在该视图模式下进行的，其方法主要有以下两种。

- 在视图窗格的"幻灯片"选项卡中，单击某张幻灯片的缩略图，可切换到对应的幻灯片。
- 在视图窗格的"大纲"选项卡中，单击某张幻灯片的标题或序列号，可切换到对应的幻灯片。

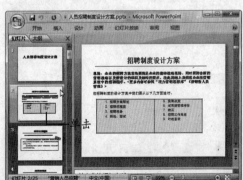
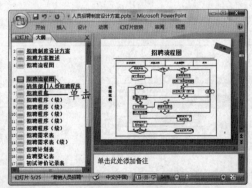

在演示文稿编辑区右侧的滚动条下端，单击"上一张幻灯片"按钮 或"下一张幻灯片"按钮 ，可切换到当前幻灯片的上一张或下一张幻灯片。

说明 在"幻灯片浏览"视图模式下，直接单击要编辑的幻灯片，可切换到该幻灯片。

>> 9.3.2　添加新幻灯片

 知识讲解

当演示文稿中幻灯片的数量不够时，就需要添加新的幻灯片，其方法主要有以下几种。

■　在视图窗格的"幻灯片"或"大纲"选项卡中，选中某张幻灯片，然后在"开始"选项卡的"幻灯片"选项组中，单击"新建幻灯片"按钮▤下方的下拉按钮，在弹出的下拉列表中选择需要的幻灯片版式，即可在当前幻灯片的后面添加一张该版式的幻灯片。

■　在视图窗格的"幻灯片"选项卡中，使用鼠标右键单击某张幻灯片，在弹出的快捷菜单中选择"新建幻灯片"命令，即可在当前幻灯片的后面添加一张幻灯片，且该幻灯片采用的是默认版式——"标题和内容"。

 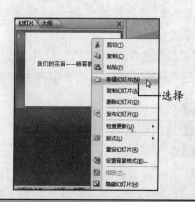

我们还可以在"幻灯片浏览"视图模式下添加幻灯片，具体操作方法为：选中某张幻灯片，然后执行上面任意一种操作，即可在当前幻灯片的后面添加一张新幻灯片。

 互动练习

下面在"公司会议"演示文稿中，练习在第2张幻灯片的后面添加一张幻灯片，版式为"比较"，具体操作步骤如下。

第1步　选择新幻灯片的版式

1　打开"公司会议"演示文稿，选中第2张幻灯片。

2　在"幻灯片"选项组中，单击"新建幻灯片"按钮下方的下拉按钮。

3　在弹出的下拉列表中选中需要的版式，本例中选择"比较"选项。

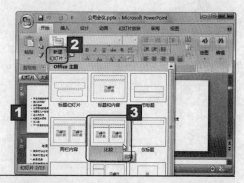

若直接单击"新建幻灯片"按钮▤，可快速创建一张"标题和内容"版式的幻灯片。　说明　201

第2步 查看添加幻灯片后的效果

第2张幻灯片的后面即添加了一张新幻灯片，且版式为"比较"。

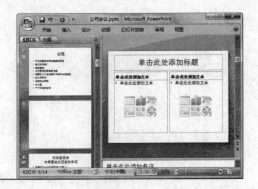

>> 9.3.3 复制幻灯片

 知识讲解

　　复制幻灯片是指创建一张或者多张一模一样的幻灯片，反复使用相同的幻灯片内容、版式和格式。

　　在"普通视图"或"幻灯片浏览"视图模式下，选中需要复制的幻灯片，然后执行以下任意一种操作，可将其复制到剪贴板中。

- ■　在"开始"选项卡中，单击"剪贴板"选项组中的"复制"按钮。
- ■　使用鼠标右键单击选中的幻灯片，在弹出的快捷菜单中选择"复制"命令。
- ■　按"Ctrl+C"组合键。

　　将幻灯片复制到剪贴板中后，执行以下任意一种操作，可将其粘贴到目标位置。

- ■　在"开始"选项卡中，单击"剪贴板"选项组中的"粘贴"按钮。
- ■　使用鼠标右键单击目标位置前的幻灯片，在弹出的快捷菜单中选择"粘贴"命令。
- ■　按"Ctrl+V"组合键。

> 在视图窗格中，使用鼠标右键单击某张幻灯片，在弹出的快捷菜单中选择"复制幻灯片"命令，可在当前幻灯片的后面添加一张一模一样的幻灯片。

 互动练习

　　下面在"公司会议"演示文稿的"幻灯片浏览"视图模式下，练习使用右键快捷菜单中的"复制"与"粘贴"命令，将第2张幻灯片复制到第4张的后面，具体操作步骤如下。

说明　默认情况下，新建的演示文稿中只有一张幻灯片。

第1步　复制幻灯片

1 打开"公司会议"演示文稿后，通过单击"幻灯片浏览"按钮切换到"幻灯片浏览"视图模式。

2 使用鼠标右键单击第2张幻灯片。

3 在弹出的快捷菜单中选择"复制"命令。

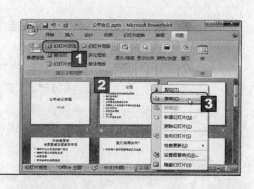

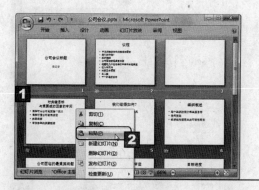

第2步　粘贴幻灯片

1 使用鼠标右键单击目标位置前的幻灯片，本例中单击第4张幻灯片。

2 在弹出的快捷菜单中选择"粘贴"命令。

> 将光标插入点定位在第4张幻灯片的后面，然后执行粘贴操作，也可实现幻灯片的粘贴。

第3步　查看粘贴后的效果

此时，第4张幻灯片的后面即创建了一张与第2张相同的幻灯片，且编号为"5"。与此同时，第5张以后的原幻灯片的编号依次增加了"1"，例如原来的第5张幻灯片的编号变成了"6"。

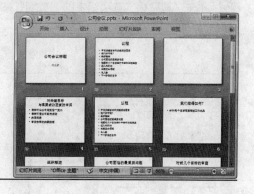

>> 9.3.4　移动幻灯片

知识讲解

　　在编辑演示文稿的过程中，如果认为将某张幻灯片调整到另一个位置更合适，就需要对其进行移动操作。

　　在"普通视图"或"幻灯片浏览"视图模式下，先将需要移动的幻灯片剪切到剪贴板中，然后将其粘贴到目标位置即可。剪切幻灯片的操作方法主要有以下几种。

■　在"开始"选项卡中，单击"剪贴板"选项组中的"剪切"按钮。

■　使用鼠标右键单击要移动的幻灯片，在弹出的快捷菜单中选择"剪切"命令。

■　按"Ctrl+X"组合键。

接下来将剪贴板中的幻灯片粘贴到目标位置，便实现了幻灯片的移动。

除此之外，还可通过拖动鼠标的方式移动幻灯片。例如，要在"普通视图"模式下移动幻灯片，可在视图窗格的"幻灯片"或"大纲"选项卡中，选中要移动的幻灯片，然后按住鼠标左键不放并拖动，当拖动到目标位置时释放鼠标键即可。

 互动练习

下面练习在"幻灯片浏览"视图模式下，使用"剪切"与"粘贴"按钮，将"公司会议"演示文稿中的第6张幻灯片移动到第7张的后面，具体操作步骤如下。

第1步　剪切幻灯片

1 在"公司会议"演示文稿中，切换到"幻灯片浏览"视图模式，选中要移动的幻灯片，本例中选择第6张。

2 单击"剪贴板"选项组中的"剪切"按钮。

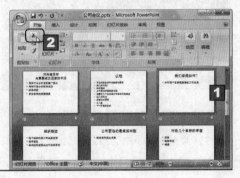

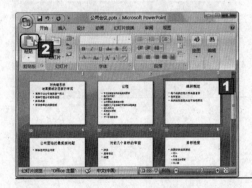

第2步　粘贴幻灯片

1 此时，第6张以后的幻灯片的编号依次递减了"1"，例如第7张幻灯片的编号变成了"6"，将其选中。

2 单击"剪贴板"选项组中的"粘贴"按钮。

第3步　查看粘贴后的效果

执行粘贴操作后，剪贴板中的幻灯片被粘贴到了当前所选幻灯片的后面，从而实现了幻灯片的移动操作。

技巧　按"Shift+Insert"组合键，可快速将剪贴板中的幻灯片粘贴到目标位置。

>> 9.3.5　删除幻灯片

 知识讲解

对于不需要的幻灯片，可按照下面的方法将其删除。

- 在视图窗格的"幻灯片"或"大纲"选项卡中，使用鼠标右键单击需要删除的幻灯片，在弹出的快捷菜单中选择"删除幻灯片"命令。
- 在视图窗格的"幻灯片"或"大纲"选项卡中，选中需要删除的幻灯片，然后在"开始"选项卡的"幻灯片"选项组中单击"删除"按钮。

此外，在"幻灯片浏览"视图模式下选中要删除的幻灯片，然后执行以上任意一种操作也可将其删除。

 互动练习

下面练习在"幻灯片浏览"视图模式下，将"公司会议"演示文稿中的第13张幻灯片删除，具体操作步骤如下。

第1步　删除幻灯片

1 在"公司会议"演示文稿中，切换到"幻灯片浏览"视图模式，选中要删除的幻灯片，本例中选择第13张。

2 单击"幻灯片"选项组中的"删除"按钮。

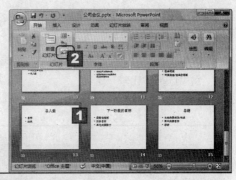

第2步　查看删除后的效果

第13张幻灯片被删除，与此同时，第13张以后的幻灯片的编号依次递减了"1"，例如第14张幻灯片的编号变成了"13"。

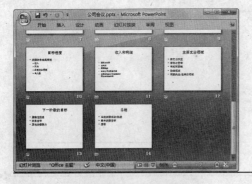

>> 9.3.6　更改幻灯片的版式

 知识讲解

幻灯片版式是指幻灯片内容的布局结构，并指定某张幻灯片上使用哪些占位符框，

以及应该将它们摆放在什么位置。在编辑幻灯片的过程中，如果需要将其更改为其他版式，可通过以下几种方式实现。

- 在"普通视图"或"幻灯片浏览"视图模式下，选中需要更换版式的幻灯片，在"开始"选项卡中单击"幻灯片"选项组中的"版式"按钮，在弹出的下拉列表中选择需要的版式。
- 在视图窗格的"幻灯片"选项卡中，使用鼠标右键单击需要更换版式的幻灯片，在弹出的快捷菜单中选择"版式"命令，在弹出的子菜单中选择需要的版式。

互动练习

下面在"公司会议"演示文稿中，练习将第11张幻灯片的版式更改为"比较"，具体操作步骤如下。

第1步 选择版式

1 在"公司会议"演示文稿中，选中要更改版式的幻灯片，本例中选择第11张。

2 在"幻灯片"选项组中单击"版式"按钮。

3 在弹出的下拉列表中选择需要的版式，本例中选择"比较"选项。

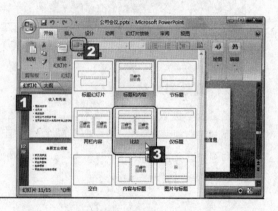

第2步 查看更改后的效果

此时，第11张幻灯片的版式即可更改为"比较"。

9.4 编辑幻灯片内容

掌握了幻灯片的基本操作后，接下来就要学习怎样编辑幻灯片内容。在幻灯片中，不仅可以输入常规的文字内容，插入表格、图片等对象，还可以插入媒体剪辑，例如声音、影片等。

说明 在幻灯片的空白位置单击鼠标右键，在弹出的快捷菜单中选择"版式"命令，可更改版式。

>> 9.4.1 输入文本内容

 **知识讲解**

在空白幻灯片中看到的虚线框就是占位符框，而虚线框内的"单击此处添加标题"或"单击此处添加副标题"等提示文字为文本占位符。单击文本占位符，提示文字会自动消失，然后在虚线框内键入需要的文本内容即可。

单击此处添加标题

单击此处添加副标题

 如果虚线框的大小无法满足内容的输入，该怎么办？

 我们可以调整虚线框的大小啊！选中虚线框后，切换到"绘图工具/格式"选项卡，在"大小"选项组中就可以调整大小了。

 除此之外，我们还可以通过拖动鼠标的方式调整虚线框的大小，具体操作方法为：选择虚线框后，虚线框的四周会出现控制点，将鼠标指针停放在控制点上，当指针变成双向箭头形状时，按住鼠标左键并任意拖动，即可调整虚线框的大小。

输入文本内容后，如果要对其设置字体、段落等格式，可先将其选中，然后在"开始"选项卡中进行相应的设置，其方法和Word文档中文本格式的设置方法大体上相同，此处就不再详细讲解了。

 互动练习

下面在"西湖美景"演示文稿中，练习在第1张幻灯片中输入文本，具体操作步骤如下。

第1步 单击文本占位符

1 在"西湖美景"演示文稿中，选中第1张幻灯片。

2 单击"单击此处添加标题"占位符。

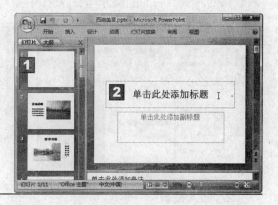

第2步 输入标题文本

虚线框内的占位符自动消失，此时可输入相应的文本内容。

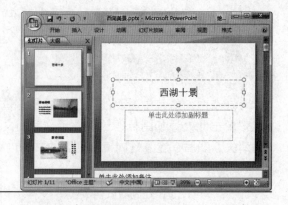

第3步 输入文本内容

按照相同的操作方法，在下面的虚线框内单击"单击此处添加副标题"占位符，然后输入相应的内容。

>> 9.4.2 插入表格和图表

知识讲解

当幻灯片中的内容涉及很多数据时，使用表格和图表可使数据更加直观，更加清晰明了，从而使演示文稿达到更好的演示效果。

1. 插入表格

在PowerPoint 2007中插入表格的操作方法为：选中要插入表格的幻灯片，切换到"插入"选项卡，单击"表格"选项组中的"表格"按钮，在弹出的下拉列表中选择插入表格的方式，后面的操作与在Word中插入表格相同，这里就不再赘述了。

插入表格后，功能选项卡中将显示"表格工具/设计"和"表格工具/布局"选项卡。通过这两个选项卡，可对表格设置相应的格式，如调整表格结构、设置表格样式等。

2. 插入图表

在PowerPoint 2007中插入图表的操作方法如下。

（1）选中要插入图表的幻灯片，切换到"插入"选项卡，单击"插图"选项组中的"图表"按钮。

说明 在工作表中，蓝色边框内的数据是与图表有关系的数据，拖动鼠标可调整数据范围。

（2）在弹出的"插入图表"对话框中选择需要的图表样式，然后单击"确定"
按钮。

（3）所选样式的图表即被插入到当前幻灯片中，与此同时，系统会自动打开与图表数据相关联的工作簿，并提供了默认的数据，此时可在工作表中输入相应的数据。

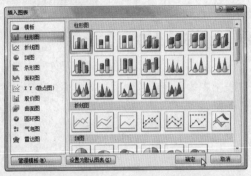 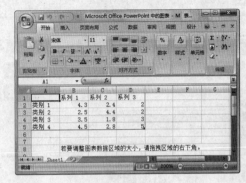

（4）输入完成后，关闭工作表即可。

插入图表后，功能选项卡中将显示"图表工具/设计"、"图表工具/布局"和"图表工具/格式"3个选项卡。通过这3个选项卡，可对插入的图表设置相应的格式，如编辑数据、调整布局，以及设置图表样式等。

 互动练习

下面在"产品销售"演示文稿中，练习在第2张幻灯片中插入表格，具体操作步骤如下。

第1步 选择"插入表格"选项

1 打开"产品销售"演示文稿，选中第2张幻灯片。

2 切换到"插入"选项卡。

3 单击"表格"选项组中的"表格"按钮。

4 在弹出的下拉列表中选择"插入表格"选项。

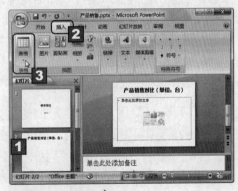

 在弹出的下拉列表中，若选择"绘制表格"选项，可手动绘制表格；若选择"Excel电子表格"选项，可调用Excel电子表格，以便处理复杂的数据关系。

第2步　设置表格范围

1 弹出"插入表格"对话框，在"列数"微调框中设置表格的列数，本例中将值设置为"5"。

2 在"行数"微调框中设置表格的行数，本例中将值设置为"4"。

3 设置完成后，单击"确定"按钮。

第3步　输入表格内容

1 此时当前幻灯片中即出现了一个5列4行的表格。

2 在表格中输入相应的数据，其方法与Word中的操作类似。

>> 9.4.3　插入图形图像

　　为了让幻灯片中的内容更加丰富，还可在幻灯片中插入图片、自选图形及艺术字等对象，其方法与Word中的操作类似，本节将进行简单的介绍。

1. 插入图片或剪贴画

　　选中要插入图片或剪贴画的幻灯片，切换到"插入"选项卡，然后在"插图"选项组中单击相应的按钮。例如，要插入图片，则单击"图片"按钮，在弹出的"插入图片"对话框中选择需要的图片，然后单击"插入"按钮即可。

　　插入图片或剪贴画之后，功能选项卡中将显示"图片工具/格式"选项卡。通过该选项卡，可对图片或剪贴画设置相应的格式，比如调整大小、设置图片样式等。

2. 插入自选图形

　　自选图形的插入方法与Word文档中的操作类似，具体操作方法如下。

（1）选中要插入自选图形的幻灯片，切换到"插入"选项卡，然后单击"插图"选项组中的"形状"按钮，在弹出的下拉列表中选择需要的图形样式。

（2）此时鼠标指针呈十字状＋，在需要插入图形的位置按住鼠标左键不放，然后拖动鼠标进行绘制，当绘制到合适大小时释放鼠标键即可。

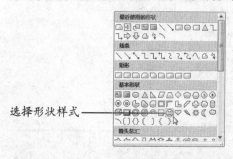

选择形状样式

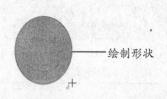

绘制形状

说明 在PowerPoint中首次使用剪贴画时，会弹出提示对话框，询问是否搜索包含来自网络的剪贴画。

插入形状后，功能选项卡中将显示"绘图工具/格式"选项卡。通过该选项卡，可对自选图形设置边框、填充颜色等格式。

3. 插入艺术字

若要插入艺术字，可按照下面的操作步骤实现。

（1）选中要插入艺术字的幻灯片，切换到"插入"选项卡，然后单击"文本"选项组中的"艺术字"按钮，在弹出的下拉列表中选择需要的艺术字样式。

（2）弹出艺术字文本框，占位符"请在此键入您自己的内容"为选中状态，此时可直接输入艺术字内容。

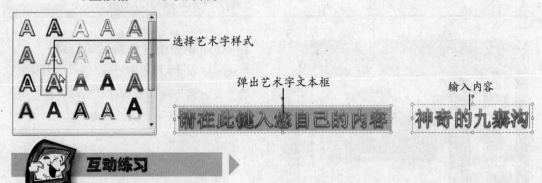

选择艺术字样式

弹出艺术字文本框

输入内容

互动练习

下面在"西湖美景"演示文稿中，练习在第11张幻灯片中插入图片，具体操作步骤如下。

第1步　单击"图片"按钮

1 打开"西湖美景"演示文稿，选中第11张幻灯片。

2 切换到"插入"选项卡。

3 单击"插图"选项组中的"图片"按钮。

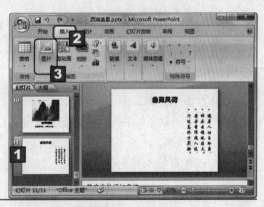

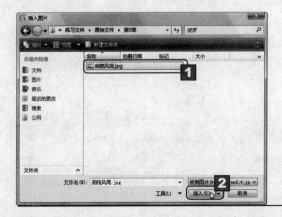

第2步　选择图片

1 在弹出的"插入图片"对话框中选择需要的图片。

2 单击"插入"按钮。

第3步 插入图片后的效果

选中的图片被插入到当前幻灯片中。

第4步 调整图片位置后的效果

在PowerPoint中插入图片后，无法对其设置环绕方式，但可对其进行拖动操作。根据操作需要，将图片拖动到合适的位置。

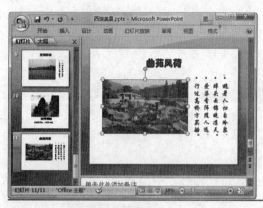

>> 9.4.4 插入媒体剪辑

为了让制作的幻灯片给观众带来视觉、听觉上的冲击，PowerPoint 2007提供了插入声音和影片的功能，并在剪辑管理器中提供了素材。

1. 插入声音

选中需要插入声音的幻灯片，切换到"插入"选项卡，在"媒体剪辑"选项组中，单击"声音"按钮下方的下拉按钮，在弹出的下拉列表中进行选择。若选择"文件中的声音"选项，可插入电脑中的声音文件；若选择"剪辑管理器中的声音"选项，可插入剪辑管理器中的声音。

插入声音时，还会弹出提示对话框，询问用户在放映幻灯片时如何播放声音。若单击"自动"按钮，放映幻灯片时会自动播放该声音；若单击"在单击时"按钮，放映幻灯片时需要单击声音图标才会播放。

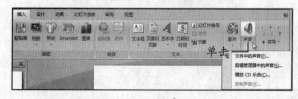

说明 剪辑管理器中的影片其实是动态的GIF格式的图片。

插入声音后，幻灯片中将出现声音图标 ◀)，且功能选项卡中将显示"图片工具/格式"和"声音工具/选项"选项卡。通过"声音工具/选项"选项卡，可对插入的声音进行相应的操作，比如预览效果、调整放映音量等。

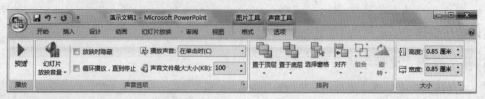

2. 插入影片

插入影片的方法与插入声音相同，且插入时同样会弹出提示对话框，询问用户在放映幻灯片时如何播放影片。若单击"自动"按钮，放映幻灯片时会自动播放该影片；若单击"在单击时"按钮，放映幻灯片时需要单击影片图标才会播放。此外，插入影片后，幻灯片中将出现以插入的影片片头图像显示的影片图标。

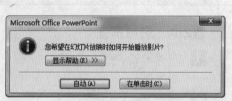

插入影片后，功能选项卡中将显示"图片工具/格式"和"影片工具/选项"选项卡。通过"影片工具/选项"选项卡，可对插入的影片进行相应的操作，比如预览效果、调整放映音量及播放方式等。

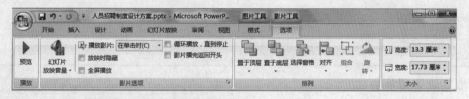

此外，我们还可通过占位符插入表格、图片和影片等对象。当幻灯片采用的是"标题和内容"、"两栏内容"等版式时，占位符框中还会提供表格、图片等对象的占位符图标，单击某个图标即可在幻灯片中插入相应的对象。

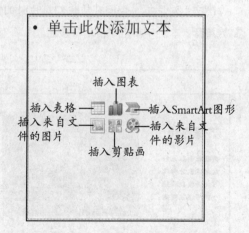

互动练习

下面在"西湖美景"演示文稿中，练习在第2张幻灯片中插入来自本地电脑的声音，具体操作步骤如下。

第1步　选择"文件中的声音"选项

1 在"西湖美景"演示文稿中，选中第2张幻灯片。

2 切换到"插入"选项卡。

3 在"媒体剪辑"选项组中，单击"声音"按钮下方的下拉按钮。

4 在弹出的下拉列表中选择"文件中的声音"选项。

第2步　选择声音

1 在弹出的"插入声音"对话框中选择需要的声音。

2 单击"插入"按钮。

第3步　设置播放方式

弹出提示对话框，询问在放映幻灯片时如何播放声音，本例中单击"自动"按钮。

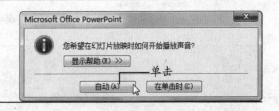

第4步　添加声音后的效果

幻灯片中出现了声音图标，根据操作需要将图标拖动到合适的位置，本例中将其拖动到幻灯片的右下角，其最终效果如左图所示。

说明　声音图标的存在只是为了提醒用户有声音文件，因此没必要放在醒目的位置。

9.5 美化幻灯片 ————————————————— <<

幻灯片的内容编辑完成后，为了使其更加赏心悦目，可对其进行相应的美化操作，例如设置背景、应用主题样式等。

>> 9.5.1 设置幻灯片背景

为了使幻灯片更加美观，还可对其设置背景效果，具体操作方法为：打开需要设置背景效果的演示文稿，切换到"设计"选项卡，单击"背景"选项组中的"背景样式"按钮，在弹出的下拉列表中选择某种样式，即可将其应用到演示文稿中的所有幻灯片中。

若在下拉列表中选择"设置背景格式"选项，在弹出的"设置背景格式"对话框中可设置纯色填充、渐变填充、图片或纹理填充等背景效果。设置完成后，若单击"关闭"按钮，可将设置的背景效果应用到当前幻灯片中；若单击"全部应用"按钮，可将设置的背景效果应用到演示文稿中的所有幻灯片中。

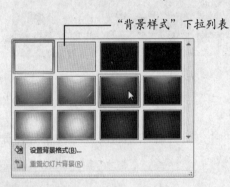

"背景样式"下拉列表

下面练习对"产品销售"演示文稿应用内置样式的背景，具体操作步骤如下。

第1步 套用背景样式

1. 打开"产品销售"演示文稿，切换到"设计"选项卡。

2. 单击"背景"选项组中的"背景样式"按钮。

3. 在弹出的下拉列表中选择需要的背景样式，本例中选择"样式5"选项。

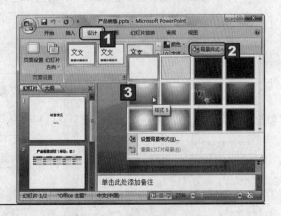

第2步 查看设置后的效果

设置完成后，切换到"幻灯片浏览"视图模式下查看设置后的效果。

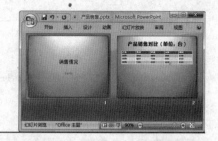

>> 9.5.2 使用主题美化文档

知识讲解

　　PowerPoint 2007提供了许多主题样式，应用这些样式，可使演示文稿中的所有幻灯片具有统一风格的外观效果，如背景样式、标题文本的格式等。

　　套用主题样式的操作方法为：打开需要套用主题样式的演示文稿，切换到"设计"选项卡，在"主题"选项组的列表框中选择需要的主题样式即可。

互动练习

　　下面练习对"西湖美景"演示文稿中的幻灯片套用主题样式"夏至"，具体操作步骤如下。

第1步 套用主题样式

1 打开"西湖美景"演示文稿，切换到"设计"
选项卡。

2 在"主题"选项组的列表框中，通过单击▲或▼
按钮，向上或向下滚动查找需要的主题样式，
本例中选择"夏至"样式。

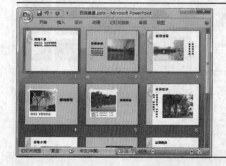

第2步 查看设置后的效果

设置完成后，切换到"幻灯片浏览"视图模式下查看设置后的效果。

哇，应用主题样式后，演示文稿看起来漂亮多了！

说明 将鼠标指针指向某主题样式时，当前幻灯片将显示应用后的预览效果。

9.6 上机练习 —————————— <<

　　本章安排了两个上机练习。练习一结合演示文稿的新建与保存操作，根据模板创建一个演示文稿。练习二结合幻灯片的新建、编辑等相关知识，制作关于茶饮料市场调查的演示文稿。

练习一　演示文稿的新建与保存

1 启动PowerPoint 2007，基于Microsoft Office Online官方网站上的"演示文稿"→"其他演示文稿"中的"项目概述演示文稿"模板新建一个演示文稿。

2 在第1张幻灯片中，删除文本框中的文本，然后输入自己的内容。

3 将演示文稿以"产品策划与分析"为文件名保存到电脑中。

通常情况下，根据模板创建的演示文稿中的文本框内都会附带提示性文字，因而可以根据提示性文字输入自己的内容。

练习二　制作"市场调查"演示文稿

1 启动PowerPoint 2007新建一个空白演示文稿，然后将其以"市场调查"为文件名保存到电脑中。

2 在第1张幻灯片中的标题占位符中输入"茶饮料市场调查"，在副标题占位符中输入"市场发展环境"。

3 依次新建第2、3和4张幻灯片，其版式均为"标题和内容"，然后分别在这几张幻灯片中输入内容，并设置好相应的格式。

4 对当前演示文稿应用"凸显"主题样式，然后切换到"幻灯片浏览"视图模式下查看最终效果。

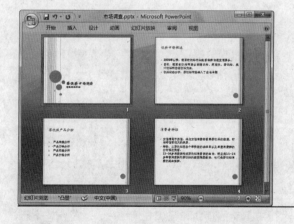

第10章　幻灯片动画设计

- ◧ 插入超链接
- ◧ 添加动画效果
- ◧ 编辑动画效果
- ◧ 设置幻灯片切换效果

小机灵，你看，通过一节课的学习，我已经会做演示文稿了。

真有你的，这么快就学会了，恭喜你啊！聪聪，你听说了吗？为了增强幻灯片的趣味性，还可以为其添加动画效果呢。可惜我不会，我们一块儿去问博士吧！

不错，动画效果是演示过程中常用的辅助和强调表现手段，也是制作演示文稿时最出彩和最重要的一步。为幻灯片添加动画效果，不仅能增强幻灯片的趣味性，还能增强幻灯片视觉上的效果。今天我们就来学习如何对幻灯片进行动画设计，你们可要认真听哦！

10.1　插入超链接 —————————————— <<

在放映幻灯片前，可在演示文稿中插入超链接，从而实现放映时从某张幻灯片跳转到其他位置。

>> 10.1.1　添加超链接

在演示文稿中，若为文本或其他对象（如图片、图形或表格等）添加了超链接，此后单击该对象时可直接跳转到其他位置。添加超链接的具体操作步骤如下。

（1）在要设置超链接的幻灯片中，选中要添加超链接的对象。

（2）切换到"插入"选项卡，单击"链接"选项组中的"超链接"按钮。

（3）在弹出的"插入超链接"对话框中设置超链接的链接位置，设置完成后单击"确定"按钮即可。

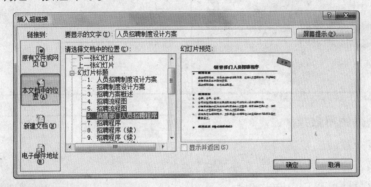

互动练习

下面在"西湖美景"演示文稿的第3张幻灯片中，练习为"断桥残雪"文本添加超链接，其链接位置为第7张幻灯片，具体操作步骤如下。

第1步　单击"超链接"按钮

1 在"西湖美景"演示文稿的第3张幻灯片中，选中要添加超链接的对象，本例中选择"断桥残雪"文本。

2 切换到"插入"选项卡。

3 单击"链接"选项组中的"超链接"按钮。

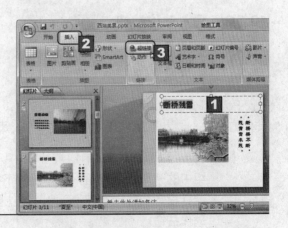

按"Ctrl+K"组合键，可快速打开"插入超链接"对话框。　　技巧　　**219**

第2步 设置链接位置

1 弹出"插入超链接"对话框，在"链接到"栏中选择链接位置，本例中选择"本文档中的位置"选项。

2 在"请选择文档中的位置"列表框中选择链接的目标位置，本例中选择"7.雷峰夕照"选项。

3 单击"确定"按钮。

若要链接到文件或Web页，则选择"原有文件或网页"选项；若要链接到某个电子邮件地址，则选择"电子邮件地址"选项。

第3步 查看设置后的效果

返回到幻灯片中，可看见"断桥残雪"文本的下方出现了下画线，且文本颜色也发生了变化。

第4步 超链接使用效果

切换到"幻灯片放映"视图模式，当演示到此幻灯片时，将鼠标指针指向设置了超链接的"断桥残雪"文本，鼠标指针会变为手形状，此时单击该文本可跳转到第7张幻灯片。

>> 10.1.2 插入动作按钮

 知识讲解

PowerPoint 2007提供了一组动作按钮，用户可任意添加，以便在放映过程中跳转到其他幻灯片，或者激活声音文件、影片等。添加动作按钮的具体操作方法如下。

（1）在要添加动作按钮的幻灯片中，切换到"插入"选项卡，单击"插图"选项组中的"形状"按钮，在弹出的下拉列表中选择需要的动作按钮。

（2）鼠标指针将呈十字状+，此时按住鼠标左键不放并拖动，即可在幻灯片中绘制动作按钮。

说明 在"插入超链接"对话框中单击"屏幕提示"按钮，可为超链接设置提示文字。

（3）绘制完成后释放鼠标键，会弹出"动作设置"对话框，此时可根据需要设置链接的目标位置。

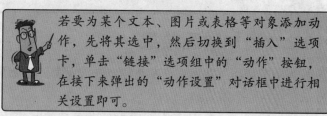

若要为某个文本、图片或表格等对象添加动作，先将其选中，然后切换到"插入"选项卡，单击"链接"选项组中的"动作"按钮，在接下来弹出的"动作设置"对话框中进行相关设置即可。

（4）设置完成后，单击"确定"按钮即可。

互动练习

下面在"西湖美景"演示文稿中，练习在第4张幻灯片中添加"前进或下一项"动作按钮，具体操作步骤如下。

第1步　单击"形状"按钮

1 在"西湖美景"演示文稿中，选中第4张幻灯片，切换到"插入"选项卡。

2 单击"插图"选项组中的"形状"按钮。

3 在弹出的下拉列表中选择需要的动作按钮，本例中选择"前进或下一项"选项。

第2步　绘制动作按钮

鼠标指针呈十字状＋，在要添加动作按钮的位置，按住鼠标左键不放并拖动以绘制动作按钮，绘制完成后，释放鼠标键。

第3步　设置动作参数

1 弹出"动作设置"对话框，并定位在"单击鼠标"选项卡中，在"单击鼠标时的动作"栏中选中"超链接到"单选项。

2 在下拉列表框中选择"下一张幻灯片"选项。

3 如果要设置跳转时的声音，可选中"播放声音"复选框。

4 在下拉列表框中选择声音，本例中选择"照相机"选项。

5 设置完成后，单击"确定"按钮。

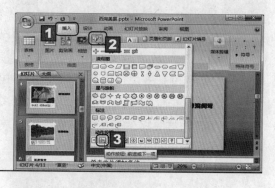

在"动作设置"对话框中选中"运行程序"单选项，此后单击动作按钮可启动设置的应用程序。　**说明**

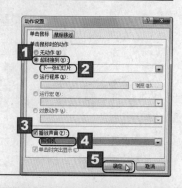

经过上述设置后，以后在放映演示文稿时，当放映到第4张幻灯片时，单击该动作按钮，可跳转到下一张幻灯片。

10.2　添加动画效果 ————————————————————— <<

为幻灯片中的文本框、图片和声音等对象分别添加具有特色的动画效果，可使其在放映时呈现动态效果。

默认设置下，幻灯片中的对象都没有动画效果。如果需要为某个对象添加动画效果，先将其选中，然后切换到"动画"选项卡，在"动画"选项组的"动画"下拉列表框中选择需要的动画效果即可。此外，单击"自定义动画"按钮，在打开的"自定义动画"窗格中单击"添加效果"按钮，在弹出的下拉列表中也可选择需要的动画效果。

>> 10.2.1　进入式动画

进入式动画主要用于设置对象在放映幻灯片时进入屏幕时的动画动作。添加进入式动画效果的操作方法如下。

（1）选中需要添加进入式动画效果的对象，切换到"动画"选项卡，然后单击"动画"选项组中的"自定义动画"按钮。

（2）在打开的"自定义动画"窗格中单击"添加效果"按钮，在弹出的下拉列表中选择"进入"选项，在弹出的级联列表中选择具体的动画效果。

如果还需要更多的选择，可在级联列表中选择"其他效果"选项，在弹出的"添加进入效果"对话框中进行选择。

下面在"西湖美景"演示文稿的第2张幻灯片中，练习为图片添加"擦除"进入式动画效果，具体操作步骤如下。

说明　在"动画"选项组的"动画"下拉列表框中提供了3种进入屏幕时的动画效果。

第1步　选择"其他效果"选项

1 在第2张幻灯片中选中图片。

2 切换到"动画"选项卡。

3 单击"动画"选项组中的"自定义动画"按钮。

4 在打开的"自定义动画"窗格中单击"添加效果"按钮。

5 在弹出的下拉列表中选择"进入"选项。

6 在弹出的级联列表中选择"其他效果"选项。

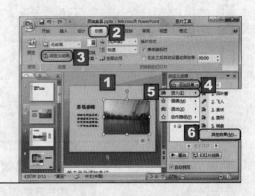

第2步　选择效果

1 在弹出的"添加进入效果"对话框中选择需要的效果，本例中选择"擦除"选项。

2 单击"确定"按钮。

> 为对象添加了"添加进入效果"对话框中的某效果后，该效果选项会显示在"进入"级联列表中。

>> 10.2.2　强调式动画

知识讲解

强调式动画主要用于设置对象在放映幻灯片时在屏幕中一直存在的强调动作。

添加强调式动画效果的操作方法为：选中需要添加强调式动画效果的对象，在"自定义动画"窗格中单击"添加效果"按钮，在弹出的下拉列表中选择"强调"选项，在弹出的级联列表中选择具体的动画效果。

如果还需要更多的选择，可在级联列表中选择"其他效果"选项，在弹出的"添加强调效果"对话框中进行选择。

互动练习

下面在"西湖美景"演示文稿的第1张幻灯片中，练习为"西湖十景"文本添加"陀螺旋"强调式动画效果，具体操作步骤如下。

第1步 单击"自定义动画"按钮

1 在第1张幻灯片中选中"西湖十景"文本。

2 切换到"动画"选项卡。

3 单击"动画"选项组中的"自定义动画"按钮。

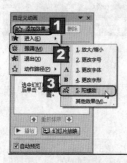

第2步 选择效果

1 在打开的"自定义动画"窗格中单击"添加效果"按钮。

2 在弹出的下拉列表中选择"强调"选项。

3 在弹出的级联列表中选择"陀螺旋"选项。

>> 10.2.3 退出式动画

 知识讲解

退出式动画主要用于设置某对象在放映幻灯片时从屏幕中消失的动画动作。

添加退出式动画效果的操作方法为：选中需要添加退出式动画效果的对象，在"自定义动画"窗格中单击"添加效果"按钮，在弹出的下拉列表中选择"退出"选项，在弹出的级联列表中选择具体的动画效果。

如果还需要更多的选择，可在级联列表中选择"其他效果"选项，在弹出的"添加退出效果"对话框中进行选择。

 互动练习

下面在"西湖美景"演示文稿的第7张幻灯片中，练习为图片添加"飞出"退出式动画效果，具体操作步骤如下。

第1步 单击"自定义动画"按钮

1 在第7张幻灯片中选中图片。

2 切换到"动画"选项卡。

3 单击"动画"选项组中的"自定义动画"按钮。

说明 添加动画效果后，"自定义动画"窗格中将出现当前幻灯片的动画效果列表。

第2步　选择效果

1 在打开的"自定义动画"窗格中单击"添加效果"按钮。

2 在弹出的下拉列表中选择"退出"选项。

3 在弹出的级联列表中选择"飞出"选项。

>> 10.2.4　设置动作路径动画

在幻灯片中，对某个对象设置动作路径动画效果，可使该对象按设计的轨迹运动。

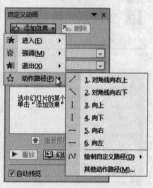

添加动作路径动画效果的具体操作方法为：选中需要添加动作路径动画效果的对象，在"自定义动画"窗格中单击"添加效果"按钮，在弹出的下拉列表中选择"动作路径"选项，在弹出的级联列表中选择具体的动画效果。

如果还需要更多的选择，可在级联列表中选择"其他动作路径"选项，在弹出的"添加动作路径"对话框中进行选择。

为选中的对象添加动作路径动画效果时，除了使用PowerPoint本身提供的动作路径外，还可手动绘制动作路径，具体操作方法如下。

（1）选中需要添加动作路径动画效果的对象，在"自定义动画"窗格中单击"添加效果"按钮，在弹出的下拉列表中选择"动作路径"选项，在弹出的级联列表中选择"绘制自定义路径"选项，然后在弹出的路径列表中选择绘制方式，例如"自由曲线"。

（2）鼠标指针将呈铅笔形状∥，此时按住鼠标左键不放，然后拖动鼠标进行绘制。

（3）在曲线路径的结束位置释放鼠标键，即可结束绘制。

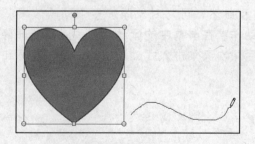

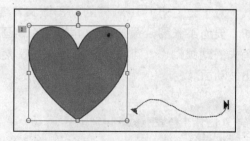

互动练习

下面在"西湖美景"演示文稿的第5张幻灯片中，练习为图片添加"飘扬形"动作路径动画效果，具体操作步骤如下。

第1步 选择"其他动作路径"选项

1 在第5张幻灯片中选中图片。

2 切换到"动画"选项卡。

3 单击"动画"选项组中的"自定义动画"按钮。

4 在打开的"自定义动画"窗格中单击"添加效果"按钮。

5 在弹出的下拉列表中选择"动作路径"选项。

6 在弹出的级联列表中选择"其他动作路径"选项。

第2步 选择效果

1 在弹出的"添加动作路径"对话框中选择需要的效果，本例中选择"飘扬形"选项。

2 单击"确定"按钮。

 添加动画效果后，在"动画"选项卡中，单击"预览"选项组中的"预览"按钮可预览动画效果。

>> 10.2.5 为同一对象添加多个动画效果

 知识讲解

为了让幻灯片中对象的动画效果丰富、自然，可为对象添加多个动画效果。例如，要为某张图片添加进入屏幕时的动画动作、在屏幕中的运动轨迹，以及从屏幕中消失的动画动作，可先将该图片选中，然后依次添加进入式动画、动作路径动画和退出式动画。

 互动练习

下面在"西湖美景"演示文稿的第3张幻灯片中，练习为图片添加"百叶窗"进入式动画效果，再为其添加"忽明忽暗"强调式动画效果，具体操作步骤如下。

说明 在一张幻灯片中，既可为多个对象添加动画效果，也可为某个对象添加多种动画效果。

第1步　添加进入式动画

1 在第3张幻灯片中选中图片。

2 切换到"动画"选项卡。

3 单击"动画"选项组中的"自定义动画"按钮。

4 在打开的"自定义动画"窗格中单击"添加效果"按钮。

5 在弹出的下拉列表中选择"进入"选项。

6 在弹出的级联列表中选择"百叶窗"选项。

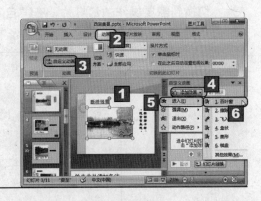

第2步　选择"其他效果"选项

1 保持图片的选中状态，单击"自定义动画"窗格中的"添加效果"按钮。

2 在弹出的下拉列表中选择"强调"选项。

3 在弹出的级联列表中选择"其他效果"选项。

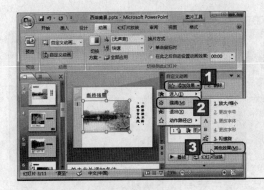

第3步　添加强调式动画

1 在弹出的"添加强调效果"对话框中选择需要的效果，本例中选择"忽明忽暗"选项。

2 单击"确定"按钮。

 为某个对象添加动画效果后，该对象的左侧会出现编号，该编号是程序根据动画效果的添加顺序而添加的。

10.3　编辑动画效果　<<

　　添加动画效果后，还可对其进行相应的编辑操作，比如更改动画效果、删除动画效果，以及调整动画效果的播放顺序等。

>> 10.3.1　更改与删除动画效果

 知识讲解 ▶

　　添加动画效果后，若对某个对象的动画效果不满意，可进行更改，具体操作方法为：切换到需要操作的幻灯片，在"自定义动画"窗格中选中要修改的动画效果，然后单击"更改"按钮，在弹出的下拉列表中选择其他动画效果即可。

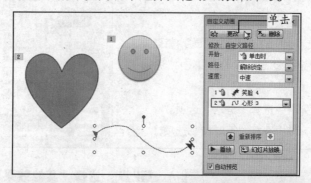

博士，"自定义动画"窗格中那么多动画效果，怎样才能选中某个对象对应的动画效果呢？

在幻灯片中选中添加了动画效果的某个对象时，"自定义动画"窗格中会以灰色边框突出显示该对象的动画效果，此时对其单击便可选中。

对于不再需要的动画效果，可将其删除，其方法主要有以下两种。

- ■ 切换到需要操作的幻灯片，在"自定义动画"窗格中选中要删除的动画效果，然后单击"删除"按钮。
- ■ 在"自定义动画"窗格中选中要删除的动画效果，其右侧将出现一个下拉按钮，对其单击，在弹出的下拉列表中选择"删除"选项。

 互动练习

下面在"西湖美景"演示文稿中，练习将第7张幻灯片中图片的"飞出"退出式动画效果更改为"飞入"进入式动画效果，然后删除第1张幻灯片中"西湖十景"文本的"陀螺旋"强调式动画效果，具体操作步骤如下。

第1步　选中要修改的动画效果

1 打开"西湖美景"演示文稿，选中第7张幻灯片，切换到"动画"选项卡。

2 单击"动画"选项组中的"自定义动画"按钮。

3 在打开的"自定义动画"窗格中选中要修改的动画效果，本例中选择"飞出"效果。

4 单击"更改"按钮。

说明 若幻灯片的缩略图中有五角星标志 ☆，表示该幻灯片设置了动画效果或切换效果。

第2步　更改动画效果

1 在弹出的下拉列表中选择"进入"选项。

2 在弹出的级联列表中选择"飞入"选项。

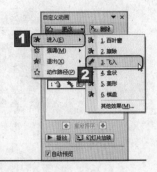

第3步　删除动画效果

1 切换到第1张幻灯片，在"自定义动画"窗格中选中要删除的动画效果，本例中选择"陀螺旋"效果。

2 单击"删除"按钮。

>> 10.3.2　调整动画效果的播放顺序

每张幻灯片中的动画效果都是按照添加时的顺序进行播放的，但用户也可根据操作需要调整动画效果的播放顺序，具体操作方法如下。

（1）切换到需要操作的幻灯片，在"自定义动画"窗格中选中需要调整顺序的动画效果，然后单击"上移"按钮🔼可实现上移。

（2）此时，所选效果即可上移一位。

（3）在"自定义动画"窗格中选中要调整顺序的动画效果，然后单击"下移"按钮🔽可实现下移。

（4）此时，所选效果即可下移一位。

此外，在"自定义动画"窗格的动画效果列表框中选择需要调整顺序的动画效果，然后按住鼠标左键拖动，也可将其调整到其他位置。

>> 10.3.3 设置动画参数

每个动画效果都有相应的参数，比如开始播放的触发点、进入方向、播放速度等。下面以进入式动画方案中的"飞入"动画效果为例，讲解如何设置动画参数。

在"自定义动画"窗格中，选中要设置参数的动画效果，本例中选择"飞入"动画效果，此时在"开始"下拉列表框中可设置开始播放该动画的触发点，在"方向"下拉列表框中可设置该动画的进入方向，在"速度"下拉列表框中可设置该动画的播放速度。

如果需要设置更详细的动画参数，可单击"飞入"动画效果右侧的下拉按钮，在弹出的下拉列表中选择"效果选项"选项，在弹出的参数设置对话框中进行设置。例如，在"效果"选项卡中可设置动画方向、动画的播放声音和动画播放后的效果等参数。

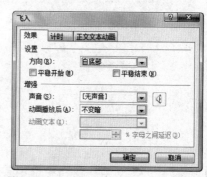

在"开始"下拉列表框中有3个选项，其作用介绍如下。

■ **单击时：**上一个动画播放完毕后，需要单击鼠标才能播放当前动画。

■ **之前：**与前一个动画同步播放。

■ **之后：**在上一个动画播放完毕后自动播放当前动画。

说明 不同的动画效果，其参数设置也就会有所区别。

互动练习

　　下面在"西湖美景"演示文稿中，练习对第3张幻灯片的动画效果设置参数，具体操作步骤如下。

第1步　设置"百叶窗"动画的参数

1 选中第3张幻灯片，切换到"动画"选项卡。

2 单击"动画"选项组中的"自定义动画"按钮。

3 在打开的"自定义动画"窗格中选中要设置参数的动画效果，本例中选择"百叶窗"。

4 在"开始"下拉列表框中选择"之后"选项，在"方向"下拉列表框中选择"垂直"选项，在"速度"下拉列表框中选择"慢速"选项。

第2步　设置"忽明忽暗"动画的参数

1 在"自定义动画"窗格中选中"忽明忽暗"动画效果。

2 在"开始"下拉列表框中选择"之后"选项，在"速度"下拉列表框中选择"中速"选项。

聪聪，参照本节内容进行练习，你就可以为其他幻灯片中的动画效果设置合理的参数哦！

10.4　设置幻灯片切换效果　<<

　　幻灯片的切换效果是指幻灯片播放过程中，从一张幻灯片切换到另一张幻灯片时的效果、速度及声音等。对幻灯片设置切换效果，可丰富放映时的动态效果。

>> 10.4.1　设置切换方案

知识讲解

　　如果要对某张幻灯片设置切换效果，选中该幻灯片，切换到"动画"选项卡，然后在"切换到此幻灯片"选项组的列表框中选择需要的切换方案即可。

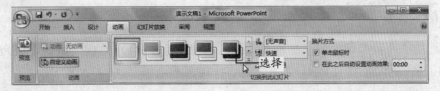

互动练习

下面在"西湖美景"演示文稿中，练习将第9张幻灯片的切换方案设置为"新闻快报"，具体操作步骤如下。

第1步 设置切换方案

1 选中"西湖美景"演示文稿中的第9张幻灯片，切换到"动画"选项卡。

2 在"切换到此幻灯片"选项组的列表框中，通过单击 ▲ 或 ▼ 按钮，向上或向下滚动查找需要的切换方案，本例中选择"新闻快报"方案。

第2步 预览切换效果

单击"预览"选项组中的"预览"按钮，可预览第9张幻灯片的切换效果。

>> 10.4.2 设置切换声音及速度

知识讲解

除了对幻灯片设置切换方案外，还可根据操作需要设置切换声音及速度。选中需要设置切换声音及速度的幻灯片，切换到"动画"选项卡，然后在"切换到此幻灯片"选项组的"切换声音"下拉列表框中选择切换声音，在"切换速度"下拉列表框中选择切换速度。

 如果要将当前幻灯片的设置（切换效果、声音及速度）应用到所有幻灯片中，可单击"全部应用"按钮 全部应用 。

互动练习

下面在"西湖美景"演示文稿中，练习将第10张幻灯片的切换声音设置为"照相机"，切换速度设置为"中速"，具体操作步骤如下。

说明 设置幻灯片的切换声音时，若要选择电脑中的声音文件，只能选择"*.wav"格式的文件。

第1步　设置切换声音

1 选中"西湖美景"演示文稿中的第10张幻灯片，切换到"动画"选项卡。

2 在"切换到此幻灯片"选项组的"切换声音"下拉列表框中选择需要的切换声音，本例中选择"照相机"选项。

> 在"切换声音"下拉列表框中，若选择"其他声音"选项，在弹出的"添加声音"对话框中可选择电脑中存储的声音文件。

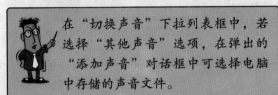

第2步　设置切换速度

在"切换速度"下拉列表框中选择切换速度，本例中选择"中速"选项。

>> 10.4.3　更改与删除切换效果

对幻灯片设置了切换效果后，还可根据操作需要进行更改或删除等操作。其中，切换方案和切换声音既可更改，也可删除，而切换速度只能更改，无法删除。

1. 更改切换效果

更改切换效果的操作方法如下。

（1）选中要更改切换效果的幻灯片，切换到"动画"选项卡。

（2）在"切换到此幻灯片"选项组的列表框中重新选择切换方案，在"切换声音"下拉列表框中重新选择切换声音，在"切换速度"下拉列表框中重新选择切换速度。

2. 删除切换效果

删除切换效果的操作方法如下。

（1）选中要删除切换效果的幻灯片，切换到"动画"选项卡。

（2）在"切换到此幻灯片"选项组的列表框中选择"无切换效果"选项，可删除切换方案。

（3）在"切换声音"下拉列表框中选择"无声音"选项，可删除切换声音。

将电脑中的声音设置为幻灯片的切换声音后，"切换声音"列表框中将显示该声音的文件名称。　**说明**

10.5 上机练习 <<

本章安排了两个上机任务。练习一是打开第9章创建的"市场调查"演示文稿，然后在第1张幻灯片中插入超链接。练习二是为第3张幻灯片添加动画效果，并设置相应的参数。

练习一 插入超链接

1 打开"市场调查"演示文稿。

2 在第1张幻灯片中选中"茶饮料市场调查"文本，为其添加超链接，链接位置为当前演示文稿中的第4张幻灯片。

3 将演示文稿以"茶饮料市场调查"为文件名另存到电脑中。

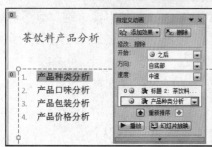

练习二 添加动画效果

1 打开"茶饮料市场调查"演示文稿。

2 在第3张幻灯片中选中"茶饮料产品分析"文本，为其添加"切入"进入式动画效果，并设置相应的参数。

3 选中"产品种类分析"文本，为其添加"擦除"进入式动画效果，并设置参数。

4 参照第3步，依次为其他文本添加"擦除"进入式动画效果，且参数与"产品种类分析"文本的动画效果一样。

说明 右击插入了超链接的对象，在弹出的快捷菜单中选择"取消超链接"命令，可取消超链接。

第11章　放映与打印演示文稿

- 幻灯片放映设置
- 创建自动运行的演示文稿
- 放映演示文稿
- 打包演示文稿
- 打印演示文稿

博士，我把演示文稿做好了，但我朋友的电脑中根本就没有安装 PowerPoint 2007，怎样放映给朋友们欣赏呢？

聪聪，你咋变笨了。你不记得博士曾讲过，只要切换到"幻灯片放映"视图模式就可以播放幻灯片了。

没有安装PowerPoint，是无法通过"幻灯片放映"视图模式进行播放的，但你可以把幻灯片打包成文件或CD，再进行播放。其实，根据不同的情况，放映幻灯片的方法也不尽相同。下面我就给你们讲解如何放映幻灯片，以及如何将幻灯片打印出来。

11.1　幻灯片放映设置 ———————————————— <<

在放映演示文稿前，还需要进行相关的放映设置，如设置放映方式、幻灯片的显示与隐藏等，接下来将进行讲解。

>> 11.1.1　设置幻灯片的放映方式

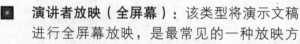
知识讲解

在实际放映过程中，演讲者可能会对放映方式有不同的要求，如放映类型、放映范围等，这时可通过设置来控制幻灯片的放映方式。设置幻灯片放映方式的具体操作步骤如下。

（1）在演示文稿中切换到"幻灯片放映"选项卡，然后单击"设置"选项组中的"设置幻灯片放映"按钮。

（2）在弹出的"设置放映方式"对话框中设置放映类型、放映选项和放映范围等参数，然后单击"确定"按钮即可。

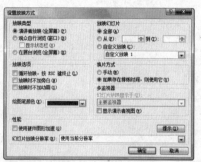

在"设置放映方式"对话框的"放映类型"栏中有3个单选项，其功能介绍如下。

- **演讲者放映（全屏幕）**：该类型将演示文稿进行全屏幕放映，是最常见的一种放映方式。使用该类型放映演示文稿时，演讲者可以控制放映流程，比如暂停播放、切换幻灯片和添加会议细节等。

- **观众自行浏览（窗口）**：使用该类型放映演示文稿时，演示文稿会以小型窗口的形式播放，因而比较适合小规模演示。

- **在展台浏览（全屏幕）**：使用该类型放映演示文稿时，演示文稿通常会自动放映，并且大多数控制命令都无法使用（如无法通过单击鼠标手动放映幻灯片），这样可以避免他人更改幻灯片放映设置。因此，该类型比较适合在展览会场中使用。

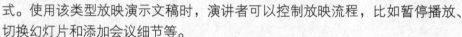
互动练习

下面练习对"西湖美景"演示文稿进行放映设置，具体操作步骤如下。

第1步　单击"设置幻灯片放映"按钮

1 打开"西湖美景"演示文稿后，切换到"幻灯片放映"选项卡。

2 单击"设置"选项组中的"设置幻灯片放映"按钮。

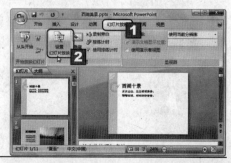

 在"设置放映方式"对话框的"幻灯片放映分辨率"下拉列表框中的选项会影响放映效果及速度。

第2步 设置放映方式

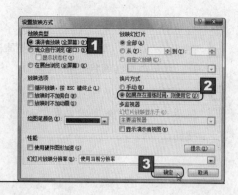

1 弹出"设置放映方式"对话框，在"放映类型"栏中选择放映类型，本例中选中"演讲者放映（全屏幕）"单选项。

2 在"换片方式"栏中选择换片方式，本例中选中"如果存在排练时间，则使用它"单选项。

3 设置完成后，单击"确定"按钮即可。

>> 11.1.2 幻灯片的隐藏与显示

知识讲解

当放映的场合或者针对的观众群不相同时，演讲者可能不需要放映某些幻灯片，此时便可通过隐藏功能将其隐藏，其方法主要有以下两种。

■ 选中需要隐藏的幻灯片，切换到"幻灯片放映"选项卡，然后单击"设置"选项组中的"隐藏幻灯片"按钮。

■ 在视图窗格的"幻灯片"选项卡中，使用鼠标右键单击要隐藏的幻灯片，在弹出的快捷菜单中选择"隐藏幻灯片"命令。

■ 在"幻灯片浏览"视图模式下，使用鼠标右键单击要隐藏的幻灯片，在弹出的快捷菜单中选择"隐藏幻灯片"命令。

对幻灯片执行隐藏操作后，在视图窗格的"幻灯片"选项卡中，该幻灯片的编号上出现了一个斜线方框，表示该幻灯片已被隐藏，且不会在放映过程中放映。

若要将隐藏的幻灯片显示出来，应先将其选中，再次单击"隐藏幻灯片"按钮，或者使用鼠标右键对其单击，在弹出的快捷菜单中选择"隐藏幻灯片"命令，从而取消该命令的选中状态。

互动练习

下面在"西湖美景"演示文稿中，练习对第1张幻灯片进行隐藏和取消隐藏操作，具体操作步骤如下。

第1步 隐藏幻灯片

1 在"西湖美景"演示文稿中选中要隐藏的幻灯片，本例中选择第1张幻灯片。

2 切换到"幻灯片放映"选项卡。

3 单击"设置"选项组中的"隐藏幻灯片"按钮。

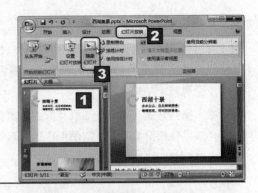

第2步 查看隐藏后的效果

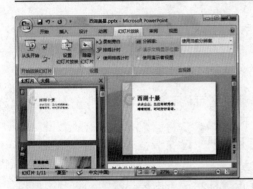

此时，在视图窗格的"幻灯片"选项卡中，第1张幻灯片的编号 **1** 变成 **1**，表示该幻灯片被隐藏掉了。

> 当前幻灯片呈隐藏状态时，"隐藏幻灯片"按钮将呈高亮状态显示。

第3步 取消隐藏

1 在视图窗格的"幻灯片"选项卡中，使用鼠标右键单击第1张幻灯片。

2 在弹出的快捷菜单中选择"隐藏幻灯片"命令，取消该命令的选中状态。

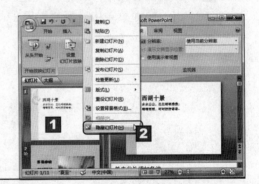

11.2 创建自动运行的演示文稿 ———————————— <<

在放映演示文稿的过程中，如果没有控制播放流程，可对幻灯片设置放映时间或旁白，从而创建自动运行的演示文稿。

>> 11.2.1 设置幻灯片放映时间

知识讲解

默认情况下，在放映演示文稿时，需要单击鼠标左键才会播放下一个动画或下一张幻灯片，这种方式叫手动放映。

如果希望当前动画或幻灯片播放完毕后自动播放下一个动画或下一张幻灯片，可对幻灯片设置放映时间。放映时间的设置方法有两种，一种是手动设置，另一种是排练计

说明 在"设置放映方式"对话框中单击"提示"按钮，会打开帮助窗口讲述"性能"一栏的作用。

时，接下来将分别进行讲解。

1. 手动设置

手动设置放映时间，就是逐一对幻灯片设置播放时间，具体操作步骤如下。

（1）选中某张幻灯片，切换到"动画"选项卡，在"切换到此幻灯片"选项组的
"换片方式"栏中，选中"在此之后自动设置动画效果"复选框，然后在右侧的微调框中设置当前幻灯片的播放时间。

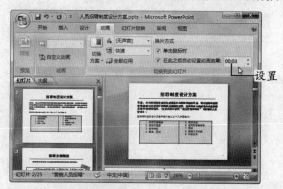

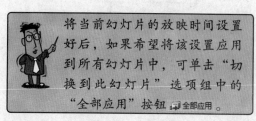

将当前幻灯片的放映时间设置好后，如果希望将该设置应用到所有幻灯片中，可单击"切换到此幻灯片"选项组中的"全部应用"按钮 全部应用。

（2）参照这样的方法，分别对其他幻灯片设置需要的放映时间。

对每张幻灯片设置播放时间后，此后放映幻灯片时，程序会根据所设置的时间自动进行放映。

2. 排练计时

排练计时是指在排练的过程中计时，即设置幻灯片的播放时间。设置排练计时的具体操作步骤如下。

（1）打开需要排练计时的演示文稿，切换到"幻灯片放映"选项卡，然后单击"设置"选项组中的"排练计时"按钮。

（2）进入全屏放映幻灯片状态，同时屏幕的左上角会打开"预演"工具条进行计时，此时，演讲者便可开始排练演示时间。

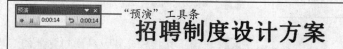
"预演"工具条

招聘制度设计方案

思路：企业的招聘方案首先要满足企业的整体战略思路，同时要附合新的营销战略以及新设计的组织及结构的要求，在此基础上来规范企业在营销系统中的招聘程序。**<更多内容可参照"派力营销思想库"《新销售人员管理》>**

在招聘制度的设计方案中我们要从以下几方面进行：

在排练计时的过程中，可进行如下操作。

■ 当需要对下一个动画或下一张幻灯片进行排练时，可单击"预演"工具条中的"下一项"按钮 ➡。

■ 若在排练过程中因故需要暂停排练，可单击"预演"工具条中的"暂停"按钮

在排练计时的过程中，可在"幻灯片放映时间"文本框 0:00:07 中手动输入放映时间。 说明

⏸暂停计时。

■ 若因故需要重新排练，可单击"预演"工具条中的"重复"按钮↶，将当前幻灯片的排练时间归零，并重新计时。

在排练过程中，PowerPoint会将每一张幻灯片的放映时间记录下来，排练结束后将弹出提示对话框，询问用户是否保留新的幻灯片排练时间，单击"是"按钮即可保存排练时间并结束排练。

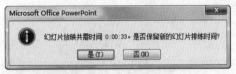

如果对排练时间不满意，可单击"否"按钮取消这次排练计时。

下面练习对"西湖美景"演示文稿进行排练计时，具体操作步骤如下。

第1步　单击"排练计时"按钮

1 打开"西湖美景"演示文稿后，选中第1张幻灯片。

2 切换到"幻灯片放映"选项卡。

3 单击"设置"选项组中的"排练计时"按钮。

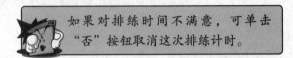

第2步　排练计时

1 进入全屏放映幻灯片状态，同时打开"预演"工具条。当第1张幻灯片的放映时间为5秒时，单击"下一项"按钮➡切换到下一张幻灯片。

2 按照这样的方法，将第2张幻灯片的放映时间设置为8秒。

3 参照上述操作步骤，依次对其他幻灯片进行排练计时。

在排练计时的过程中，"预演"工具条中"重复"按钮↶的右侧会显示当前演示文稿总的放映时间。

第3步　保留排练计时

排练结束后将弹出提示对话框，单击"是"按钮进行保存，同时结束排练。

说明 在"幻灯片放映时间"文本框中输入时间后，须按"Tab"键切换到下一张幻灯片设置才会生效。

第4步　查看时间

PowerPoint将退出排练计时状态，并自动以"幻灯片浏览"视图模式显示各幻灯片的播放时间。

>> 11.2.2　幻灯片旁白的应用

为了便于观众理解，通常情况下，演讲者会在放映的过程中进行讲解。当演讲者不能参与演示文稿放映时，就可以使用录制旁白功能将讲解录制下来，以便在放映时播放。

如果用户的电脑已经安装了相关的声音硬件，就可以录制旁白，具体操作步骤如下。

（1）打开需要录制旁白的演示文稿后，选中第1张幻灯片，切换到"幻灯片放映"选项卡，然后单击"设置"选项组中的"录制旁白"按钮。

（2）在弹出的"录制旁白"对话框中显示了当前的录制质量信息，单击"确定"按钮开始旁白的录制。

在"录制旁白"对话框中，若单击"设置话筒级别"按钮，可检查话筒是否正常；若单击"浏览"按钮，可更改旁白的保存路径。

（3）进入全屏放映幻灯片状态，此时可对着麦克风说出旁白。当前幻灯片的旁白录制完成后，使用鼠标单击任意位置切换到下一张幻灯片继续录制旁白。

在录制旁白的过程中，若要暂停旁白，使用鼠标右键单击任意位置，在弹出的快捷菜单中选择"暂停旁白"命令即可。

（4）所有幻灯片的旁白录制完成后，将弹出提示对话框，询问用户是否保存本次的排练时间，单击"保存"按钮，使演示文稿按照录制旁白时的时间进行自动播放。

 互动练习

下面练习对"产品销售"演示文稿录制旁白，具体操作步骤如下。

第1步 单击"录制旁白"按钮

1 打开"产品销售"演示文稿后，选中第1张幻灯片。

2 切换到"幻灯片放映"选项卡。

3 单击"设置"选项组中的"录制旁白"按钮。

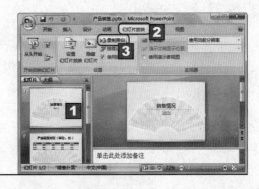

第2步 单击"确定"按钮

弹出"录制旁白"对话框，确认麦克风工作正常后单击"确定"按钮。

第3步 录制旁白

进入全屏放映幻灯片状态，此时可对着麦克风说出旁白。

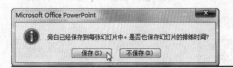

第4步 保存本次排练时间

所有幻灯片的旁白录制完成后，在弹出的提示对话框中单击"保存"按钮，保存本次排练时间。

第5步 录制旁白后的效果

结束旁白的录制后，PowerPoint将自动以"幻灯片浏览"视图模式显示各幻灯片的播放时间，且录制了旁白的幻灯片右下角将出现一个声音图标。

11.3 放映演示文稿 <<

制作演示文稿的最终目的就是为了放映。将幻灯片编辑完成后，就可以开始放映了。另外，在放映演示文稿的过程中，不仅可以控制放映过程，还可以添加标注。

说明 如果不希望放映时运行旁白，可在"设置放映方式"对话框中选中"放映时不加旁白"复选框。

>> 11.3.1　启动放映

演示文稿的放映方法主要有3种，分别是从头开始、从当前幻灯片开始和自定义幻灯片放映。

1. 从头开始

如果希望从第1张幻灯片开始，依次放映演示文稿中的幻灯片，可通过下面两种方法实现。

- 切换到"幻灯片放映"选项卡，在"开始放映幻灯片"选项组中单击"从头开始"按钮。
- 按"F5"键。

2. 从当前幻灯片开始

如果希望从当前选中的幻灯片开始放映演示文稿，可通过下面两种方法实现。

- 切换到"幻灯片放映"选项卡，然后单击"开始放映幻灯片"选项组中的"从当前幻灯片开始"按钮。
- 按"Shift+F5"组合键。

3. 自定义幻灯片放映

针对不同的场合或不同的观众群，演示文稿的放映顺序或内容也可能不同，因此，演讲者需要自定义放映顺序及内容，具体操作步骤如下。

（1）在演示文稿中切换到"幻灯片放映"选项卡，在"开始放映幻灯片"选项组中单击"自定义幻灯片放映"按钮，在弹出的下拉列表中选择"自定义放映"选项。

（2）弹出"自定义放映"对话框，单击"新建"按钮。

（3）弹出"定义自定义放映"对话框，在"幻灯片放映名称"文本框中输入名称，在"在演示文稿中的幻灯片"列表框中选择需要放映的幻灯片，然后单击"添加"按钮将其添加到"在自定义放映中的幻灯片"列表框中。在"在自定义放映中的幻灯片"列表框中选中某张幻灯片，然后通过单击"向上"按钮⬆或"向下"按钮⬇调整放映的顺序。

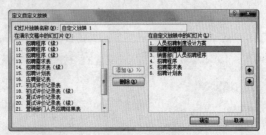

（4）设置完成后单击"确定"按钮，返回"自定义放映"对话框。在"自定义放映"列表框中显示了所创建的幻灯片放映的名称，此时若单击"放映"按

若将某张幻灯片设置为隐藏状态，在自定义放映时还是可以将其设置为放映。　**说明**

钮，即可按照自定义设置进行放映。

互动练习 ▶

下面练习通过自定义方式，放映"西湖美景"演示文稿中的第1张、第2张、第5张、第7张和第11张幻灯片，具体操作步骤如下。

第1步 选择"自定义放映"选项

1 打开"西湖美景"演示文稿后，切换到"幻灯片放映"选项卡。

2 单击"开始放映幻灯片"选项组中的"自定义幻灯片放映"按钮。

3 在弹出的下拉列表中选择"自定义放映"选项。

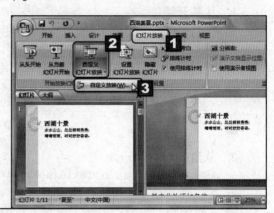

第2步 单击"新建"按钮

在弹出的"自定义放映"对话框中单击"新建"按钮。

第3步 添加要放映的幻灯片

1 弹出"定义自定义放映"对话框，在"幻灯片放映名称"文本框中输入名称，本例中输入"放映一"。

2 按住"Ctrl"键不放，在"在演示文稿中的幻灯片"列表框中依次选中要放映的幻灯片，本例中选择第1张、第2张、第5张、第7张和第11张幻灯片。

3 单击"添加"按钮。

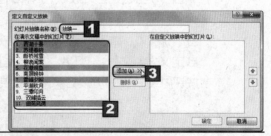

第4步 单击"确定"按钮

此时，所选幻灯片被添加到"在自定义放映中的幻灯片"列表框中，单击"确定"按钮进行确认。

说明 设置自定义放映后，单击"自定义幻灯片放映"按钮，在弹出的下拉列表中可选择自定义方式。

第5步　开始放映

返回"自定义放映"对话框，在"自定义放映"列表框中出现了前面设置的自定义放映方式的名称，并呈选中状态，单击"放映"按钮即可开始放映。

>> 11.3.2　控制放映过程

放映演示文稿时，还可控制放映过程，比如切换到下一张幻灯片、返回到上一张幻灯片等。若要切换到下一个动画或下一张幻灯片，可通过下面的几种方式实现。

■　使用鼠标左键单击屏幕中的任意位置。

■　将鼠标指针移动到屏幕的左下角，屏幕左下角将出现控制按钮，单击"下一张"按钮➡。

■　使用鼠标右键单击任意位置，在弹出的快捷菜单中选择"下一张"命令。

■　按"Enter"、"Page Down"、"N"、空格、"↓"或"→"键。

若要切换到上一个动画或上一张幻灯片，可通过下面的几种方式实现。

■　将鼠标指针移动到屏幕的左下角，单击"上一张"按钮◀。

■　使用鼠标右键单击任意位置，在弹出的快捷菜单中选择"上一张"命令。

■　按"Back Space"、"Page Up"、"P"、"↑"或"←"键。

在放映过程中，屏幕左下角的控制按钮中有一个菜单按钮▤，对其单击，可弹出一个控制菜单，该菜单中各项命令的功能和使用方法如下。

■　选择"下一张"命令，可切换到下一个动画或下一张幻灯片。

■　选择"上一张"命令，可切换到上一个动画或上一张幻灯片。

■　选择"上次查看过的"命令，可切换到上次播放的幻灯片。

■　选择"定位至幻灯片"命令，在弹出的子菜单中会列出演示文稿中的所有幻灯片，选择任意一张幻灯片，可切换到该幻灯片。

■　选择"结束放映"命令，可结束放映，并退出"幻灯片放映"视图。

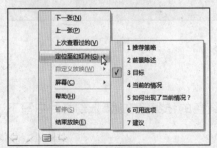

单击菜单按钮▤时弹出的菜单与单击鼠标右键弹出的快捷菜单十分相似，通过它们都可以控制放映过程。

>> 11.3.3 在放映时添加标注

知识讲解

标注幻灯片是指在放映演示文稿的过程中，对幻灯片进行勾画、添加标注等操作。添加标注的操作步骤如下。

（1）单击屏幕左下角的笔形按钮，在弹出的菜单中选择做标注的笔形。
（2）再次单击笔形按钮，在弹出的菜单中选择"墨迹颜色"命令，在弹出的子菜单中选择标注颜色。

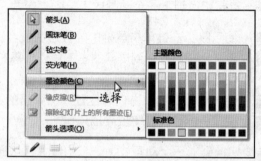

（3）在需要添加标注或线条的地方，按住鼠标左键不放并拖动即可进行绘制。
（4）结束放映时，会弹出提示对话框，询问用户是否保留墨迹。如果需要保留，可单击"保留"按钮；如果不需要保留，可单击"放弃"按钮。

 在幻灯片中添加的标注通常是演讲者根据演讲内容勾画的重点，因此没有必要保存。

 博士，在添加标注的过程中，如果我想擦除标注，该怎么办呢？

 要擦除标注，可单击笔形按钮，在弹出的菜单中选择"橡皮擦"或"擦除幻灯片上的所有墨迹"命令。如果选择"橡皮擦"命令，鼠标指针将呈橡皮擦形状，按住鼠标左键不放并拖动鼠标，可擦除不需要的标注；如果选择"擦除幻灯片上的所有墨迹"命令，可快速擦除所有标注。

 互动练习

下面练习在放映"西湖美景"演示文稿时，使用红色的毡尖笔在第5张幻灯片中写下"鱼儿浅水游"5个字，具体操作步骤如下。

技巧 在放映演示文稿的过程中，按"A"或"="键，可显示或隐藏屏幕左下角的控制按钮。

第1步　选择绘图笔

1 打开"西湖美景"演示文稿进行放映，待放映到第5张幻灯片时，单击屏幕左下角的笔形按钮。

2 在弹出的菜单中选择"毡尖笔"命令。

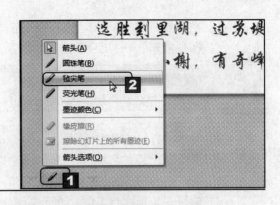

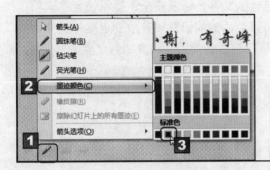

第2步　选择墨迹颜色

1 单击笔形按钮。

2 在弹出的菜单中选择"墨迹颜色"命令。

3 在弹出的子菜单中选择标注颜色，本例中选择红色。

第3步　添加标注

此时，鼠标指针呈红色小圆点状，按住鼠标左键不放，拖动鼠标在幻灯片中写下"鱼儿浅水游"5个字。

第4步　放弃标注

完成幻灯片的放映后，在弹出的提示对话框中单击"放弃"按钮，不将其保存到幻灯片中。

11.4　打包演示文稿 ————————————————— <<

　　为了方便用户在没有安装PowerPoint的电脑上放映演示文稿，可将演示文稿打包，接下来将讲解如何打包演示文稿，以及如何放映打包后的演示文稿。

>> 11.4.1　对演示文稿进行打包

　　为了便于在未安装PowerPoint的电脑上放映演示文稿，可将其打包，具体操作步骤如下。

（1）在需要打包的演示文稿中，单击"Office"按钮，在弹出的下拉菜单中依次选择"发布"→"CD数据包"命令。

> 若要打包的文件中有些文件的格式不兼容，将弹出提示对话框，提示用户程序将把这些文件更新到兼容的文件格式，此时单击"确定"按钮即可。

（2）弹出"打包成CD"对话框，在"将CD命名为"文本框中输入打包后生成的文件夹或CD光盘的名称，在"要复制的文件"栏中显示了要打包的演示文稿。

（3）在"打包成CD"对话框中，若单击"选项"按钮，在弹出的"选项"对话框中可设置程序包类型、演示文稿中包含的文件，以及安全、隐私设置等选项；若单击"复制到文件夹"按钮，可将打包后的演示文稿存放到电脑中的文件夹中；若单击"复制到CD"按钮，可将打包后的演示文稿复制到光盘中。

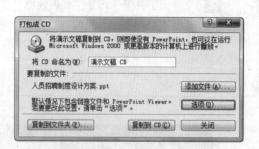 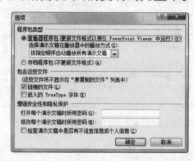

（4）待演示文稿打包完成后，在返回的"打包成CD"对话框中单击"关闭"按钮关闭该对话框。

 博士，在"选项"对话框的"包含这些文件"栏中，"嵌入的TrueType字体"复选框有什么作用呢？

 如果幻灯片中使用了TrueType字体，可将其一起嵌入到包中。嵌入字体后，可确保在不同的电脑上放映演示文稿时，该字体能正确显示。

 互动练习

下面练习将"西湖美景"演示文稿进行打包，同时包含链接的文件和嵌入的字体，并为打包后的文件设置打开时的密码，具体操作步骤如下。

第1步　执行打包命令

1 打开"西湖美景"演示文稿后，单击"Office"按钮。

2 在弹出的下拉菜单中选择"发布"命令。

3 在弹出的子菜单中选择"CD数据包"命令。

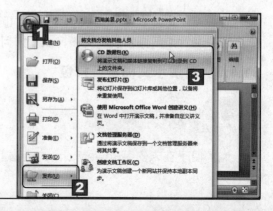

说明 只有安装了光盘刻录机才能单击"复制到CD"按钮，将打包后的文件刻录到光盘中。

第2步　单击"确定"按钮

弹出提示对话框，提示需要将添加的某些文件
更新到兼容的文件格式，单击"确定"按钮。

第3步　单击"选项"按钮

在弹出的"打包成CD"对话框中单击"选项"
按钮。

> 若要同时将多个演示文稿进行打包，可
> 单击"添加文件"按钮，在弹出的"添
> 加文件"对话框中选择其他文件。

第4步　选项设置

1 弹出"选项"对话框，在"包含这些文件"栏中
选中"嵌入的TrueType字体"复选框。

2 在"打开每个演示文稿时所用密码"文本框中输
入密码，本例中输入"123456"。

3 单击"确定"按钮。

> 为防止别人随意修改演示文稿的内容，
> 可在"修改每个演示文稿时所用密码"
> 文本框中设置密码。

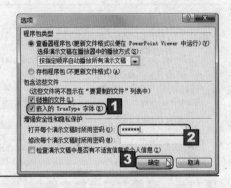

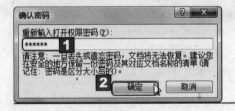

第5步　确认密码

1 在弹出的"确认密码"对话框中再次输入密码。

2 单击"确定"按钮。

第6步　打包到文件夹

在返回的"打包成CD"对话框中选择打包
方式，本例中要将打包后的演示文稿存放到
电脑中的文件夹内，因此单击"复制到文件
夹"按钮。

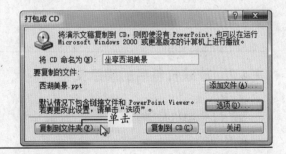

第7步 设置存放路径

1 弹出"复制到文件夹"对话框，在"文件夹名称"文本框中输入打包文件的名称，本例中输入"坐享西湖美景"。

2 在"位置"文本框中设置存放路径。

3 单击"确定"按钮。

第8步 单击"是"按钮

弹出提示对话框，询问用户是否要包含链接文件，单击"是"按钮。

第9步 正在打包

程序开始对演示文稿进行打包，并将其复制到指定的文件夹中。

第10步 关闭对话框

完成打包后，在返回的"打包成CD"对话框中单击"关闭"按钮关闭该对话框。

第11步 查看打包后的文件

在设置的保存路径中打开打包后的文件夹，即可看到所有与演示文稿相关的内容。

>> 11.4.2 放映打包后的演示文稿

知识讲解

将演示文稿打包后，可在没有安装PowerPoint的电脑上进行放映，具体操作方法如下。

说明 在打包后生成的文件夹中双击"play.bat"批处理文件，也可放映打包后的演示文稿。

（1）打开打包后的文件夹，然后找到名为"PPTVIEW.EXE"的文件，并对其双击。

（2）第一次打开时会弹出同意协议页面，单击"接受"按钮。

（3）在弹出的"Microsoft Office PowerPoint Viewer"对话框中选择需要放映的演示文稿，然后单击"打开"按钮即可开始放映。

 互动练习

下面练习放映前面打包的"西湖美景"演示文稿，具体操作步骤如下。

第1步　同意协议

在"坐享西湖美景"文件夹中双击名为"PPTVIEW.EXE"的文件，在打开的同意协议页面中单击"接受"按钮同意协议。

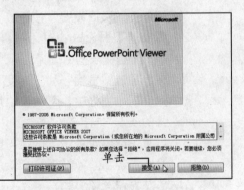

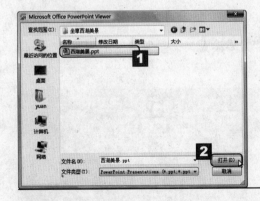

第2步　选择演示文稿

1 在弹出的"Microsoft Office PowerPoint Viewer"对话框中选择需要放映的演示文稿，本例中选择"西湖美景.ppt"选项。

2 单击"打开"按钮。

第3步　输入密码

1 在弹出的"密码"对话框中输入打包时设置的密码。

2 单击"确定"按钮。

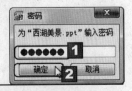

第4步　开始放映

此时，系统开始放映"西湖美景"演示文稿。

> **西湖十景**
> 水水山山，处处明明秀秀；
> 晴晴雨雨，时时好好奇奇。

11.5　打印演示文稿　　　　　　　　　　　　　　　　　　　<<

　　制作好演示文稿后，还可将其打印出来，但在打印前应该做好打印的准备工作，比如页面设置、打印预览和打印设置等。

>> 11.5.1　页面设置

知识讲解 ▶

　　页面设置主要包括选择幻灯片的大小、方向等，具体操作步骤如下。

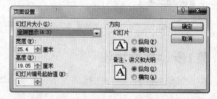

（1）打开需要打印的演示文稿，切换到"设计"选项卡，然后单击"页面设置"选项组中的"页面设置"按钮。

（2）弹出"页面设置"对话框，在"幻灯片大小"下拉列表框中选择幻灯片显示的大小，或者通过"宽度"和"高度"微调框自定义幻灯片的大小；在"幻灯片编号起始值"微调框中，可设置幻灯片的起始编号；在"幻灯片"栏中，可设置幻灯片的纸张方向；在"备注、讲义和大纲"栏中，可设置幻灯片的放置方向。

（3）设置完成后，单击"确定"按钮即可。

互动练习 ▶

　　下面练习将"产品销售"演示文稿的幻灯片大小设置为"全屏显示（16:9）"，具体操作步骤如下。

第1步　单击"页面设置"按钮

1 打开"产品销售"演示文稿后，切换到"设计"选项卡。

2 单击"页面设置"选项组中的"页面设置"按钮。

说明 在打包演示文稿时，若设置了打开和修改密码，放映时需要输入相应的密码。

第2步　设置页面

1 弹出"页面设置"对话框，在"幻灯片大小"下拉列表框中选择"全屏显示（16:9）"选项。

2 单击"确定"按钮。

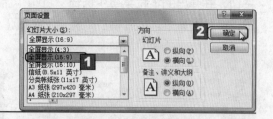

>> 11.5.2　打印预览

通常情况下，在打印演示文稿前，都需要通过打印预览功能查看打印效果，具体操作方法如下。

（1）打开需要打印的演示文稿，单击"Office"按钮，在弹出的下拉菜单中将鼠标指针指向"打印"命令，在弹出的子菜单中选择"打印预览"命令。

（2）此时，演示文稿由原来的视图方式转换到"打印预览"视图方式，从而可全面地查看演示文稿的打印效果。

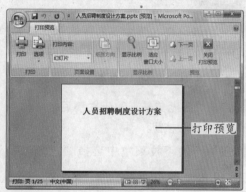

对演示文稿进行打印预览时，可执行如下操作。

■　进行预览时，鼠标指针呈放大镜状，在幻灯片页面上单击鼠标左键，可放大或缩小预览页面的显示比例。

■　在"预览"选项组中，单击"上一页"或"下一页"按钮，可切换到上一张或下一张幻灯片。

■　在"页面设置"选项组中，在"打印内容"下方的下拉列表框中，可选择每页纸上打印几张幻灯片。

预览完成后，若打印预览效果符合要求，则单击"打印"选项组中的"打印"按钮打印演示文稿；若还需要对文稿进行修改，则单击"预览"选项组中的"关闭打印预览"按钮关闭"打印预览"视图。

>> 11.5.3　打印设置与输出

知识讲解

完成了演示文稿的编辑后，便可将其打印出来，具体操作方法为：单击"Office"

按钮，在弹出的下拉菜单中选择"打印"命令，在弹出的"打印"对话框中设置打印的范围、份数等参数，然后单击"确定"按钮，与电脑连接的打印机会自动打印输出幻灯片。

在需要打印的演示文稿中单击"Office"按钮，在弹出的下拉菜单中将鼠标指针指向"打印"命令，在弹出的子菜单中选择"快速打印"命令，可按照默认设置打印演示文稿。

 互动练习

下面练习将"西湖美景"演示文稿中的所有幻灯片打印出来，且打印颜色为彩色，打印份数为11份，具体操作步骤如下。

第1步 选择"打印"命令

1 打开"西湖美景"演示文稿后，单击"Office"按钮。

2 在弹出的下拉菜单中选择"打印"命令。

第2步 设置打印参数

1 弹出"打印"对话框，在"打印范围"栏中选中"全部"单选项。

2 在"颜色/灰度"下拉列表框中选择"颜色"选项。

3 在"打印份数"微调框中，将值设置为"11"。

4 设置完成后单击"确定"按钮，即可以彩色方式打印"西湖美景"演示文稿中的所有幻灯片。

技巧 打开需要打印的演示文稿后，按"Ctrl+P"组合键可快速打开"打印"对话框。

11.6 上机练习 ———————————————————— <<

　　本章安排了两个上机任务。练习一是打开第10章的"茶饮料市场调查"演示文稿，然后通过排练计时的方式创建自动运行的演示文稿。练习二是通过自定义放映方式，放映"茶饮料市场调查"演示文稿中除第2张以外的所有幻灯片。

练习一　创建自动运行的演示文稿

1 打开"茶饮料市场调查"演示文稿。

2 切换到"幻灯片放映"选项卡，然后单击"设置"选项组中的"排练计时"按钮。

3 进入全屏放映幻灯片状态，排练计时开始，将当前演示文稿中幻灯片的放映时间分别设置为5秒、9秒、15秒、17秒。

4 完成排练计时后，在"幻灯片浏览"视图模式下查看各幻灯片的播放时间。

5 将演示文稿以"茶饮料市场调查排练后"为文件名另存到电脑中。

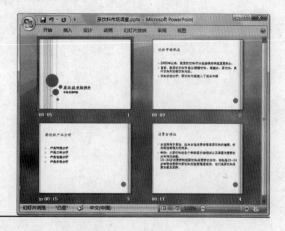

练习二　自定义放映幻灯片

1 打开"茶饮料市场调查"演示文稿。

2 切换到"幻灯片放映"选项卡，然后单击"开始放映幻灯片"选项组中的"自定义幻灯片放映"按钮，在弹出的下拉列表中选择"自定义放映"选项。

3 在弹出的"自定义放映"对话框中单击"新建"按钮，在弹出的"定义自定义放映"对话框中设置要放映的幻灯片。

4 在返回的"自定义放映"对话框中单击"放映"按钮即可开始放映。

Chapter 12

第12章　Access 2007的应用

■ 创建与打开数据库
■ 表的创建与保存
■ 编辑表
■ 使用窗体
■ 报表的使用

小机灵，你这是在做什么啊？像是在处理表格数据，可用的又不是Excel 2007，该不会是你前几天跟我提过的Access 2007吧？

嗯，你说对了，这就是Access 2007。

Access 2007是一个功能齐全的关系数据库管理系统，通过它可以处理很多数据库对象，如表、查询、窗体和报表等。今天我就要给大家讲解Access 2007的应用，主要包括数据库的创建与打开、表的创建与编辑，以及窗体和报表的应用。

12.1　创建与打开数据库　————————————— <<

在Access 2007中，数据库的保存和关闭方法与Word 2007中的操作类似，但创建与打开数据库的方法却有很大的差异，下面详细讲解其操作方法。

>> 12.1.1　创建数据库

知识讲解

与前面介绍的几个组件不同，启动Access 2007后，程序不会自动创建数据库，因此必须手动创建。创建数据库时，可创建空白数据库，也可根据模板创建数据库，具体操作步骤如下。

（1）启动Access 2007，打开
　　　"开始使用Microsoft Office
　　　Access"界面，默认定位
　　　在"功能"选项卡中。若要
　　　创建空白数据库，直接在中
　　　间的窗格中选择"空白数据
　　　库"选项即可。若在左侧的
　　　窗格中选择"本地模板"选
　　　项，中间的窗格中将出现
　　　"本地模板"列表，此时可
　　　选择Access 2007自带的数
　　　据库模板。

（2）选择空白数据库或本机上的任意模板后，在右侧的窗格中都会出现所选模板的预览图，此时可在"文件名"文本框中为新建的数据库文件命名，然后单击"创建"按钮即可新建空白数据库，或基于所选模板创建数据库。

创建数据库时，可对其设置文件名及存储路径。默认情况下，创建的数据库保存在当前用户的"Documents（文档）"文件夹中。如果要更改保存位置，需单击"文件名"文本框右侧的按钮，在弹出的"文件新建数据库"对话框中选择要保存的位置。

新建数据库后，若要继续新建其他数据库，可单击数据库窗口中的"Office"按钮，在弹出的下拉菜单中选择"新建"命令，然后在弹出的"开始使用Microsoft Office

选择"来自Microsoft Office Online"栏中的模板，可从网上下载该模板并基于它创建数据库。　说明

Access"界面中进行新建操作即可。

如果对某个数据库进行了修改，再在该窗口中执行新建数据库操作时，系统在打开"开始使用Microsoft Office Access"界面的同时，会自动将用户对数据库所做的修改进行保存。如果在数据库中创建了新表并进行了相关编辑，且未保存该表，再执行新建数据库操作时，系统会在打开"开始使用Microsoft Office Access"界面前弹出提示对话框，询问用户是否保存更改，此时可进行如下操作。

■ 单击"是"按钮，可对创建的新表进行保存，接下来会自动打开"开始使用Microsoft Office Access"界面。

■ 单击"否"按钮，将不保存新表，并打开"开始使用Microsoft Office Access"界面。

■ 单击"取消"按钮，将取消本次新建操作，并返回数据库窗口。

互动练习

下面练习基于本地模板中的"营销项目"模板创建一个数据库，并将其以"化妆品营销"为文件名保存到电脑中，具体操作步骤如下。

第1步 选择数据库模板

1 启动Access 2007，打开"开始使用Microsoft Office Access"界面，在左侧的"模板类别"栏中选择"本地模板"选项。

2 在中间窗格的"本地模板"列表中选择需要的模板，本例中选择"营销项目"选项。

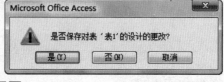

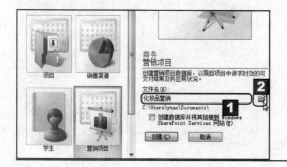

第2步 设置文件名

1 在右侧窗格的"文件名"文本框中输入数据库名称，本例中输入"化妆品营销"。

2 单击右侧的按钮。

说明 新建的空白数据库可保存为Access 2003和Access 2000版本的数据库文件。

第3步　设置存储路径

1 在弹出的"文件新建数据库"对话框中设置存储路径。

2 单击"确定"按钮。

第4步　单击"创建"按钮

返回"开始使用Microsoft Office Access"界面，单击"创建"按钮。

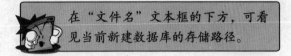

在"文件名"文本框的下方，可看见当前新建数据库的存储路径。

第5步　完成数据库的创建

系统会根据所选模板创建出一个数据库，并打开该数据库。

看来在Access 2007中新建数据库的方法还真有些不同呢！

>> 12.1.2　打开现有的数据库

 知识讲解

如果要查看或编辑已有的数据库，需先将其打开，其方法主要有以下几种。

- 在"开始使用Microsoft Office Access"界面中，在右侧窗格的"打开最近的数据库"栏中显示了最近打开过的一些数据库，单击某个数据库即可将其打开。如果该栏中没有显示要查看或编辑的数据库，可单击"更多"链接。
- 在"开始使用Microsoft Office Access"界面中，单击"Office"按钮，在弹出的下拉菜单中选择"打开"命令。
- 在打开的数据库窗口中，单击"Office"按钮，在弹出的下拉菜单中选择"打开"命令。

根据模板创建的数据库，只能保存为Access 2007版本的数据库文件。　**说明**

执行以上任意一种操作后，都会弹出"打开"对话框，此时可在该对话框中找到要查看或编辑的数据库，然后单击"打开"按钮即可将其打开。此外，通过上述操作方法打开数据库时，一次只能打开一个数据库。如果已经打开了一个数据库，打开另一个数据库时，系统会自动关闭先前打开的数据库。

这样说来，一次只能打开一个数据库喽。那如果我要同时打开多个数据库，该怎么办？

如果要同时打开多个数据库，可再次启动Access 2007，打开其他的"开始使用Microsoft Office Access"界面，再在这个界面中打开其他的数据库。此外，直接双击数据库文件，也可在新窗口中打开该数据库。

 互动练习

下面练习打开前面创建的"化妆品营销.accdb"数据库，具体操作步骤如下。

第1步 选择"打开"命令

1 启动Access 2007，打开"开始使用 Microsoft Office Access"界面，单击 "Office"按钮。

2 在弹出的下拉菜单中选择"打开"命令。

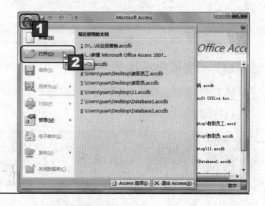

第2步 打开数据库

1 弹出"打开"对话框，进入"化妆品营销.accdb"数据库所在的路径。

2 选择"化妆品营销.accdb"数据库。

3 单击"打开"按钮。

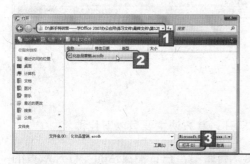

创建并关闭数据库后，下次打开时功能区下方出现了一个"安全警告"栏，这是怎么回事？

这是由于该数据库中包含宏的原因。出现"安全警告"栏时，只需单击该栏中的"选项"按钮，在弹出的"Microsoft Office安全选项"对话框中选中"启用此内容"单选项，然后单击"确定"按钮即可启用其中的宏。

技巧 按"Ctrl+O"组合键，可快速打开"打开"对话框。

12.2　表的创建与保存　———————————————————— **<<**

表是Access数据库存储数据的核心，也是创建其他对象的基础。要创建其他对象，必须先创建表，因此必须掌握表的创建方法。

>> 12.2.1　认识表对象

在Access中，表是一种关于特定主题的数据集合（例如产品和供应商）。为每个主题创建单独的表，意味着每种数据只需存储一次，这样不仅能提高数据库的使用效率，还能减少数据输入的错误。

1. 表的结构

Access数据库中的表与Excel工作表相似，也是由用网格线隔开的单元格构成的。表中的行称为记录，是关于人员、地点、事件或其他相关事项的数据集合。表中的列称为字段，是表中包含特定信息内容的元素。在表中可使用文本、数字、日期、时间或货币型等多种数据类型，但每个字段中只能存放同种类型的数据。

ID	姓名	基本工资	奖金	总额
200901	张善语	¥1,500.00	¥300.00	¥1,800.00
200902	李新	¥1,800.00	¥500.00	¥2,300.00
200903	杨家明	¥2,500.00	¥200.00	¥2,700.00
200904	陈辰	¥2,000.00	¥700.00	¥2,700.00
200905	唐欣羽	¥1,800.00	¥300.00	¥2,100.00
200906	刘妙然	¥2,000.00	¥1,000.00	¥3,000.00
200907	袁柯	¥1,500.00	¥500.00	¥2,000.00
200908	唐桦	¥2,500.00	¥300.00	¥2,800.00
200909	袁雨妍	¥1,500.00	¥1,000.00	¥2,500.00

记录 ←　字段→

2. 表的视图

Access为表提供了"数据表视图"、"数据透视表视图"、"数据透视图视图"和"设计视图"4种视图模式。打开表对象窗口后，可根据实际需要切换到不同的视图中进行查看与编辑。切换视图的方法主要有以下几种。

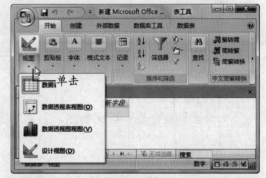

- ■ 在"开始"选项卡的"视图"选项组中单击"视图"下拉按钮，在弹出的下拉列表中选择相应的选项，便可切换到对应的视图。

- ■ 在状态栏的右侧分布了4个视图切换按钮，单击某个按钮即可切换到对应的视图。

下面对这4种视图模式进行简单的介绍。

- ■ **数据表视图**：是打开表对象后的默认视图。在该视图模式下，可方便地查看、添加、删除和编辑表中的数据。
- ■ **数据透视表视图**：该视图以数据透视表方式显示表中的记录。

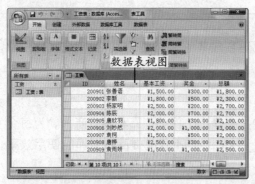 

- **数据透视图视图**：该视图以数据透视图的方式显示表中的记录。
- **设计视图**：在该视图模式下，可方便地修改表的结构和定义字段的数据类型等。

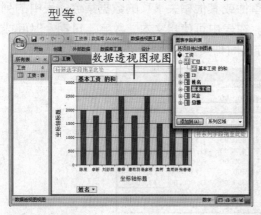 

>> 12.2.2　创建表

 知识讲解

创建空白数据库后，系统会自动在其中创建并打开一个名为"表1"的表对象。如果需要创建新表，可按下面的操作实现。

1. 创建空表

如果要创建空表，可切换到"创建"选项卡，然后单击"表"选项组中的"表"按钮即可。

2. 根据表模板创建表

Access 2007还提供了不少的表模板，通过表模板可创建具有一定结构和格式的表。根据表模板创建表的操作方法为：切换到"创建"选项卡，单击"表"选项组中的"表模板"按钮，在弹出的下拉列表中选择需要的表模板即可。

 互动练习

下面练习根据"联系人"模板创建新表，具体操作步骤如下。

第1步 选择表模板

1 在打开的数据库窗口中，切换到"创建"选项卡。

2 单击"表"选项组中的"表模板"按钮。

3 在弹出的下拉列表中选择需要的模板，本例中选择"联系人"选项。

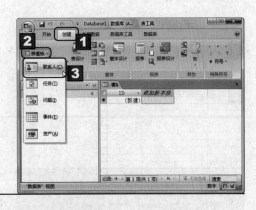

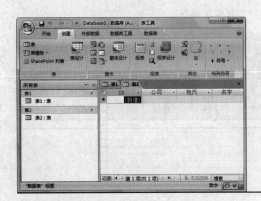

第2步 查看创建的表

系统根据所选模板自动创建一个含字段的表，且显示在右侧的选项卡式文档区中。

>> 12.2.3 表的保存

 知识讲解 ▶

在表中输入内容或添加字段后，应将其保存。保存表的操作方法如下。

（1）在表窗口的选项卡中，使用鼠标右键单击要保存的表，在弹出的快捷菜单中选择"保存"命令。

（2）在弹出的"另存为"对话框中设置表名称，然后单击"确定"按钮即可。

 互动练习 ▶

下面练习将前面创建的新表以"客户名单"为名进行保存，具体操作步骤如下。

第1步 选择"保存"命令

1 在表窗口的选项卡中，使用鼠标右键单击要保存的表。

2 在弹出的快捷菜单中选择"保存"命令。

在选项卡式文档区中右击某对象选项卡，在弹出的快捷菜单中选择"关闭"命令，可关闭该对象。 说明

第2步 设置表名称

1 弹出"另存为"对话框,在"表名称"文本框中输入"客户名单"。

2 单击"确定"按钮。

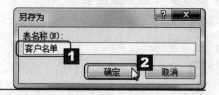

第3步 查看保存后的效果

此时,在表窗口的选项卡中,该选项卡显示为表的名称"客户名单",同时导航窗格中也显示了该表的名称"客户名单"。

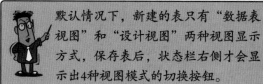

> 默认情况下,新建的表只有"数据表视图"和"设计视图"两种视图显示方式,保存表后,状态栏右侧才会显示出4种视图模式的切换按钮。

>> 12.2.4 输入表的内容

知识讲解

创建新表后,就可在其中输入内容了,但Access不允许用户在任意单元格中输入数据,因此在输入前需要掌握字段的命名、数据类型的选择等操作。

1. 命名字段

字段名称是数据表中非常重要的信息,通过它可非常清楚地识别出该字段的含义。对字段设置名称的方法如下。

（1）单击"添加新字段"字段,切换到"表工具/数据表"选项卡,然后单击"字段和列"选项组中的"重命名"按钮。

（2）该字段名呈可编辑状态,输入字段名称,完成输入后按"Enter"键确认即可。这时系统会自动激活右侧的单元格,用户可在其中继续输入字段名称。

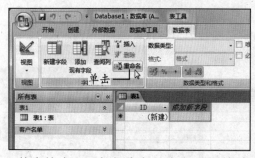

若直接在"添加新字段"字段下面的第一个单元格内输入内容,然后按"Enter"键确认,该字段将自动命名为"字段1",并自动出现"添加新字段"字段。

说明 双击某字段名,可快速进入该字段的编辑状态。

为字段命名时，中文字符和英文字符的字段名都是被允许的，但是要遵循以下的命名规则。

- 字符长度最多为64个字符。
- 字段名不能包含许多专用的字符。
- 字段名不能包含句点（.）、感叹号（!）、方括号（[]）或重音符（`）等特殊字符。
- 字段名不能以空格开头。
- 不能使用低位的ASCII字符（ACSII值在0~31之间的字符），例如"Ctrl"等。

2. 选择数据类型

字段的数据类型直接影响了输入数据的准确性和易用性，因此在输入数据前须设置字段的数据类型，其操作方法如下。

（1）在"数据表视图"模式下，选中要设置数据类型的字段，切换到"表工具/数据表"选项卡。

（2）在"数据类型和格式"选项组的"数据类型"下拉列表框中选择需要的数据类型即可。

除了上述操作方法之外，还可在"设计视图"模式下设置数据类型，具体操作方法如下。

（1）在要设置数据类型的表中，切换到"设计视图"模式。

（2）表中将出现"数据类型"列，单击该列中的单元格，单元格右侧会出现一个下拉按钮，对其单击，在弹出的下拉列表中便可选择对应字段的数据类型。例如，在"数据类型"列单击第4个单元格，然后单击右侧出现的下拉按钮，在弹出的下拉列表中便可选择对应字段"基本工资"的数据类型。

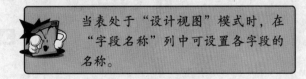
当表处于"设计视图"模式时，在"字段名称"列中可设置各字段的名称。

3. 输入说明信息

当表处于"设计视图"模式时，在"说明"列中可输入对应字段的说明信息。输入说明信息后，在"数据表视图"模式下，当光标插入点位于该字段列的任意单元格中或选中该字段列的任意单元格时，状态栏中将会显示说明信息。

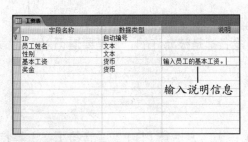

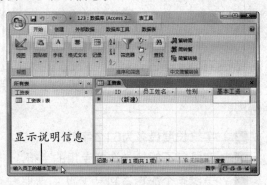

互动练习

下面练习在"员工档案"数据库的"员工档案"表中输入数据，具体操作步骤如下。

第1步　切换视图

1 打开"员工档案"数据库，在导航窗格中双击"员工档案"表名称。

2 打开"员工档案"表，单击状态栏中的"设计视图"按钮。

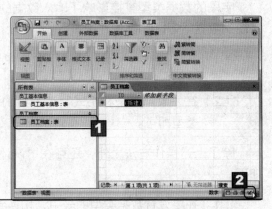

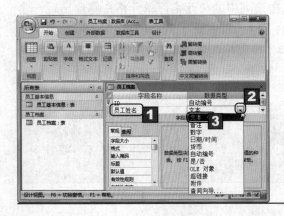

第2步　输入字段名并设置数据类型

1 进入"设计视图"模式，在"字段名称"列下的第2个单元格内输入字段名"员工姓名"。

2 在"数据类型"列中选中第2个单元格，接着单击右侧出现的下拉按钮。

3 在弹出的下拉列表中选择"员工姓名"字段的数据类型，本例中选择"文本"选项。

说明 输入字段名后，在"字段属性"栏的"常规"选项卡中可对该字段的属性进行设置。

第3步 设置其他字段

1 用同样的方法分别输入"性别"、"出生日期"、"学历"和"联系电话"字段名。

2 将"出生日期"字段的数据类型设置为"日期/时间"型，其余字段都为"文本"型。

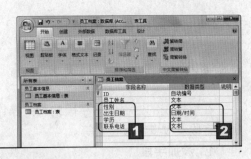

第4步 保存表

1 字段及数据类型设置完成后，单击状态栏中的"数据表视图"按钮。

2 弹出提示对话框，提示用户保存表，单击"是"按钮。

对已存在的表进行修改后，若未保存，由"设计视图"模式切换到其他视图时，都会弹出提示对话框提示保存。

第5步 输入第一条记录

进入"数据表视图"模式，在相应字段下输入第一条记录。当光标插入点位于"出生日期"列下的单元格中时，单元格右侧会出现 按钮，对其单击，在弹出的列表中可选择日期。

这里也可手动输入日期，但必须是系统支持的标准日期格式。

第6步 完成输入

用同样的方法输入其他记录即可。

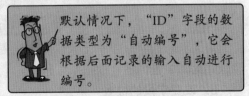

默认情况下，"ID"字段的数据类型为"自动编号"，它会根据后面记录的输入自动进行编号。

12.3 编辑表

创建好表后，还可对其进行相应的编辑操作，如添加或删除字段、添加主键、创建索引，以及建立表关系等，接下来就对这一系列的操作进行讲解。

>> 12.3.1 字段的基本操作

知识讲解

在编辑表的过程中，字段的相关操作是进行得比较频繁的一个操作，如添加字段、删除字段及改变字段位置等。

1. 添加字段

在对字段进行命名操作时，其实已经涉及到字段的添加操作，但是通过输入字段名称的方式只能在最后面添加字段。如果要在某两个字段之间添加字段，可通过下面两种操作方法实现。

- 在"数据表视图"模式下，选中某字段，切换到"表工具/数据表"选项卡，然后单击"字段和列"选项组中的"插入"按钮，即可在当前字段的左侧插入新字段。
- 在"设计视图"模式下，将光标插入点定位在某字段所在的行，切换到"表工具/设计"选项卡，然后单击"工具"选项组中的"插入行"按钮，即可在当前字段的上面插入一个字段行。

2. 删除字段

对于多余的字段，可通过以下两种方式将其删除。

- 在"数据表视图"模式下，选中要删除的字段，切换到"表工具/数据表"选项卡，然后单击"字段和列"选项组中的"删除"按钮。
- 在"设计视图"模式下，将光标插入点定位在要删除的字段所在的行，切换到"表工具/设计"选项卡，然后单击"工具"选项组中的"删除行"按钮。

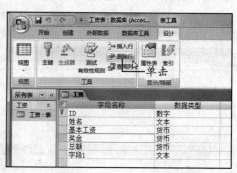

如果删除的字段中有记录，将弹出提示对话框，提示删除后无法恢复，询问是否要删除，此时单击"是"按钮即可删除。

3. 改变字段的位置

制作好表后，如果发现某些字段的先后位置布置得不合理，可改变其位置，具体操作方法如下。

- 在"数据表视图"模式下，选中要移动的字段，将鼠标指针指向该字段名，然后按住鼠标左键不放并向左或向右拖动，将其拖动到其他列的前面或后面，当

说明 对字段设置数据类型后，如果在该字段列中输入的数据不符合设置的类型，将无法输入。

出现黑色的竖线标记时释放鼠标键即可。

■ 在"设计视图"模式下，选中要移动的字段所在的整行，将鼠标指针指向该行左侧的灰色方块，当指针变成 形状时，按住鼠标左键不放并向上或向下拖动，将其拖动到其他字段的上面或下面，当出现黑色的横线标记时释放鼠标键即可。

 互动练习

下面在"员工档案"数据库的"员工档案"表中，练习在"出生日期"和"学历"之间添加"政治面貌"字段，具体操作步骤如下。

第1步 单击"插入"按钮

1 打开"员工档案"数据库，在导航窗格中双击"员工档案"表名称。

2 打开"员工档案"表后，选中"学历"字段。

3 切换到"表工具/数据表"选项卡。

4 单击"字段和列"选项组中的"插入"按钮。

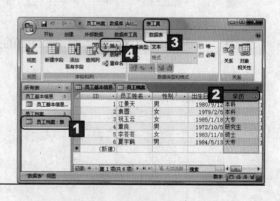

第2步 查看添加的新字段

经过上述操作后，"学历"字段的前面添加了一个新字段，并自动命名为"字段1"。

第3步　输入字段名及记录

将新添加的字段命名为"政治面貌"，然后在下面的单元格中输入相应的记录。

 在表中输入记录后，选中一个或多个单元格，然后可通过"开始"选项卡中的"字体"选项组设置字体格式。

>> 12.3.2　添加主键

 知识讲解

主键是主关键字的简称，它可以限制记录中主键字段不出现重复值，用于唯一标识记录。

1. 主键的类型

Access中的主键主要有自动编号主键、单字段主键和多字段主键3种类型，其含义分别如下所述。

- ■ **自动编号主键**：创建表后，Access会自动创建一个主键，并为它指定字段名"ID"和"自动编号"数据类型。在表中每添加一条记录，自动编号字段会自动输入连续的数字编号。
- ■ **单字段主键**：若某字段中包含的都是唯一的值，可将该字段指定为主键。如果选择的字段中有重复值或Null值，则不能将其设置为主键。
- ■ **多字段主键**：当一个字段中包含的不是唯一值时，可将两个或更多的字段指定为主键。

2. 设置主键

创建表时，系统会自动设置一个"ID"字段为主键。若要更改系统设置的主键，须在"设计视图"模式下进行操作，具体操作方法如下。

（1）打开需要设置主键的表，切换到"设计视图"模式。

（2）在"字段名称"列中单击要设为主键的字段，然后单击"工具"选项组中的"主键"按钮，该字段前面将出现标记，表示该字段已被设置为主键。按住"Ctrl"键不放，单击各行前面的行选择器（即各行前面的灰色方块，相当于Excel中的行号），然后单击"工具"选项组中的"主键"按钮，可将多个字段设置为主键，即多字段主键。

（3）将主键设置完成后，保存对表所做的编辑，并返回"数据表视图"模式。

 博士，我将一个字段设置为主键后，再将另一个字段设置为主键，为什么原来的主键就消失了呢？

技巧 在"设计视图"模式下，选中要删除的字段所在的整行后，按"Delete"键可快速将其删除。

如果要将多个字段设置为主键，必须先选中这几个字段，然后再进行设置。如果先将一个字段设置为主键，再选择另一个字段后单击"工具"选项组中的"主键"按钮，那么在将其设置为主键的同时，原来的主键将自动被删除。

 互动练习

下面在"员工档案"数据库的"员工档案"表中，练习将"员工姓名"字段设置为主键，具体操作步骤如下。

第1步　切换视图

1 打开"员工档案"数据库，在导航窗格中双击"员工档案"表名称。

2 打开"员工档案"表后，单击状态栏中的"设计视图"按钮。

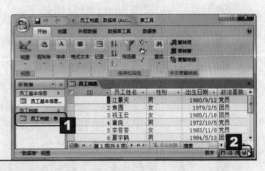

第2步　设置主键

1 进入"设计视图"模式，在"字段名称"列中选择要设置为主键的字段，本例中选择"员工姓名"字段。

2 切换到"表工具/设计"选项卡。

3 单击"工具"选项组中的"主键"按钮。

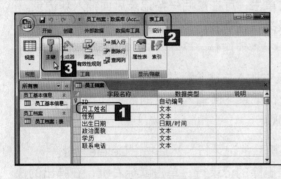

第3步　查看设置主键后的效果

此时，"员工姓名"字段的前面出现了标记，表示该字段已被设置为主键。

 如果所选字段中含有重复记录，则无法将其设置为主键。

第4步　在"数据表视图"下查看效果

对表进行保存操作，返回"数据表视图"模式，此时可发现表中的记录以"员工姓名"字段为排序依据进行了升序排列。

>> 12.3.3 编辑数据表

知识讲解

创建表并在其中输入数据记录后，还可根据操作需要编辑或分析数据记录，例如添加或删除记录、排序与筛选记录等。

1. 查看表中的记录

如果一个表中的记录相当多，可通过表窗口下方的"记录"工具栏查看。

记录: ⑴ ◀ 第 7 项(共 9 项) ▶ ▶⑴ ▶⑴ ▼ 无筛选器 搜索

该工具栏中各按钮的作用介绍如下。

- ■ **"第一条记录"按钮**⑴：对其单击，可转到表中的第一条记录。
- ■ **"上一条记录"按钮**◀：对其单击，可转到当前记录的上一条记录。
- ■ **"当前记录"框** 第 7 项(共 9 项)：括号前的内容（例如"第7项"）表示当前记录的位置，括号后的内容（例如"共9项"）表示当前表中共有多少项记录。
- ■ **"下一条记录"按钮**▶：对其单击，可转到当前记录的下一条记录。
- ■ **"尾记录"按钮**▶⑴：对其单击，可转到表中的最后一条记录。
- ■ **"新（空白）记录"按钮**▶：对其单击，可在最后一条记录后面插入新记录。
- ■ **"搜索"框** 搜索：通过输入记录来快速查找记录。

2. 添加与删除记录

在表中添加与删除记录与在Excel工作表中插入与删除行的操作方法类似。其中，添加记录的方法非常简单，只需在表的最后一行记录下面输入需要的数据即可。如果要将多余的记录删除掉，可通过以下几种方法实现。

- ■ 在"数据表视图"模式下，选择要删除的记录行，然后按"Delete"键。
- ■ 在"数据表视图"模式下，选择要删除的记录行，单击鼠标右键，在弹出的快捷菜单中选择"删除记录"命令。

执行删除操作后，将弹出提示对话框，提示删除的记录将无法恢复，并询问是否要删除。如果确认删除，单击"是"按钮即可。

技巧 在"当前记录"文本框中输入记录编号，例如"5"，按"Enter"键后可转到第5项记录。

如果要取消删除记录，则单击"否"按钮。

3. 对记录进行排序

默认情况下，Access 2007以主键字段为排序依据对记录进行升序排列。如果要以其他字段为依据进行排序，可按下面的操作方法实现。

- 如果要将某字段作为排序依据，只需单击该字段右侧的下拉按钮 ▾，在弹出的下拉列表中选择"升序"或"降序"选项。

- 选中某字段列中的任意单元格，在"开始"选项卡的"排序和筛选"选项组中，单击"升序"按钮 可以以该字段为依据进行升序排列，单击"降序"按钮 可以以该字段为依据进行降序排列。

 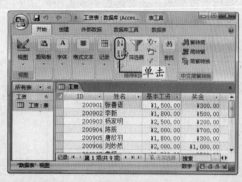

将表按某字段进行升序排列后，该字段右侧的下拉按钮 ▾ 将变为 按钮；按某字段进行降序排列后，该字段右侧的下拉按钮 ▾ 将变为 按钮。

4. 筛选记录

根据操作需要，还可在表中筛选出符合条件的记录，具体操作方法为：单击某字段右侧的下拉按钮 ▾，弹出下拉列表，在筛选器（数据类型不同，筛选器的名称也不同）列表框中选中要显示的项目前的复选框，然后单击"确定"按钮。

在下拉列表中的筛选器级联列表中可选择其他筛选条件，选择某个选项后，在弹出的"自定义筛选"对话框中可设置更具体的筛选条件。

 选中某字段，在"开始"选项卡的"排序和筛选"选项组中单击"筛选器"按钮，也可打开如左图所示的下拉列表。若在该选项组中单击"选择"按钮，在弹出的下拉列表中可选择筛选条件，如等于、不等于某条记录。

将字段或记录删除后，将无法恢复这些数据，因此在删除前要衡量清楚。 说明

互动练习

　　下面在"员工档案"数据库的"员工基本信息"表中，练习筛选出部门为"设计部"的记录，具体操作步骤如下。

第1步　筛选记录

1 打开"员工档案"数据库，在导航窗格中双击"员工基本信息"表名称。

2 打开"员工基本信息"表后，单击"部门"字段右侧的下拉按钮 ▾ 。

3 弹出下拉列表，在筛选器列表框中只选中"设计部"前的复选框。

4 单击"确定"按钮。

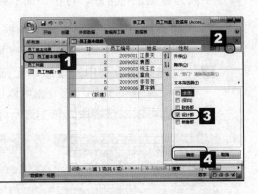

第2步　查看筛选后的效果

此时，表中只显示部门为"设计部"的记录。

>> 12.3.4　建立表关系

知识讲解

　　Access能够在多个表之间建立关系，当在表之间建立了关系后，在建立的查询、窗体及报表中，这个关系会自动用于链接字段。在Access数据库中，表之间的关系有一对一、一对多、多对一和多对多4种关系。

- **一对一**：主表中的一条记录与子表中的唯一一条记录关联。
- **一对多**：主表中的一条记录与子表中的多条记录关联，这是一种比较常用的关系。
- **多对一**：是一对多关系的逆关系，指主表中的多条记录与子表中唯一一条记录关联。
- **多对多**：该关系可看做是两个表相互的一对多关系，这种关系不常用。

　　在表之间建立关系的具体操作步骤如下。

（1）在打开的数据库中切换到"数据库工具"选项卡，单击"显示/隐藏"选项组中的"关系"按钮。

（2）程序在右侧的选项卡式文档区中打开"关系"窗口，并在弹出的"显示表"对话框中显示了数据库中包含的所有表。选择要建立关系的表，单击"添加"按钮将其添加到"关系"窗口中，然后单击"关闭"按钮关闭对话框。

说明 若数据库中已包含关系，单击"关系"按钮将只打开"关系"窗口，而不打开"显示表"对话框。

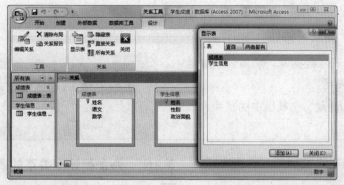

（3）功能选项卡中将显示"关系工具/设计"选项卡，单击"工具"选项组中的"编辑关系"按钮。

（4）在弹出的"编辑关系"对话框中单击"新建"按钮，弹出"新建"对话框。

（5）分别在"左表名称"和"右表名称"下拉列表框中选择要创建关系的表，在"左列名称"和"右列名称"下拉列表框中选择对应的字段列，然后单击"确定"按钮。

（6）返回"编辑关系"对话框，其中出现了新建的关系。在左右两个表下面的列表框中，分别选择这两个表中的对应关系字段，选择完成后，单击"创建"按钮即可创建出关系。

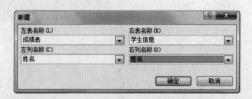 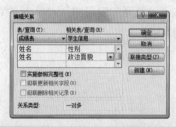

 在"关系"窗口中，直接将一个表中的某字段拖到另一个表中的某字段上，也将弹出"编辑关系"对话框，此时可直接进行第6步操作，从而提高编辑效率。

（7）返回"关系"窗口，可看到建立了关系的表之间会用关系连线将有关系的字段连接起来。

（8）在"关系"窗口中，使用鼠标右键单击"关系"选项卡，在弹出的快捷菜单中选择"保存"命令，可对其进行保存操作。

 若直接在"关系工具/设计"选项卡的"关系"选项组中单击"关闭"按钮，会弹出提示对话框询问是否保存。

互动练习

下面在"工资表"数据库中，练习通过建立表关系，将各表联系起来，具体操作步骤如下。

第1步　单击"关系"按钮

1 打开"工资表"数据库，切换到"数据库工具"选项卡。

2 单击"显示/隐藏"选项组中的"关系"按钮。

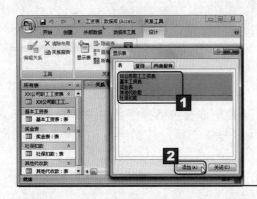

第2步　添加要建立关系的表

1 打开"关系"窗口并弹出"显示表"对话框，在"显示表"对话框的"表"选项卡中，按住"Ctrl"键不放，在列表框中选择要建立关系的表，本例中全选。

2 单击"添加"按钮，将所选的表添加到"关系"窗口中。

第3步　关闭"显示表"对话框

将表添加到"关系"窗口中后，单击"关闭"按钮关闭"显示表"对话框。

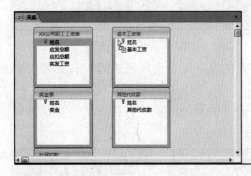

第4步　创建关系

在"关系"窗口中，在"XX公司职工工作表"表中选中"姓名"字段，将其拖到"基本工资表"中的"姓名"字段上，然后释放鼠标键。

第5步　编辑关系

在弹出的"编辑关系"对话框中可看到新建的关系，直接单击"创建"按钮。

说明　在"关系"窗口中，选中任意一条关系连线，然后按"Delete"键，可删除表关系。

第6步 查看效果

返回"关系"窗口，可看到两个表之间的"姓名"字段用关系连线连接起来了。

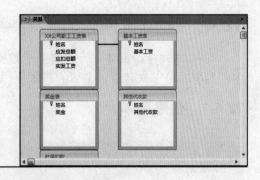

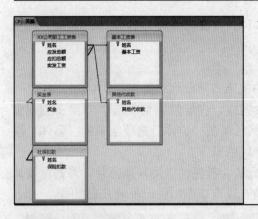

第7步 创建其他关系

参照第4和第5步操作，分别将"XX公司职工工作表"表中的"姓名"字段与剩下的3个表中的"姓名"字段连接起来，其最终效果如左图所示。

关系创建完成后，使用鼠标右键单击"关系"选项卡，在弹出的快捷菜单中选择"保存"命令，对建立的关系进行保存操作。

>> 12.3.5 打印表

将表制作好后，可将其打印出来，具体操作方法如下。

（1）打开数据库，在导航窗格中选中要打印的表，然后单击"Office"按钮，在弹出的下拉菜单中选择"打印"命令。

（2）弹出"打印"对话框，在"打印范围"栏中设置打印范围，在"份数"栏中设置打印份数，然后单击"确定"按钮即可打印当前所选的表。

如果要打印表中的部分记录，可在表中按住"Ctrl"键不放，依次单击要打印的记录行前面的行选择器（即各行前面的灰色方块□），从而选中要打印的记录，然后扮开"打印"对话框，在"打印范围"栏中选中"选中的记录"单选项，最后单击"确定"按钮即可。

12.4 使用窗体 —————————————————— <<

在Access中，窗体是一种重要的数据库对象，用于输入、编辑及显示表（或查询）中的数据，接下来就讲解窗体的基本操作。

>> 12.4.1 创建窗体

 知识讲解 ▶

在Access 2007中创建窗体的方法有很多种，主要有直接创建窗体、创建分割窗体、创建多记录窗体和创建空白窗体等。

1. 直接创建窗体

若直接创建窗体，可将来自表（或查询）中的所有字段都放置在窗体中。

直接创建窗体的具体操作方法为：打开数据库，在导航窗格中选中要用于创建窗体的表（或查询），切换到"创建"选项卡，然后单击"窗体"选项组中的"窗体"按钮，系统将自动创建包含表（或查询）中所有字段的窗体。

默认情况下，创建的窗体中只显示了一条记录。若要切换到其他记录，可通过窗体窗口下方的"记录"工具栏实现，其操作方法与在表窗口中切换记录的方法相同。

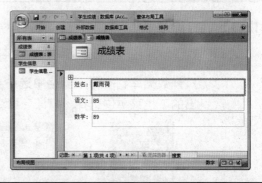

 在窗体中选中某个控件后，将鼠标指针指向其边框，待指针呈双向箭头形状时拖动鼠标可调整控件的大小。调整宽度时，可调整所有控件的宽度；调整高度时，只针对单个控件进行操作。此外，如果Access发现某个表（或查询）具有一对多关系，Access将向基于相关表（或相关查询）的窗体中添加一个数据表，也叫子窗体。

2. 创建分割窗体

分割窗体是Access 2007的新增功能，利用该功能可同时显示窗体和数据表两种视图，这两种视图连接到同一数据源，并且总是保持同步。

创建分割窗体的具体操作方法为：在导航窗格中选中要用于创建窗体的表（或查询），切换到"创建"选项卡，然后单击"窗体"选项组中的"分割窗体"按钮即可。

系统将自动创建出包含表（或查询）中所有字段的窗体，并以窗体和数据表两种视

说明 在窗体中选中某控件后，可在"窗体布局工具/格式"选项卡中对数据设置格式。

图显示窗体。在下方的数据表视图中选中某条记录，上面的窗体中也会自动切换到同一记录。

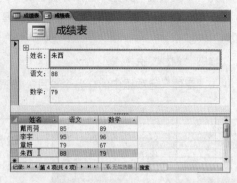

3. 创建多记录窗体

前面创建的窗体一次只显示一条记录，如果需要一次显示多条记录，可创建多记录窗体，具体操作方法为：在导航窗格中选中要用于创建多记录窗体的表（或查询），切换到"创建"选项卡，然后单击"窗体"选项组中的"多个项目"按钮即可。

4. 创建空白窗体

如果通过上述方法创建的窗体都不符合要求，可创建空白窗体，然后手动在窗体中放置所需的字段。创建空白窗体的具体操作方法如下。

（1）打开数据库，切换到"创建"选项卡，然后单击"窗体"选项组中的"空白窗体"按钮。

（2）系统将自动创建出没有任何内容的窗体，并在窗口右侧打开"字段列表"窗格。

（3）在"字段列表"窗格中通过单击田按钮展开要用于创建窗体的表（或查询），然后将要使用的字段拖动到空白窗体中的适当位置即可。

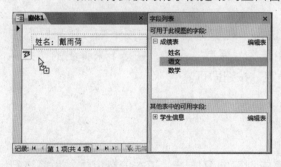

在"窗体"选项组中，若单击"窗体设计"按钮，可在"设计视图"模式下创建没有任何内容的窗体，此时可按空白窗体的创建方法添加字段；若单击"其他窗体"按钮，在弹出的下拉列表中选择"窗体向导"选项，可通过向导创建窗体。

 互动练习

下面在"员工档案"数据库中，练习根据"员工基本信息"表创建一个多记录窗体，具体操作步骤如下。

在多记录窗体中调整字段列宽时，只改变当前字段的列宽，而不会改变其他字段的列宽。　说明

第1步 创建多记录窗体

1 打开"员工档案"数据库，在导航窗格中选中要用于创建窗体的表，本例中选择"员工基本信息"表。

2 切换到"创建"选项卡。

3 单击"窗体"选项组中的"多个项目"按钮。

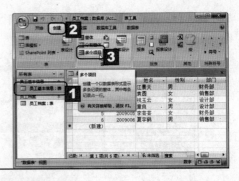

第2步 查看创建的窗体

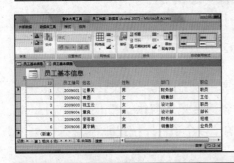

在创建的窗体中包含了多条记录。选中任意单元格，将鼠标指针移动到上框线（或下框线）上，当指针变为‡形状时，按住鼠标左键不放并向上或向下拖动，可调整所有记录的高度，其最终效果如左图所示。

创建任何窗体后，功能选项卡中将显示"窗体布局工具/格式"和"窗体布局工具/排列"选项卡。在"窗体布局工具/格式"选项卡的"自动套用格式"选项组中，可对创建的窗体套用内置样式。

≫ 12.4.2 保存窗体

知识讲解 ▶

创建窗体后，可将其保存下来，其方法为：在窗体窗口的选项卡中，使用鼠标右键单击要保存的窗体，在弹出的快捷菜单中选择"保存"命令，在接下来弹出的"另存为"对话框中设置窗体名称，然后单击"确定"按钮即可。

互动练习 ▶

下面练习将前面在"员工档案"数据库中创建的窗体以"基本信息窗体"为名进行保存，具体操作步骤如下。

第1步 选择"保存"命令

1 在窗体窗口的选项卡中，使用鼠标右键单击要保存的窗体。

2 在弹出的快捷菜单中选择"保存"命令。

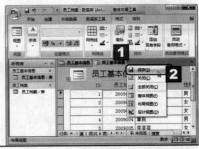

技巧 如果在空白窗体中添加了不需要的字段，可选中该字段，然后按"Delete"键将其删除。

第2步 设置窗体名称

1 弹出"另存为"对话框，在"窗体名称"文本框
中输入"基本信息窗体"。

2 单击"确定"按钮。

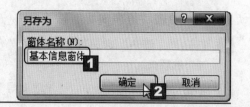

12.5 报表的使用 ———————————— <<

　　在Access中，报表是许多数据库管理任务想要得到的最终成果，也是以打印格式显示数据的一种有效方式。

>> 12.5.1 创建报表

　**知识讲解**

　　报表的创建方法有直接创建、创建空报表、通过报表向导创建和通过设计视图创建4种。打开数据库，在导航窗格中选中要用于创建报表的表（或查询），切换到"创建"选项卡，然后单击"报表"选项组中的相应按钮即可进行创建。

- **直接创建报表**：单击"报
  表"选项组中的"报表"按
  钮，系统将自动基于所选的
  表（或查询）生成一个报
  表，这与直接创建窗体的方法类似。

- **创建空报表**：单击"报表"选项组中的"空报表"按钮，系统将自动创建一个
  无任何内容的空报表，并在右侧打开"字段列表"窗格，在该窗格中通过单击
  ⊞按钮展开要用于创建报表的表（或查询），然后将要使用的字段拖动到空白
  报表中，其方法与创建空白窗体类似。

- **通过报表向导创建报表**：单击"报表"选项组中的"报表向导"按钮，在弹出
  的"报表向导"对话框中根据提示进行操作即可。

- **通过设计视图创建报表**：单击"报表"选项组中的"报表设计"按钮，可在
  "设计视图"模式下创建没有任何内容的报表，此时按创建空报表的方法添加
  字段即可。

　互动练习

　　下面练习利用报表向导，在"工资表"数据库中创建一个名为"职工工资表"的报表，具体操作步骤如下。

新手训练营 学Office 2007办公应用

第1步　单击"报表向导"按钮

1 打开"工资表"数据库，切换到"创
建"选项卡。

2 单击"报表"选项组中的"报表向导"
按钮。

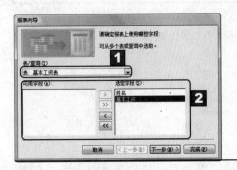

第2步　选择数据来源

1 弹出"报表向导"对话框，在"表/查询"下拉列
表框中选择"表：基本工资表"选项。

2 通过单击 ≫ 按钮，将"可用字段"列表框中的所
有字段添加到"选定字段"列表框中。

第3步　添加数据来源

1 在"表/查询"下拉列表框中选择"表：奖金
表"选项。

2 通过单击 ﹥ 按钮，将"可用字段"列表框中的
"奖金"字段添加到"选定字段"列表框中。

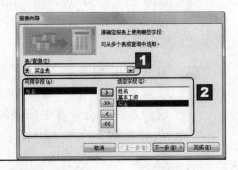

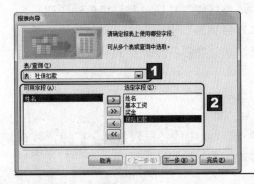

第4步　添加数据来源

1 在"表/查询"下拉列表框中选择"表：社保
扣款"选项。

2 通过单击 ﹥ 按钮，将"可用字段"列表框中
的"保险扣款"字段添加到"选定字段"列
表框中。

第5步　添加数据来源

1 在"表/查询"下拉列表框中选择"表：其他
代收款"选项。

2 通过单击 ﹥ 按钮，将"可用字段"列表框中
的"其他代收款"字段添加到"选定字段"
列表框中。

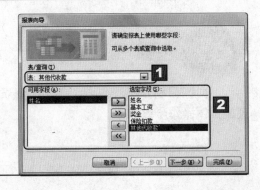

说明 根据操作需要，可将多个字段设置为字段分组。

第6步　添加数据来源

1 在"表/查询"下拉列表框中选择"表：XX公司职工工资表"选项。

2 通过单击 **>** 按钮，将"可用字段"列表框中的"应发总额"、"应扣总额"和"实发工资"3个字段添加到"选定字段"列表框中。

3 在当前对话框中将相关的字段添加完成后，单击"下一步"按钮。

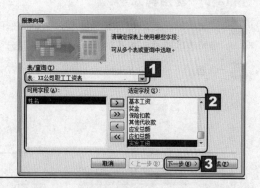

第7步　选择用于分组的字段

1 弹出"是否添加分组级别"界面，这里要将"姓名"设置为分组级别，因此通过单击 **>** 按钮，将左侧列表框中的"姓名"字段添加到右侧列表框的最上面。

2 单击"下一步"按钮。

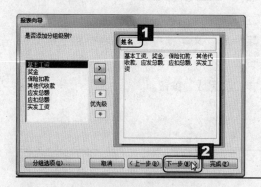

第8步　选择排序字段及方式

在弹出的"请确定明细信息使用的排序次序和汇总信息"界面中选择用于排序的字段及排序方式，这里保持默认设置不变，单击"下一步"按钮。

在左侧的下拉列表框中选择排序字段后，单击"升序"按钮，系统将根据该字段进行升序排序。

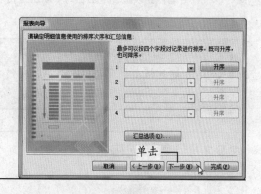

第9步　选择布局方式

在弹出的"请确定报表的布局方式"界面中可选择报表的布局方式及方向，这里保持默认设置不变，单击"下一步"按钮。

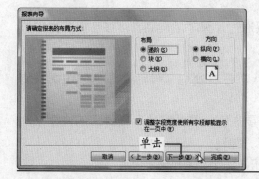

选中"调整字段宽度使所有字段都能显示在一页中"复选框后，可以在一页中显示出所有的字段。

第10步 套用样式

1 弹出"请确定所用样式"界面，在列表框中选择报表的样式，本例中选择"办公室"选项。

2 单击"下一步"按钮。

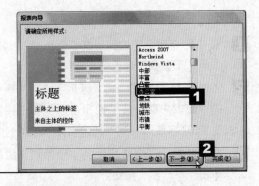

第11步 设置报表名称

1 在接下来弹出的界面中，在"请为报表指定标题"文本框中输入报表标题"职工工资表"。

2 单击"完成"按钮。

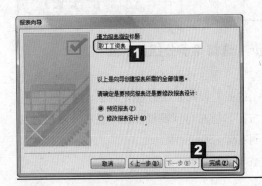

第12步 完成创建并预览

此时系统会自动根据设置创建出名为"职工工资表"的报表，并在"打印预览"视图中显示该报表。

通过向导创建报表时须设置名称，且创建的报表会自动被保存，因此创建后不必再次进行保存和命名操作。

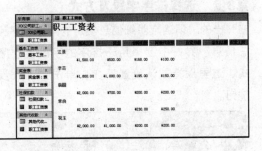

>> 12.5.2 计算单元格数据

知识讲解

创建报表后，如果某些单元格中的数据需要通过计算才能得到，可按下面的操作方法实现。

（1）在要进行计算的报表中，通过单击状态栏右侧的"设计视图"按钮切换到"设计视图"模式。

（2）在"主体"栏中，使用鼠标右键单击要进行运算的字段，在弹出的快捷菜单中选择"属性"命令，打开"属性表"窗格。

（3）在"全部"选项卡的"控件来源"栏中，单击后面的按钮。

说明 若报表中有些数据因空格小而不能完全显示，可切换到"布局视图"模式下调整列宽、行高等。

（4）弹出"表达式生成器"对话框，在文本框中输入计算公式，或者通过单击工具栏中的"="、"+"等运算符按钮输入运算符，通过双击中间列表框中的某个字段输入运算参数，设置完成后单击"确定"按钮即可。

聪聪，我们还可以在"布局视图"模式下进行计算，方法为：通过单击状态栏右侧的"布局视图"按钮切换到"布局视图"模式，然后参照"设计视图"模式下的计算方法进行计算即可。

互动练习

下面练习在"设计视图"模式下，将前面创建的"职工工资表"报表中的"应发总额"、"应扣总额"和"实发工资"3个字段的数据计算出来，具体操作步骤如下。

第1步 切换视图

在"工资表"数据库的"职工工资表"报表窗口中，单击状态栏右侧的"设计视图"按钮，切换到"设计视图"模式。

第2步 选择"属性"命令

1 在"主体"栏中，使用鼠标右键单击要进行运算的字段，本例中右键单击"应发总额"字段。

2 在弹出的快捷菜单中选择"属性"命令。

第3步 单击 按钮

1 打开"属性表"窗格，确保上面的下拉列表框中选择的是"应发总额"选项。

2 在"全部"选项卡的"控件来源"栏中，单击后面的 按钮。

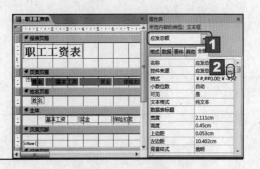

第4步 输入计算公式

1 弹出"表达式生成器"对话框，在文本框中输入计算公式，本例中输入"=[基本工资]+[奖金]"。

2 单击"确定"按钮。

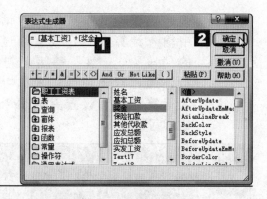

第5步 查看计算后的最终效果

参照第3和第4步操作，计算出"应扣总额"字段（=[保险扣款]+[其他代收款]）、"实发工资"字段（=[应发总额]–[应扣总额]）的数据。计算完成后，通过单击状态栏中的"报表视图"按钮切换到"报表视图"模式下查看最终效果。

12.6 上机练习 <<

本章安排了3个上机练习。练习一将创建一个名为"员工管理"的数据库，并将其保存在电脑中，然后在其中创建表并输入记录。练习二将在两个表之间建立关系。练习三将根据"员工管理"数据库中的表创建一个名为"员工资料"的报表。

练习一 创建数据库

1 创建一个名为"员工管理"的空白数据库，将其保存在电脑中。

2 创建一个空表，并在其中输入相关的字段及记录，然后将其以"员工资料"为名进行保存。

3 创建一个空表，并在其中输入相关的字段及记录，然后将其以"员工档案"为名进行保存。

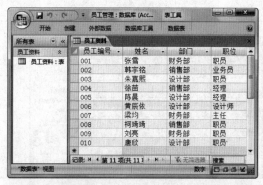

说明 在导航窗格中，使用鼠标右键单击某个对象，在弹出的快捷菜单中可进行重命名、删除等操作。

练习二 建立表关系

1 在"员工管理"数据库中的"员工资料"和"员工档案"表之间创建关系。

2 保存关系。

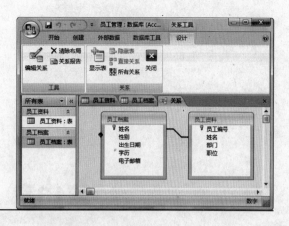

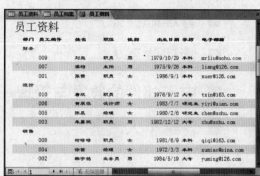

练习三 创建报表

1 利用报表向导,根据"员工管理"数据库中的"员工资料"和"员工档案"表创建名为"员工资料"的报表,其中将"部门"作为分组字段,并套用"跋涉"样式。

2 调整报表各字段的列宽。

第13章　Outlook 2007的应用

- 管理邮件账户
- 管理联系人
- 电子邮件的收发与管理
- 管理个人事务

小机灵，你在忙什么呢？看起来像是在发送邮件，可是为什么你没有登录网站呢？

这下你不知道了吧，我在用Outlook 2007发送邮件，这样就不需要登录网站了。

Outlook 2007也是Office 2007的组件之一，它除了具有收发邮件的功能外，还可以用来建立联系人档案、管理日常事务，等等。今天我就来给大家讲解Outlook 2007的使用方法。

13.1　管理邮件账户 ————————————————————— <<

电子邮件是目前最流行的网络通信方式之一，通过它可与世界各地的朋友即时通信，而Outlook 2007就提供了收发邮件的功能。在学习使用Outlook 2007收发邮件前，还需要掌握邮件账户的配置及相应的管理操作。

>> 13.1.1　配置邮件账户

在使用Outlook 2007收发邮件之前，需要创建电子邮件账户，以便与邮件服务器建立连接。

1. 启动Outlook 2007时配置账户

首次启动Outlook 2007时，系统会弹出"Outlook 2007启动"对话框，提示用户配置账户，此时可按照下面的操作步骤进行配置。

（1）启动Outlook 2007后，在弹出的"Outlook 2007启动"对话框中单击"下一步"按钮。

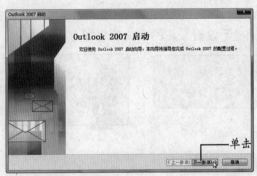

（2）在弹出的"账户配置"对话框中选中"是"单选项，然后单击"下一步"按钮。

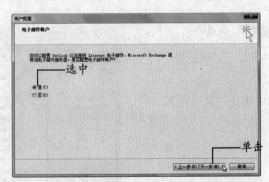

（3）在弹出的"添加新电子邮件账户"对话框中选中"Microsoft Exchange、POP3、IMAP或HTTP"单选项，然后单击"下一步"按钮，在接下来弹出的对话框中根据提示设置账户的相关信息即可。

成功添加账户后，Outlook 2007将为该账户添加一个文件夹，用于存储该账户收发的邮件。 **说明**

2. 添加邮件账户

当Outlook 2007中已经配置了邮件账户，如果还需要添加新的邮件账户，可按下面的操作步骤实现。

（1）启动Outlook 2007，在打开的程序窗口中单击菜单栏中的"工具"按钮，在弹出的下拉菜单中选择"账户设置"命令。

（2）弹出"账户设置"对话框，在"电子邮件"选项卡中单击"新建"按钮。

（3）在弹出的"添加新电子邮件账户"对话框中选中"Microsoft Exchange、POP3、IMAP或HTTP"单选项，然后单击"下一步"按钮，在接下来弹出的对话框中根据提示设置账户的相关信息即可。

 博士，能否直接在Outlook 2007中申请邮件账户啊？

 不能，Outlook只是一个邮件管理软件，并不属于某个网站，因此不能申请邮件账户。

 互动练习

下面练习添加一个新的邮件账户，具体操作步骤如下。

第1步 选择"账户设置"命令

1 在Outlook 2007程序窗口中，单击菜单栏中的"工具"按钮。

2 在弹出的下拉菜单中选择"账户设置"命令。

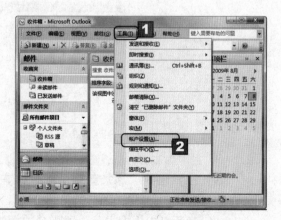

说明 配置账户时，如果使用的邮箱地址是新用户，则该邮箱要达到一定等级才能使用POP业务。

第2步　单击"新建"按钮

弹出"账户设置"对话框，在"电子邮件"选项卡
中单击"新建"按钮。

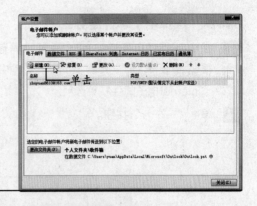

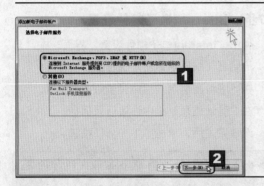

第3步　选择电子邮件服务

1 在弹出的"添加新电子邮件账户"对话框中
选中"Microsoft Exchange、POP3、IMAP
或HTTP"单选项。

2 单击"下一步"按钮。

第4步　设置账户信息

1 弹出"自动账户设置"界面，在"您的姓
名"文本框中输入姓名。

2 在"电子邮件地址"文本框中输入邮件地址，
本例中输入"yuanyuan_2718@126.com"。

3 在"密码"文本框中输入电子邮件地址对应
的密码。

4 在"重新键入密码"文本框中再次输入
密码。

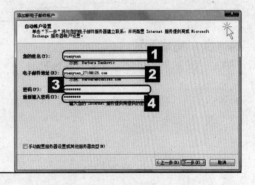

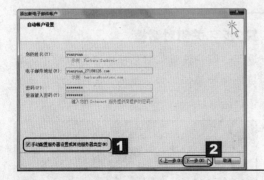

第5步　手动配置服务器设置

1 相关信息设置完成后，根据需要确定是否手
动配置服务器设置，本例中选中"手动配置
服务器设置或其他服务器类型"复选框。

2 单击"下一步"按钮。

说明　若没选中"手动配置服务器设置或其他服务器类型"复选框，单击 下一步(N) 按钮可自动配置服务器设置。

第6步 选择电子邮件服务

1 在弹出的"选择电子邮件服务"界面中，根据需要选择服务器类型，本例中选中"Internet电子邮件"单选项。

2 单击"下一步"按钮。

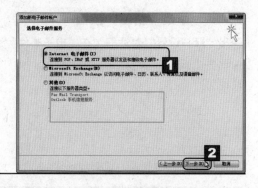

第7步 Internet电子邮件设置

1 弹出"Internet电子邮件设置"界面，在"用户信息"栏中设置用户信息。

2 在"服务器信息"栏中设置服务器信息。

3 在"登录信息"栏中设置登录信息。

4 设置完成后，单击"下一步"按钮。

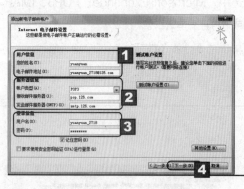

关于接收邮件服务器和发送邮件服务器这部分信息，可通过浏览器登录电子邮箱，在邮箱的首页中查找，或者通过帮助信息查找。

第8步 完成配置

在接下来弹出的界面中单击"完成"按钮，完成账户的配置。

单击

第9步 关闭对话框

返回"账户设置"对话框，在列表框中可看见添加的邮件账户，单击"关闭"按钮关闭该对话框。

单击

在列表框中选择某个邮件账户，然后单击"更改"按钮，可在打开的"Internet电子邮件设置"界面中修改电子邮件设置。

说明 在"Internet电子邮件设置"界面中设置登录信息时，须输入邮箱的用户名和密码。

>> 13.1.2 设置默认的邮件账户

 知识讲解

如果在Outlook中创建了多个邮件账户，可将常用的账户设置为默认账户，以方便使用。设置默认账户的具体操作步骤如下。

（1）打开"账户设置"对话框。

（2）在列表框中选中要设置为默认账户的邮件账户，然后单击"设为默认值"按钮即可。

互动练习

下面练习将前面添加的邮件账户设置为默认的账户，具体操作步骤如下。

第1步 选择"账户设置"命令

1 在Outlook 2007程序窗口中，单击菜单栏中的"工具"按钮。

2 在弹出的下拉菜单中选择"账户设置"命令。

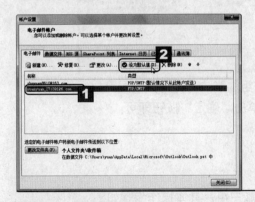

第2步 设置默认账户

1 弹出"账户设置"对话框，在"电子邮件"选项卡的列表框中选择需要设置为默认账户的邮件账户，本例中选择"yuanyuan_2718@126.com"。

2 单击"设为默认值"按钮。

第3步 关闭对话框

1 所选邮件账户成为了默认的账户，并显示在列表框的最上面，且右侧会显示"默认情况下从此账户发送"字样。

2 单击"关闭"按钮关闭"账户设置"对话框。

在"账户设置"对话框中选择某个邮件账户后，单击"删除"按钮可将其删除。 **说明**

>> 13.1.3　创建账户组

知识讲解

若在Outlook中创建了多个邮件账户，但在收发邮件时，只提供了单独某一个或全部账户的收发功能。如果希望指定几个账户同时进行收发任务，可将这几个账户设置成一个组，即账户组。创建账户组的具体操作步骤如下。

（1）在Outlook 2007程序窗口中，单击菜单栏中的"工具"按钮，在弹出的下拉菜单中依次选择"发送和接收"→"发送/接收设置"→"自定义发送/接收组"命令。

（2）弹出"发送/接收组"对话框，单击"新建"按钮。

（3）在弹出的"发送/接收组名称"对话框中设置账户组的名称，然后单击"确定"按钮。

（4）弹出账户组的设置对话框，在左边的"账户"栏中选择需要加入该组的账户，然后选中"将所选择的账户包括在该组中"复选框，并在"账户选项"栏中设置该账户可执行的任务。

 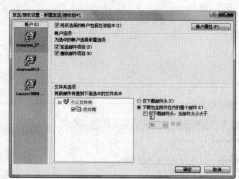

（5）参照第4步操作，添加其他需要加入该组的账户，并对其设置可执行的任务。

（6）将需要加入该组的账户添加完毕后，单击"确定"按钮即可。

互动练习

下面练习创建一个名为"我的邮件账户"的账户组，具体操作步骤如下。

第1步　选择命令

1 在Outlook 2007程序窗口中，单击菜单栏中的"工具"按钮。

2 在弹出的下拉菜单中选择"发送和接收"命令。

3 在弹出的子菜单中依次选择"发送/接收设置"→"自定义发送/接收组"命令。

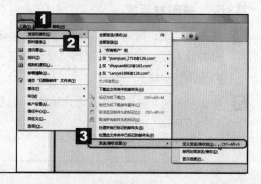

技巧 按"Ctrl+Alt+S"组合键，可快速打开"发送/接收组"对话框。

第2步 单击"新建"按钮

在弹出的"发送/接收组"对话框中单击"新建"按钮。

第3步 设置账户组的名称

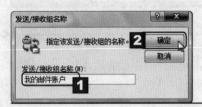

1 弹出"发送/接收组名称"对话框，在文本框中输入账户组名称，本例中输入"我的邮件账户"。

2 单击"确定"按钮。

第4步 添加要加入账户组的账户

1 弹出账户组的设置对话框，在左边的"账户"栏中选择需要加入"我的邮件账户"组的账户。

2 选中"将所选择的账户包括在该组中"复选框。

3 在"账户选项"栏中设置该账户可执行的任务。

在"账户"栏中选择要加入账户组的邮件账户时，一次只能选择一个。

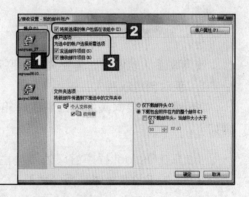

第5步 继续添加账户

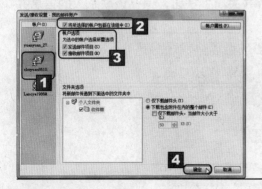

1 在左边的"账户"栏中，继续选择要加入"我的邮件账户"组的账户。

2 选中"将所选择的账户包括在该组中"复选框。

3 在"账户选项"栏中设置该账户可执行的任务。

4 添加完成后，单击"确定"按钮。

在"发送/接收组"对话框中选中某个账户组后，单击"删除"按钮可将其删除。 **说明**

第6步　关闭对话框

1 返回"发送/接收组"对话框，在"组名称"列表框中可看见添加的账户组。

2 单击"关闭"按钮关闭"发送/接收组"对话框。

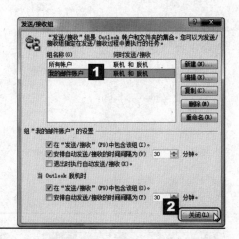

> 在"组名称"列表框中选中某个账户组后，单击"编辑"按钮，在弹出的账户组设置对话框中可重新编辑账户组；单击"重命名"按钮，可对该账户组进行重命名操作。

13.2　管理联系人　　<<

Outlook 2007提供了"联系人"功能，通过该功能，可方便地记录亲人、朋友或同事的相关信息，以及向他们发送电子邮件，或者管理电话簿，等等。

>> 13.2.1　创建联系人

知识讲解

使用联系人功能前，需要先创建联系人，其方法主要有以下两种。

1. 手动创建联系人

对于经常需要向其发送邮件的邮箱地址，可将其添加到联系人列表中，具体操作步骤如下。

（1）在Outlook程序窗口的工具栏中，单击"新建"按钮右侧的下拉按钮，在弹出的下拉菜单中选择"联系人"命令。

（2）在打开的"联系人"窗口中设置联系人的姓名、单位、电子邮件地址和电话等相关信息，设置完成后单击"保存并关闭"按钮，保存该联系人的信息并关闭窗口。

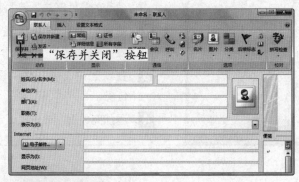

2. 将发件人添加到联系人列表中

接收到新邮件时，如果希望把发件人地址添加到联系人列表中，可按照下面的操作

技巧　按"Ctrl+Shift+C"组合键，可快速打开"联系人"窗口。

步骤实现。

（1）双击收到的新邮件，打开邮件阅读窗口。

（2）使用鼠标右键单击发件人地址，在弹出的快捷菜单中选择"添加到Outlook联系人"命令。

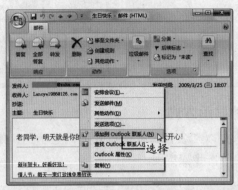

（3）在打开的"联系人"窗口中会自动添加联系人的相关信息，此时可根据操作需要补充其他信息，设置完成后单击"保存并关闭"按钮即可。

互动练习

下面练习手动添加"李语妍"的联系信息，具体操作步骤如下。

第1步　执行新建联系人命令

1 在Outlook程序窗口的工具栏中，单击"新建"按钮右侧的下拉按钮。

2 在弹出的下拉菜单中选择"联系人"命令。

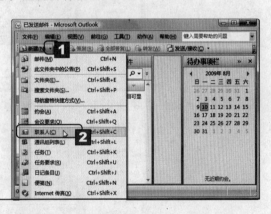

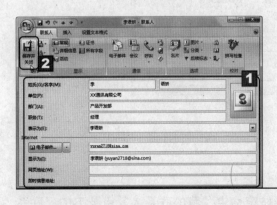

第2步　设置联系人信息

1 在打开的"联系人"窗口中设置联系人的姓名、单位和电子邮件等信息。

2 相关信息设置完成后，单击"保存并关闭"按钮。

设置联系人信息时，单击"添加联系人图片"按钮 **3**，可为联系人设置照片。 **说明**

第3步 查看联系人信息

1 返回Outlook程序窗口，单击导航窗格中的"联系人"按钮。

2 在中间的窗格中可看到联系人的信息以名片的形式展示出来了。

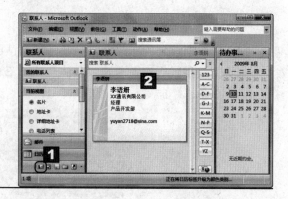

>> 13.2.2 设置联系人的显示方式

默认情况下，联系人是以"名片"视图模式进行显示的，如果要将其以其他视图模式进行显示，可按下面的操作步骤实现。

（1）在Outlook程序窗口的导航窗格中单击"联系人"按钮，展开"联系人"界面。

（2）在导航窗格的"当前视图"栏中选择需要的视图模式，例如"按单位"。

（3）此时，中间窗格中即以"按单位"视图模式显示联系人信息。

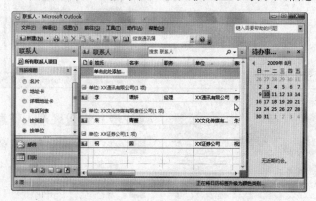

>> 13.2.3 建立联系人文件夹

默认情况下，创建的联系人都存放在导航窗格中"我的联系人"目录下的"联系

说明 在"搜索联系人"搜索框中输入联系人姓名，可快速找到需要的联系人。

人"文件夹内。随着交际范围的扩大，联系人也会逐渐增多，为了便于管理，可在Outlook通讯簿中建立联系人文件夹，具体操作步骤如下。

（1）启动Outlook 2007，单击菜单栏中的"文件"按钮，在弹出的下拉菜单中依次选择"新建"→"文件夹"命令。

（2）在弹出的"新建文件夹"对话框中设置文件夹的名称、包含内容及放置位置等信息，设置完成后单击"确定"按钮。

（3）返回Outlook程序窗口，在"联系人"文件夹中选中某个联系人，然后将其拖到新建的联系人文件夹中即可。

互动练习

下面练习创建一个名为"客户"的联系人文件夹，并将"李语妍"移至该文件夹内，具体操作步骤如下。

第1步　执行新建文件夹命令

1 在Outlook程序窗口的菜单栏中，单击"文件"按钮。

2 在弹出的下拉菜单中选择"新建"命令。

3 在弹出的子菜单中选择"文件夹"命令。

第2步　设置文件夹信息

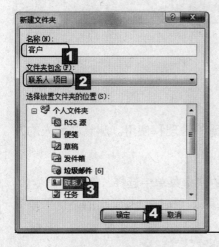

1 弹出"新建文件夹"对话框，在"名称"文本框中输入文件夹名称，本例中输入"客户"。

2 在"文件夹包含"下拉列表框中选择要包含的内容，本例中选择"联系人项目"选项。

3 在"选择放置文件夹的位置"列表框中选择"联系人"选项。

4 设置完成后，单击"确定"按钮。

按"Ctrl+Shift+E"组合键，可快速打开"新建文件夹"对话框。

第3步 展开"联系人"文件夹

1 返回Outlook程序窗口，单击导航窗格中的
"联系人"按钮。

2 展开"联系人"界面，单击"我的联系
人"目录下的"联系人"文件夹，从而在
中间窗格中显示该文件夹内的联系人。

经过第2步操作后，在导航窗格的
"我的联系人"目录下可看见创
建的"客户"文件夹。

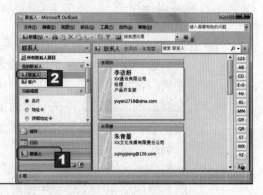

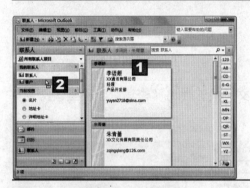

第4步 移动联系人

1 在中间窗格的联系人列表中，选中要移动到
"客户"文件夹内的联系人，本例中选择
"李语妍"。

2 按住鼠标左键不放并拖动，将选中的联系人
拖动至"客户"文件夹内。

第5步 查看移动后的效果

1 在导航窗格中，单击"我的联系人"目录下
的"客户"文件夹。

2 在中间窗格中将显示该文件夹内的联系人。

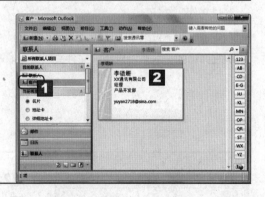

>> 13.2.4 删除联系人

对于不再需要的联系人，可将其删除，以便通讯簿的管理和使用。删除联系人的方
法主要有以下几种。

- ▣ 使用鼠标右键单击要删除的联系人，在弹出的快捷菜单中选择"删除"命令。
- ▣ 选中需要删除的联系人，单击菜单栏中的"编辑"按钮，在弹出的下拉菜单中
选择"删除"命令。
- ▣ 选中需要删除的联系人，单击工具栏中的"删除"按钮✕。

互动练习

下面练习将"联系人"文件夹内的某联系人删除，具体操作步骤如下。

第1步　执行删除操作

1 在Outlook程序窗口中，单击导航窗格中的"联系人"按钮，展开"联系人"界面。

2 单击"我的联系人"目录下的"联系人"文件夹，从而在中间窗格中展示该文件夹内的联系人。

3 使用鼠标右键单击要删除的联系人，本例中右键单击"Mr,Zhang"。

4 在弹出的快捷菜单中选择"删除"命令。

在快捷菜单中选择"打开"命令，可打开该联系人的信息编辑窗口，此时可修改该联系人的信息。

第2步　查看删除后的效果

所选联系人"Mr,Zhang"即可被删除。

删除联系人信息后，按"Ctrl+Z"组合键可撤销删除操作，从而恢复联系人信息。

13.3　电子邮件的收发与管理

完成了电子邮件账户的配置后，就可通过Outlook收发电子邮件了，接下来就要讲解如何收发邮件，以及邮件的一些管理操作。

>> 13.3.1　创建和发送邮件

 **知识讲解**

使用Outlook 2007给朋友写信，既方便又快捷，其方法主要有以下几种。

1. 新建邮件

当联系人列表中没有收件人的联系信息时，可按下面的操作步骤向其发送邮件。

选中要删除的联系人，然后按"Delete"键或"Ctrl+D"组合键，可快速将其删除。　**技巧**

（1）在Outlook程序窗口中，单击菜单栏中的"文件"按钮，在弹出的下拉菜单中依次选择"新建"→"邮件"命令。

 在工具栏中单击"新建"按钮右侧的下拉按钮，在弹出的菜单中选择"邮件"命令，也可打开"邮件"撰写窗口。

（2）在打开的"邮件"撰写窗口中设置接收此邮件的收件人地址、邮件主题及内容等信息。

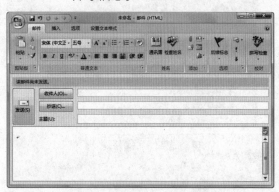

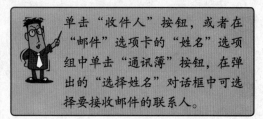 单击"收件人"按钮，或者在"邮件"选项卡的"姓名"选项组中单击"通讯簿"按钮，在弹出的"选择姓名"对话框中可选择要接收邮件的联系人。

（3）设置完成后单击"发送"按钮，即可发送邮件。

在"邮件"撰写窗口中有"邮件"、"插入"、"选项"和"设置文本格式"4个选项卡，它们都用于电子邮件的编辑，其中很多选项组与Word 2007中的选项组相似。

■ **"邮件"选项卡**：列出了编辑普通邮件时常用的选项组，其中"剪贴板"和"普通文本"选项组用于正文的编辑；"姓名"选项组中的"通讯簿"按钮用于添加收件人，"检查姓名"按钮用于检查键入的姓名和电子邮件地址，以确保能将邮件发送给他们；"添加"选项组用于添加随邮件一起发送的附件、名片等；"选项"选项组用于标识信件的重要性；"校对"选项组用于检查正文中的拼写、语法有无错误。

■ **"插入"选项卡**：用于在邮件中插入附件、名片、表格和图片等对象。

■ **"选项"选项卡**：用于对邮件进行高级设置，其中"主题"选项组用于设置邮件的页面颜色、主题样式等；"域"选项组用于显示或隐藏密件抄送栏、发件人栏；"格式"选项组用于设置邮件的编码方式；"跟踪"选项组用于收集收件人对该邮件的意见；"其他选项"选项组用于设置邮件发送状态。

说明 当导航窗格中显示"邮件"界面时，单击工具栏中的"新建"按钮，也可打开"邮件"撰写窗口。

■ **"设置文本格式"选项卡**：该选项卡中包含"剪贴板"、"字体"和"段落"
等选项组，用于设置邮件正文的格式。

2. 直接从联系人中创建新邮件

如果要向某联系人发送邮件，可直接从联系人中创建新邮件，这样在撰写邮件时可
省去输入收件人地址这一操作，具体操作方法有以下两种。

■ 在联系人列表中，选中要向其发送邮件的某个联系人，然后单击菜单栏中的
"动作"按钮，在弹出的下拉菜单中依次选择"创建"→"致联系人的新邮
件"命令。

■ 选择需要向其发送邮件的联系人，将其拖到导航窗格中的"邮件"面板上，然
后释放鼠标键。

执行上面任意一种操作后，系统都将自动打开"邮件"撰写窗口，且"收件人"文
本框中已显示了该联系人的邮箱地址，此时可编辑邮件主题、内容等信息，编辑完成后
单击"发送"按钮进行发送。

3. 群发邮件

如果需要将同一封邮件发送给多个朋友，可使用群发功能快速发送，具体操作步骤
如下。

（1）在Outlook程序窗口中，单击菜单栏中的"文件"按钮，在弹出的下拉菜单中
依次选择"新建"→"邮件"命令。

（2）打开"邮件"撰写窗口，在"收件人"文本框中输入所有收件人的邮箱地
址，并用分号";"（在英文状态下输入）隔开，然后编辑邮件主题及内容。

（3）编辑完成后，单击"发送"按钮发送此邮件。

除了上述操作方法之外，在联系人列表中选中要向其发送邮件的多个联系人，然后单击菜单栏中的"动作"按钮，在弹出的下拉菜单中依次选择"创建"→"致联系人的新邮件"命令，在接下来打开的"邮件"撰写窗口中编辑邮件主题和内容，最后单击"发送"按钮，即可将邮件发送给所选择的多个联系人。

 互动练习

下面练习对"客户"文件夹内的联系人"李语妍"发送邮件，并在邮件中插入附件，具体操作步骤如下。

第1步　对所选联系人发送邮件

1 在Outlook程序窗口中，单击导航窗格中的"联系人"按钮，展开"联系人"界面。

2 单击"我的联系人"目录下的"客户"文件夹，在中间窗格中展示该文件夹内的联系人。

3 选中要向其发送邮件的联系人，本例中选择"李语妍"。

4 单击菜单栏中的"动作"按钮。

5 在弹出的下拉菜单中依次选择"创建"→"致联系人的新邮件"命令。

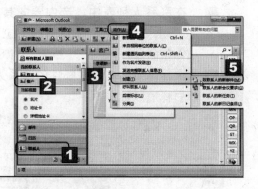

第2步　编辑邮件内容

1 打开"邮件"撰写窗口，在"主题"文本框中输入邮件主题。

2 在邮件编辑区中输入邮件内容。

3 单击"添加"选项组中的"附件文件"按钮。

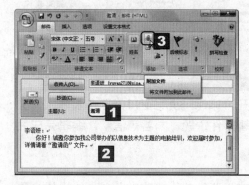

第3步　插入附件

1 在弹出的"插入文件"对话框中选择要发送的文件。

2 单击"插入"按钮。

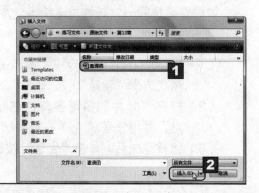

技巧 当导航窗格中显示"邮件"界面时，按"Ctrl+N"组合键，也可打开"邮件"撰写窗口。

第4步　发送电子邮件

返回"邮件"撰写窗口，"主题"文本框下面出现"附件"文本框，此时可单击"发送"按钮将邮件发送出去。

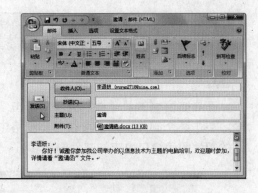

>> 13.3.2　接收与回复邮件

向朋友发送电子邮件后，自然也能接收朋友发来的邮件，此时就涉及到邮件的接收与回复操作。

1. 接收并查阅邮件

启动Outlook 2007时，系统将自动接收邮件，并在状态栏中显示"发送/接收状态 44%"提示，表示系统正在接收他人发送到自己邮箱中的邮件，并将未发送成功的邮件重新发送。如果启动Outlook 2007后需要重新接收或发送邮件，可按下面的操作步骤实现。

（1）在导航窗格中单击"邮件"按钮，展开"邮件"界面。

（2）单击工具栏中的"发送/接收"按钮，Outlook中配置的所有账户开始接收邮件，并将未发送成功的邮件重新发送。若单击"发送/接收"按钮右侧的下拉按钮，在弹出的下拉菜单中可进行选择性操作。

- 如果只需接收某个账户的邮件，在下拉菜单中选择该账户对应的命令选项（例如，仅选择"yuanyuan_2718@126.com"命令），在弹出的子菜单中选择"收件箱"或"下载收件箱邮件头"命令。
- 如果只需接收某个账户组的邮件，在下拉菜单中选择该账户组对应的命令选项（例如，选择"'我的邮件账户'组"命令）。
- 如果要接收所有账户的邮件，就在下拉菜单中选择"'所有账户'组"命令。

接收完邮件后，在导航窗格的"邮件"列表中，通过"收件箱"文件夹可查看邮件情况。例如，当其显示为"收件箱（3）"时，表示当前有3封未读邮件。

当为邮件输入主题后，该邮件窗口将自动以主题内容作为标题。　说明　305

在"邮件"列表中，有一个"未读邮件"文件夹，该文件夹用于存储新收到的且用户未读过的电子邮件。当其显示为"未读邮件（2）"时，表示当前有两封邮件未读。

在导航窗格的"邮件"列表中单击"收件箱"文件夹，可在中间窗格中显示邮件列表。单击某个邮件主题，可在右侧窗格中查阅邮件内容。若双击某个邮件主题，可在打开的邮件阅读窗口中查阅邮件内容。

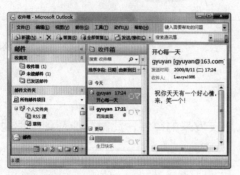 

2. 回复邮件

阅读完邮件内容后，可根据邮件内容回复发件人，其方法主要有以下两种。

- 在Outlook程序窗口中打开邮件列表，选中需要回复的邮件，然后单击工具栏中的"答复"按钮，或者单击菜单栏中的"动作"按钮，在弹出的下拉菜单中选择"答复"命令。
- 在邮件阅读窗口中，单击"响应"选项组中的"答复"按钮。

执行上述任一操作后，在打开的"邮件"撰写窗口中输入回复内容，然后单击"发送"按钮发送邮件。

 博士，我在回复邮件时，系统总是会自动附加原邮件内容，如果我不希望回复时包含原邮件内容，该怎么办？

 在Outlook程序窗口中，单击菜单栏中的"工具"按钮，在弹出的下拉菜单中选择"选项"命令，弹出"选项"对话框，在"首选参数"选项卡中单击"电子邮件"栏中的"电子邮件选项"按钮，弹出"电子邮件选项"对话框，在"答复和转发"栏的"答复邮件时"下拉列表框中选择"不包含邮件原件"选项，然后单击"确定"按钮即可。

 互动练习

下面练习对收到的邮件进行回复，具体操作步骤如下。

说明 双击附件的文件名称，在弹出的对话框中单击"保存"按钮，可将其下载到电脑中。

第1步　单击"答复"按钮

1 在Outlook程序窗口中，单击导航窗格中的"邮件"按钮，展开"邮件"界面。

2 单击"收件箱"文件夹，在中间窗格中打开邮件列表。

3 选中要回复的邮件。

4 单击工具栏中的"答复"按钮。

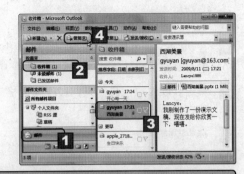

 这里选择的邮件中含有附件，因此在右侧窗格中会显示"邮件"栏，并在"邮件"右侧显示附件文件名。

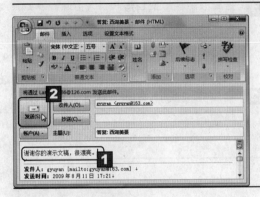

第2步　回复邮件

1 打开"邮件"撰写窗口，系统根据接收到的邮件信息自动在"收件人"文本框和"主题"文本框中添加收件人地址和邮件主题，此时只需在邮件编辑区中输入回复内容。

2 编辑完成后，单击"发送"按钮发送邮件。

>> 13.3.3　转发邮件

 知识讲解

如果要将收到的邮件转发给其他好友分享，可通过以下两种方式实现。

■ 在Outlook程序窗口中打开邮件列表，选中需要转发的邮件，然后单击工具栏中的"转发"按钮，或者单击菜单栏中的"动作"按钮，在弹出的下拉菜单中选择"转发"命令。

■ 在邮件阅读窗口中，单击"响应"选项组中的"转发"按钮。

执行上述任意一种操作后，在打开的"邮件"撰写窗口中进行相应的编辑，然后单击"发送"按钮发送邮件。

 互动练习

下面练习将收到的邮件转发给其他好友，具体操作步骤如下。

选中邮件后按"Ctrl+F"组合键，可快速执行转发操作。　技巧

第1步　单击"转发"按钮

1 在Outlook程序窗口中，单击导航窗格中的"邮件"按钮，展开"邮件"界面。

2 单击"收件箱"文件夹，在中间窗格中打开邮件列表。

3 选中要转发的邮件。

4 单击工具栏中的"转发"按钮。

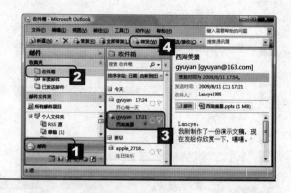

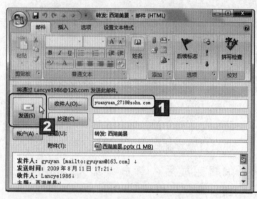

第2步　转发邮件

1 打开"邮件"撰写窗口，"主题"文本框中自动添加了邮件主题，且邮件编辑区中自动添加了邮件内容，此时只需在"收件人"文本框中输入收件人地址。

2 编辑完成后，单击"发送"按钮发送邮件。

>> 13.3.4　将联系人转发给其他人

 知识讲解

如果需要将某个联系人的信息转发给其他人使用，可将其以附件的形式进行发送，具体操作步骤如下。

（1）在联系人列表中选中要作为附件进行发送的联系人，单击鼠标右键，在弹出的快捷菜单中选择"作为名片发送"命令。

（2）打开"邮件"撰写窗口，所选联系人信息将以附件的形式自动添加到邮件中，此时须设置邮件的收件人地址、邮件内容等信息。

（3）设置完成后，单击"发送"按钮发送邮件。

 互动练习

下面练习将"客户"文件夹内"李语妍"的联系信息以附件的形式发送给其他人，具体操作步骤如下。

技巧 选中邮件后按"Ctrl+R"组合键，可快速执行回复操作。

第1步　选择"作为名片发送"命令

1 在Outlook程序窗口中，单击导航窗格中的"联系人"按钮，展开"联系人"界面。

2 单击"我的联系人"目录下的"客户"文件夹，在中间窗格中展示该文件夹内的联系人。

3 使用鼠标右键单击"李语妍"联系人。

4 在弹出的快捷菜单中选择"作为名片发送"命令。

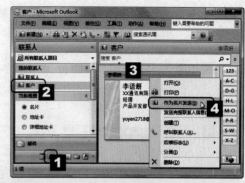

若在快捷菜单中选择"发送完整联系人信息"命令，在弹出的子菜单中可选择发送方式。

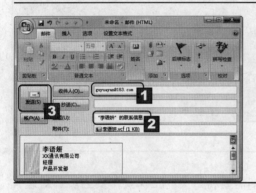

第2步　发送联系人信息

1 打开"邮件"撰写窗口，在"收件人"文本框中输入收件人地址。

2 在"主题"文本框中输入邮件主题。

3 设置完成后，单击"发送"按钮发送邮件。

>> 13.3.5　删除邮件

　　默认情况下，Outlook 2007会将接收到的邮件和已发送的邮件保存，日积月累，邮箱中将存在大量的邮件，从而占用电脑过多的资源。因此，对于不需要的邮件，可将其从收件箱中删除，其方法主要有以下几种。

- 在Outlook程序窗口中打开邮件列表，使用鼠标右键单击要删除的邮件，在弹出的快捷菜单中选择"删除"命令。
- 在邮件列表中选中要删除的邮件，单击工具栏中的"删除"按钮。
- 在邮件列表中选中要删除的邮件，单击菜单栏中的"编辑"按钮，在弹出的下拉菜单中选择"删除"命令。

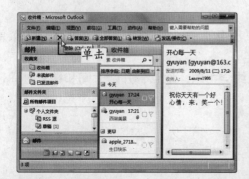

执行上述操作后，实际上并未真正删除邮件，只是将邮件转移到了"已删除邮件"文件夹中。如果要彻底删除邮件，可执行以下任意一种操作。

■ 在导航窗格的"邮件"界面中，单击"邮件文件夹"目录下的"已删除邮件"文件夹，在中间窗格中打开已删除邮件列表，然后选中要彻底删除的邮件，再次执行删除操作。

■ 在"邮件文件夹"目录下，使用鼠标右键单击"已删除邮件"文件夹，在弹出的快捷菜单中选择"清空'已删除邮件'文件夹"命令，可一次性彻底删除"已删除邮件"文件夹中的所有邮件。

博士，我不小心误删了收件箱中的某个邮件，该怎么办？

在已删除邮件列表中，选中误删的邮件，单击鼠标右键，在弹出的快捷菜单中选择"移至文件夹"命令，在弹出的对话框中选择"收件箱"选项，然后单击"确定"按钮即可将其还原到"收件箱"文件夹内。

13.4　管理个人事务 <<

为了能合理利用工作时间来处理事务，人们需要将每天的工作安排妥当。针对这样的情况，Outlook提供了管理个人事务功能，以便用户制定约会或会议要求、安排任务或任务要求。

>> 13.4.1　制订约会或会议要求

 知识讲解 ▷

制订约会是指在日历中提醒自己在某一时间需要做某件事情；制订会议要求是指提醒其他参与会议的朋友在某一时间需要做某件事情。

1. 制订约会

制定约会的操作方法如下。

（1）在Outlook程序窗口中，单击菜单栏中的"文件"按钮，在弹出的下拉菜单中依次选择"新建"→"约会"命令。

（2）打开"约会"窗口，在其中输入约会主题、地点、开始时间和结束时间，以及约会内容等信息。

技巧　按"Ctrl+Shift+A"组合键，可快速打开"约会"窗口。

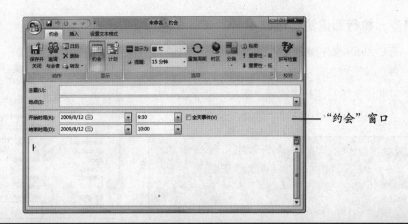

"约会"窗口

在"约会"选项卡的"选项"选项组中，在"提醒"下拉列表框中可设置提醒时间间隔，例如若选择"15分钟"，则每15分钟系统就会提醒有约会。此外，在"提醒"下拉列表框中有一个"声音"选项，选择该选项后，可设置提醒声音。

（3）设置完成后，在"约会"选项卡的"动作"选项组中单击"保存并关闭"按钮即可。

2. 制定会议要求

制定会议要求的操作方法如下。

（1）在Outlook程序窗口中，单击菜单栏中的"文件"按钮，在弹出的下拉菜单中依次选择"新建"→"会议要求"命令。

（2）打开"会议"窗口，在"收件人"文本框中输入收件人地址，然后设置会议要求的主题、地点、开始时间、结束时间和内容等信息。

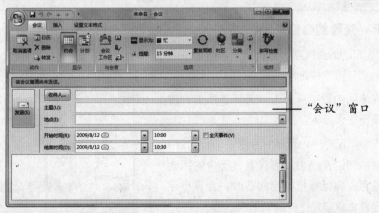

"会议"窗口

（3）设置完成后单击"发送"按钮，将信息发送给其他人，以便提醒他们在特定的时间要做的某件事。

 互动练习

下面练习在Outlook中制定一个同学聚会的约会，具体操作步骤如下。

第1步 执行新建约会命令

1 在Outlook程序窗口中，单击菜单栏中的"文件"按钮。

2 在弹出的下拉菜单中选择"新建"命令。

3 在弹出的子菜单中选择"约会"命令。

在工具栏中单击"新建"按钮右侧的下拉按钮，在弹出的下拉菜单中选择"约会"命令，也可打开"约会"窗口。

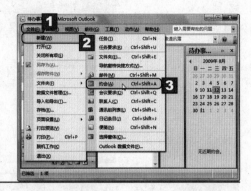

第2步 编辑约会信息

1 打开"约会"窗口后，在"主题"文本框中输入约会主题。

2 在"地点"下拉列表框中选择或输入约会地点。

3 在"开始时间"下拉列表框中设置约会的开始时间。

4 在"结束时间"下拉列表框中设置约会的结束时间。

5 在约会编辑区中输入约会内容。

6 设置完成后，单击"保存并关闭"按钮。

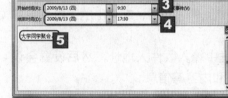

第3步 查看约会信息

1 返回Outlook程序窗口，单击导航窗格中的"日历"按钮，展开"日历"界面。

2 在中间的窗格中单击"天"选项卡，使日历按天显示。

3 在导航窗格中，选择约会所在的日期。

4 在中间的窗格中即可查看日历中的约会信息，将鼠标指针指向它时，会弹出浮动窗口显示起止时间等信息。

博士，制定约会时，怎么查看该时间段有无其他安排？

在"约会"窗口中，设置好约会的起止时间后，单击"动作"选项组中的"日历"按钮便可查看。

技巧 按"Ctrl+Shift+K"组合键，可快速打开任务的编辑窗口。

>> 13.4.2　发布任务或任务要求

通过Outlook中的"任务"功能，可对自己的工作任务进行安排。通过"任务要求"功能，可将任务分配给其他人，并处理和跟踪任务。

1. 发布任务

发布任务的操作方法如下。

（1）在Outlook程序窗口中，单击菜单栏中的"文件"按钮，在弹出的下拉菜单中依次选择"新建"→"任务"命令。

（2）打开"任务"窗口，在其中输入任务的主题、开始时间、截止时间及内容等信息。

"任务"窗口

（3）相关信息设置完成后，单击"保存并关闭"按钮即可。

2. 发布任务要求

发布任务要求的操作方法如下。

（1）在Outlook程序窗口中，单击菜单栏中的"文件"按钮，在弹出的下拉菜单中依次选择"新建"→"任务要求"命令。

（2）打开"任务"窗口，在"收件人"文本框中输入收件人地址，然后设置任务要求的主题、开始时间、截止时间和内容等信息。

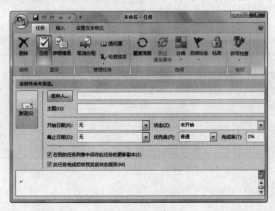

在"任务"选项卡中,单击"管理任务"选项组中的"取消分配"按钮,可取消任务的分配,并将当前任务设置为个人任务。

(3)设置完成后单击"发送"按钮,将信息发送给其他人,以便提醒他们在特定的时间要完成的任务。

 互动练习 ▶

下面练习创建一个准备中秋晚会的任务,具体操作步骤如下。

第1步 执行新建任务命令

1 在Outlook程序窗口中,单击菜单栏中的"文件"按钮。

2 在弹出的下拉菜单中选择"新建"命令。

3 在弹出的子菜单中选择"任务"命令。

在工具栏中单击"新建"按钮右侧的下拉按钮,在弹出的下拉菜单中选择"任务"命令,也可打开"任务"窗口。

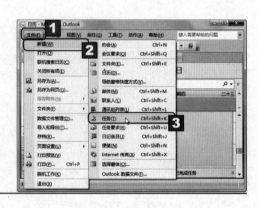

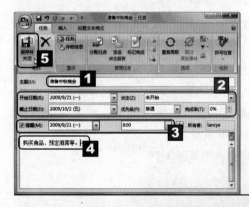

第2步 编辑任务

1 打开"任务"窗口后,在"主题"文本框中输入任务主题。

2 设置任务的开始时间、截止时间和状态等信息。

3 设置任务的提醒时间。

4 输入任务内容。

5 设置完成后,单击"保存并关闭"按钮。

在Outlook中创建了多个任务后,还可以根据需要更改任务的显示顺序,具体操作方法为:单击菜单栏中的"视图"按钮,在弹出的下拉菜单中依次选择"当前视图"→"自定义当前视图"命令,在打开的对话框中单击"排序"按钮,然后根据提示进行操作即可。

说明 输入邮件正文后,可利用功能区中的相关命令对选中的文本设置字符格式和段落格式。

第3步 查看任务

1 返回Outlook程序窗口，单击导航窗格中的"任务"按钮，展开"任务"界面。

2 在中间的窗格中显示了任务列表，将鼠标指针指向任务时，会弹出浮动窗口显示起止时间等信息。

单击某个任务，可在右侧窗格中显示任务的具体内容。双击某个任务，可在打开的"任务"窗口中修改任务信息。

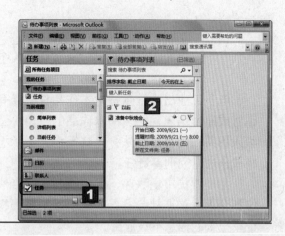

13.5 上机练习 <<

本章安排了两个上机任务。练习一是使用群发功能，向多个朋友发送一封表达节日问候的电子邮件。练习二是制定一个约会。

练习一 发送电子邮件

1 打开"邮件"撰写窗口。

2 输入邮件收件人、主题及内容等信息。

3 单击"发送"按钮发送邮件。

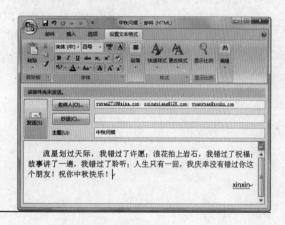

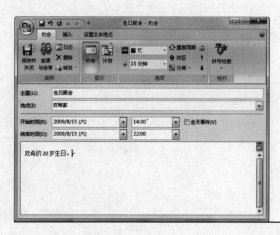

练习二 制定约会

1 打开"约会"窗口。

2 编辑约会主题、地点、起止时间和内容等信息。

3 单击"保存并关闭"按钮保存约会。

将事情制定成约会或任务后，日历中会自动将该时间设置为忙，以提醒用户不要安排其他事务。 **说明**

反侵权盗版声明

电子工业出版社依法对本作品享有专有出版权。任何未经权利人书面许可，复制、销售或通过信息网络传播本作品的行为；歪曲、篡改、剽窃本作品的行为，均违反《中华人民共和国著作权法》，其行为人应承担相应的民事责任和行政责任，构成犯罪的，将被依法追究刑事责任。

为了维护市场秩序，保护权利人的合法权益，我社将依法查处和打击侵权盗版的单位和个人。欢迎社会各界人士积极举报侵权盗版行为，本社将奖励举报有功人员，并保证举报人的信息不被泄露。

举报电话： (010)88254396；(010)88258888
传　真： (010)88254397
E – mail： dbqq@phei.com.cn
通信地址： 北京市万寿路173信箱
　　　　　电子工业出版社总编办公室
邮　编： 100036